生物安全威胁防控手册

Handbook on Biological Warfare Preparedness

（印）S.J.S. 弗洛拉（S.J.S. Flora）
（印）维德胡·帕乔里（Vidhu Pachauri） 主编

王征旭 王友亮 主译

化学工业出版社
·北京·

内容简介

本书内容分14章，重点描述了多种细菌类和病毒类生物战剂的检测和治疗方法，阐述了生物战剂的类别、传播途径等核心内容，并将内容拓展至新一代人工合成生物战剂、生物制剂的基因组信息等。同时简要介绍了在生物恐怖威胁下应如何对民众进行保护的应急预案等。

本书可供生物安全相关机构的管理人员、临床检验科室的工作人员和研究人员、实验室设计和建设人员等参阅，可作为生物安全、基础医学等专业的本科生和研究生教材，也可供对生物安全研究感兴趣的人员参考。

Handbook on Biological Warfare Preparedness，first edition
S. J. S. Flora，Vidhu Pachauri
ISBN：9780128120262

《生物安全威胁防控手册》（王征旭　王友亮　主译）
ISBN：9787122443403

注意

本书涉及领域的知识和实践标准在不断变化。新的研究和经验拓展我们的理解，因此须对研究方法、专业实践或医疗方法作出调整。从业者和研究人员必须始终依靠自身经验和知识来评估和使用本书中提到的所有信息、方法、化合物或本书中描述的实验。在使用这些信息或方法时，他们应注意自身和他人的安全，包括注意他们负有专业责任的当事人的安全。在法律允许的最大范围内，爱思唯尔、译文的原文作者、原文编辑及原文内容提供者均不对因产品责任、疏忽或其他人身或财产伤害及/或损失承担责任，亦不对由于使用或操作文中提到的方法、产品、说明或思想而导致的人身或财产伤害及/或损失承担责任。

北京市版权局著作权合同登记号：01-2023-5088

图书在版编目（CIP）数据

生物安全威胁防控手册/（印）S. J. S. 弗洛拉（S. J. S. Flora），（印）维德胡·帕乔里（Vidhu Pachauri）主编；王征旭，王友亮主译. —北京：化学工业出版社，2024.1
书名原文：Handbook on Biological Warfare Preparedness
ISBN 978-7-122-44340-3

Ⅰ.①生… Ⅱ.①S…②维…③王…④王… Ⅲ.①生物工程-安全科学-手册 Ⅳ.①Q81-62

中国国家版本馆CIP数据核字（2023）第202543号

责任编辑：王　琰　仇志刚　丁　瑞　　　装帧设计：王晓宇
责任校对：宋　玮

出版发行：化学工业出版社（北京市东城区青年湖南街13号　邮政编码100011）
印　　装：北京天宇星印刷厂
787mm×1092mm　1/16　印张14¼　字数315千字　2024年6月北京第1版第1次印刷

购书咨询：010-64518888　　　售后服务：010-64518899
网　　址：http://www.cip.com.cn
凡购买本书，如有缺损质量问题，本社销售中心负责调换。

定　　价：158.00元　　

译者名单

曹俊霞	中国人民解放军总医院第七医学中心
陈雨晗	中国人民解放军总医院第七医学中心
崔雨萌	军事科学院军事医学研究院
戴广海	中国人民解放军总医院第五医学中心
杜玉国	中国人民解放军总医院第七医学中心
韩聚强	中国人民解放军总医院第七医学中心
李海涛	中国人民解放军总医院第七医学中心
李　琳	中国人民解放军总医院第五医学中心
李　响	军事科学院军事医学研究院
李晓松	中国人民解放军总医院第五医学中心
林艳丽	军事科学院军事医学研究院
洛　凯	中国人民解放军总医院第七医学中心
石宇杰	中国人民解放军总医院第六医学中心
田　驹	中国人民解放军总医院第一医学中心
王　仑	中国人民解放军总医院第七医学中心
王友亮	军事科学院军事医学研究院
王征旭	中国人民解放军总医院第一医学中心 中国人民解放军总医院第七医学中心
吴晓洁	军事科学院军事医学研究院
武立华	中国人民解放军总医院第七医学中心
武云涛	中国人民解放军总医院第七医学中心
杨永昌	中国人民解放军总医院第七医学中心
游　嘉	中国人民解放军总医院第七医学中心
张文晶	中国人民解放军总医院第七医学中心

编写人员名单

Tawseef Ahmad
Department of Biotechnology, Punjabi University, Patiala, India

A.S.B. Bhaskar
Division of Pharmacology and Toxicology, Defence Research and Development Establishment, Gwalior, India

N. Bhavanashri
Shankaranarayana Life Sciences, Bengaluru, India

Mannan Boopathi
Defence Research and Development Establishment, DRDO, Gwalior, India

Paban Kumar Dash
Division of Virology, Defence Research and Development Establishment (DRDE), Defence Research and Development Organization, Ministry of Defence, Gwalior, India

S.J.S. Flora
National Institute of Pharmaceutical Education and Research-Raebareli, Lucknow, India

Gaganjot Gupta
Department of Biotechnology, Punjabi University, Patiala, India

Baljinder Kaur
Department of Biotechnology, Punjabi University, Patiala, India

Kewal Krishan
Department of Defence and Strategic Studies, Punjabi University, Patiala, India

Anoop Kumar
National Institute of Pharmaceutical Education and Research-Raebareli, Lucknow, India

Chacha D. Mangu
National Institute for Medical Research, Mbeya Medical Research Center, Mbeya, Tanzania

Bhairab Mondal
Shankaranarayana Life Sciences, Bengaluru, India

S.P. Mounika
Shankaranarayana Life Sciences, Bengaluru, India

V. Nagaraajan
VN Neurocare Center, Madurai, India

Vidhu Pachauri
National Institute of Pharmaceutical Education and Research-Raebareli, Lucknow, India

Archna Panghal
National Institute of Pharmaceutical Education and Research-Raebareli, Lucknow, India

M.M. Parida
Division of Virology, Defence Research and Development Establishment (DRDE), Defence Research and Development Organization, Ministry of Defence, Gwalior, India

Jayant Patwa
National Institute of Pharmaceutical Education and Research-Raebareli, Lucknow, India

Vipin K. Rastogi
U.S. Army Futures Command—Combat Capabilities Development Command, Chemical Biological Center, Edgewood, MD, United States

Bhavana Sant
Division of Pharmacology and Toxicology, Defence Research and Development Establishment, Gwalior, India

Kshirod Sathua
National Institute of Pharmaceutical Education and Research-Raebareli, Lucknow, India

Anshula Sharma
Department of Biotechnology, Punjabi University, Patiala, India

Jyoti Shukla
Division of Virology, Defence Research and Development Establishment (DRDE), Defence Research and Development Organization, Ministry of Defence, Gwalior, India

Virendra V. Singh
Defence Research and Development Establishment, DRDO, Gwalior, India

Beer Singh
Defence Research and Development Establishment, DRDO, Gwalior, India

H. Soniya
Shankaranarayana Life Sciences, Bengaluru, India

Kunti Tandi
Shankaranarayana Life Sciences, Bengaluru, India

Vikas B. Thakare
Defence Research and Development Establishment, DRDO, Gwalior, India

Duraipandian Thavaselvam
Defence Research and Development Establishment, DRDO, Gwalior, India

Anju Tripathi
National Institute of Pharmaceutical Education and Research-Raebareli, Lucknow, India

Deepika Tuteja
Shankaranarayana Life Sciences, Bengaluru, India

Lalena Wallace
DTRA, CB Research Center of Excellence Division, APG, Edgewood, MD, United States

译者的话

2020 年 10 月 17 日，第十三届全国人大常委会第二十二次会议表决通过了《中华人民共和国生物安全法》（简称《生物安全法》)，这部法律自 2021 年 4 月 15 日起施行。《生物安全法》的制定是为维护国家安全，防范和应对生物安全风险，保障人民生命健康，保护生物资源和生态环境，促进生物技术健康发展，推动构建人类命运共同体，实现人与自然和谐共生。《生物安全法》明确了生物安全的重要地位和原则，规定生物安全是国家安全的重要组成部分；维护生物安全应当贯彻总体国家安全观，统筹发展和安全，坚持以人为本、风险预防、分类管理、协同配合的原则。翻译和出版《生物安全威胁防控手册》让我们产生了强烈的使命感和责任感。该书由国际上著名的美国学术出版社出版，原著主编之一 S. J. S. Flora 博士自 2016 年起担任 NIPER-R 院长，曾是印度国防研究和发展组织的药理学和毒理学部门的负责人，而维德胡·帕乔里（Vidhu Pachauri）博士是印度瓜廖尔国防研究和发展组织的高级研究员。全书由来自印度、坦桑尼亚、美国等 30 多位世界级科学家联合编撰而成，对近年来生物安全领域的最新进展进行了整理，并以易于理解的形式呈现给读者。

全书由 14 章组成，重点描述了多种细菌类和病毒类生物战剂的检测和治疗方法，而且设置了时下热点内容，如第 5 章特定生物恐怖战剂的先进检测技术、第 6 章微流控技术在生物战剂检测中的应用、第 10 章环境采样与生物净化——最新进展、挑战及未来方向、第 11 章生物和毒剂战争公约：现状和展望、第 12 章新一代人工合成生物战剂：检测、防护和净化方面的新威胁和挑战等。全书涵盖了生物战剂检测、净化、防护等方面较为全面的相关领域信息，并着重阐述了生物战剂的类别、传播途径等内容，尤其是书籍的后半部分拓展到了生物战剂基因组信息等的一些最新的研究进展。此外该书还简要介绍了在生物恐怖威胁下应如何对民众进行保护的紧急预案，书籍内容较为丰富、凝练、引人深思。

《生物安全威胁防控手册》（中文版）的出版要感谢所有的译者以及化学工业出版社有限公司的支持。

希望读者以辩证的态度看待生物安全领域的新发现与新认识。我们对生物安全的理解是逐步完善的。这本书体现和表达了通过实现生物安全寻求人类和谐共生的良好愿望，对提高民众的国家安全认知具有重要意义。

本书可供生物安全相关机构的管理人员、临床检验科室的工作人员和研究人员、实验室的设计和建设人员等参考阅读，可作为生物安全学、基础医学等专业的本科生或研究生教材，也可供希望学习与掌握有关生物安全知识的研究生、高年级本科生、科研人员以及对科学研究感兴趣的人员参考。本书得到军队后勤重大理论与现实问题研究项目、国家社会科学基金军事学项目和军队生物安全研究专项等的资助，在此表示感谢。由于时间仓促以及我们能力有限，如有疏漏或欠妥之处，期望读者朋友们批评指正。

王征旭　王友亮

2024 年 4 月

前言

生物恐怖泛指蓄意释放生物制剂（细菌、病毒或毒素），以造成大规模人和动物感染疾病或死亡的行为。有人说，如果 20 世纪是物理学的世纪，那么 21 世纪将成为生物学的世纪。随着分子生物学及生物技术领域研究的快速进步，生物恐怖带来的潜在威胁让世界形势变得更为严峻。

第一次世界大战期间，德国曾使用炭疽杆菌感染敌人的骡马。2001 年，美国也曾报道了利用炭疽杆菌进行蓄意攻击的案例——带有传染性炭疽杆菌的信件被投递。类似事件层出不穷的原因是生物战剂相对廉价、容易获取和传播，并可引起广泛恐慌，非常适合用作恐怖袭击。根据破坏力的不同，生物战剂可分为以下三类。①A 类：高优先级生物战剂，不但致死率高，而且影响范围广，如引发民众的广泛恐慌。②B 类：中优先级生物战剂，造成的破坏相对较小。③C 类：低优先级生物战剂，多为新型病原体，较容易获得，且易发生突变或易实施基因改造。值得警惕的是，低浓度的战剂暴露在空气中极难被发现，且其发挥生物效应具有延迟性，潜伏期可以是几天或几周，然而最终仍将导致疾病和死亡。此外，生物武器因其固有缺陷而无法作为军事资产保存，例如它们无法区分敌友，因而往往被用于制造大规模恐慌，长期以来，大规模生物破坏的风险持续攀升。因此，建立一套强有力的公共卫生系统是有效应对这一威胁的先决条件。为此，公共卫生系统的各个环节必须加强管理，如监控、评估、医疗卫生管理、教育等，还需要保障国家药品储备，在应急状态下随时可用。最根本是要普及防疫意识、医疗药品准备以及净化流程的设置等。

《生物安全威胁防控手册》的撰写旨在为相关学者、教师、临床医生、环保人士、兽医和毒理研究者等提供参考资料。为了覆盖尽可能多的主题，全书由 14 章组成，重点描述了多种细菌和病毒类生物战剂的检测和治疗方法，并且设置了时下热点内容，如新一代人工合成生物战剂、新型威胁、威胁性生物战剂的先进检测技术、受污染基础设施的环境采样和净化、生物和毒素战争国际公约的现状与展望、微流体技术在生物战剂检测和毒素检测方面的应用等。

在过去几年中，全球众多学者已经意识到编写一本关于生物战剂及其防护方面专著的迫切性，以供具备大学本科和研究生水平的学生或相关领域学者使用，也可供在军事和准军事机构中培训急救人员使用。本书重点阐述了各种细菌和病毒类生物战剂以及诸如毒素等其他形式的新型生物威胁。此外，本书还提供了用于上述生物战剂检测（包括新型仪器设备、分子和免疫检测系统）、防护和净化的详细信息，便于在应急状态下能够快速检索相关信息。

我们的初衷是把上述内容做成一本简单、直观的手册，为研究人员提供最新的信息，同时，也为生物威胁应急人员的培训以及军事和准军事组织的成员提供最新的信息。

我们邀请了该领域的众多专家来编写本手册的各章节，以便著作出版后能够为解决生物威胁这一全球性问题提供可靠的信息和切实可行的方案。若需拓展阅读，可查阅参考文献。本书内容凝聚了20多位作者的集体智慧。在这里我有必要特殊说明，部分受邀专家虽最初同意参加撰写，但由于某些特殊原因最终未能履行承诺，于是我们设法邀请了业内其他高素质且经验丰富的作者，最终完成了相关章节的撰写。最后，还应感谢我们研究所的一些年轻研究员，他们自愿参与并完成了本手册部分章节的撰写。

S. J. S. Flora

致谢

在开始写这本书之前，我要对所有直接或间接为这本书作出贡献的人表示感谢，感谢我所有的同事、导师和学生们，从他们身上我学到了很多，其中我要特别感谢 D. T. Selvam 博士，多年前我还在印度国防研发和发展组织工作，当时他将我首次领入了生物战研究的大门。随后，我们一起计划撰写本书，但遗憾的是，当我真正开始着手撰写时，他却因特殊原因无法继续参与合作了。我还要感谢实验室已毕业研究生 Vidhu Pachauri 博士，感谢他在最后编辑阶段的倾力协助。同时，我要感谢所有参编人员的辛勤工作，他们中的多数人是在本书撰写后期才接到通知，由于时间十分紧迫，他们付出了非常多的努力才促成稿件的顺利完成和出版。

我还要感谢爱思唯尔的编辑们，包括编辑项目经理 Ana Claudia、Abad Garcia 和组稿编辑 Kattie Washington，他们的远见卓识和对完成《生物安全威胁防控手册》出版的信心促使该项目得以启动并运行良好。若没有 Ana Claudia 及其团队孜孜不倦的工作和卓越的技能，本书将无法完成，我对她感激不尽。在过去的几年里，为了赶在最后期限之前完成撰写任务，我们共同经历了一些非常艰难而令人难忘的时刻。谢谢你，Ana。

Kshirod、Jayant、Anoop 和 Anju 为本书撰写了部分的内容，更难能可贵的是他们对我工作的全力支持，他们是研究所里最值得信赖的同事。

最后，我要感谢为本书的出版而在幕后默默奉献的家人们，因工作原因我极少陪伴他们。我的妻子 Gurpyari 经常耐心地给我建议，还有我的女儿 Preeti 和儿子 Ujjwal 在我离开电脑稍作休息的时候经常帮我进行校对并给予我鼓励，这些将成为美好的回忆。

S. J. S. Flora

目录

第 1 章
生物战剂：历史及现代相关性 001

1. 1 生物战剂的历史 001
1. 2 生物战剂的定义 003
1. 3 生物武器的特征 004
1. 4 生物战剂的优缺点 004
1. 5 美国疾病控制与预防中心对生物战剂的分类 005
1. 6 生物战剂的现代相关性 005
1. 7 检测 006
1. 8 结论 007
参考文献 007

第 2 章
细菌类生物战剂 009

2. 1 概述 009
2. 2 战剂 012
2. 3 作为毁灭性武器首选的生物战剂 012
2. 4 生物战剂 012
2. 5 细菌类生物战剂的独特性 012
2. 6 历史回顾 013
2. 7 细菌类生物战剂 014
2. 8 细菌类生物恐怖事件增多背后的原因 016
2. 9 识别生物攻击的迹象 016
2. 10 细菌类生物战剂检测技术 017
2. 11 细菌生物制剂的武器化对社会的影响 018
2. 12 结论 018
参考文献 018

第 3 章 作为生物战剂的毒素 022

3.1 概述 022
3.2 石房蛤毒素 023
3.3 细菌毒素类 026
3.3.1 肉毒毒素 026
3.3.2 葡萄球菌肠毒素 027
3.4 真菌毒素 028
3.4.1 单端孢霉烯毒素 028
3.4.2 蛇形菌素 030
3.5 芋螺毒素 031
3.6 河豚毒素 032
3.7 植物毒素 034
3.7.1 相思子毒素 034
3.7.2 蓖麻毒素 035
3.8 结论 037
参考文献 038
延伸阅读 047

第 4 章 病毒类战剂（包括新型病毒感染的威胁） 048

4.1 概述 048
4.2 作为恐怖手段的生物战剂 050
4.3 作为生物战剂的病毒 051
4.4 历史观点 051
4.5 病毒类生物战剂 052
4.5.1 天花病毒 053
4.5.2 流感病毒 053
4.5.3 丝状病毒 053
4.5.4 黄热病毒 054
4.5.5 汉坦病毒 054
4.5.6 尼帕病毒 054
4.6 识别病毒攻击的迹象 055

4.7 病毒类生物战剂检测技术 055
4.8 病毒类生物恐怖的影响 056
4.9 未来展望 057
4.10 结论 057
参考文献 057
延伸阅读 060

第 5 章 特定生物恐怖战剂的先进检测技术 061

5.1 概述 061
5.2 生物检测技术 062
5.3 免疫学检测 063
5.3.1 免疫层析试验（ICT） 063
5.3.2 斑点渗滤试验 063
5.4 分子检测 064
5.4.1 聚合酶链式反应（PCR） 064
5.4.2 实时 PCR（RT-PCR） 064
5.4.3 等温基因扩增分析 065
5.5 第二代测序（NGS）技术 066
5.6 生物检测 066
5.7 气溶胶探测技术 066
5.8 传感器技术 067
5.8.1 基于 DNA 芯片的传感器 067
5.8.2 基于蛋白质芯片的传感器 067
5.8.3 免疫传感器 067
5.8.4 基于组织的生物传感器 067
5.8.5 基于分子印迹的传感器 068
5.8.6 纳米材料生物传感器 068
5.9 仪器技术 068
5.9.1 质谱分析法 068
5.9.2 拉曼化学成像 069
5.10 生物探测器 069
5.11 商用生物探测器 069
5.12 结论 074
参考文献 074

第 6 章
微流控技术在生物战剂检测中的应用 078

6. 1 概述 078
6. 2 生物武器 079
6. 3 与生物恐怖有关的病原体 079
6. 4 计划和响应 081
6. 5 现有的生物恐怖检测系统 081
6. 5. 1 免疫分析 082
6. 5. 2 蛋白质组学方法 082
6. 5. 3 核酸扩增和检测方法 082
6. 6 生物战剂监测 083
6. 7 民用生物防御 083
6. 8 军事生物防御 083
6. 9 微流控 084
6. 9. 1 微流控类型 085
6. 9. 2 连续流动式微流控 087
6. 9. 3 数字微流控 087
6. 10 各种可用的平台 088
6. 10. 1 基于核酸的病原体检测微流控系统 090
6. 10. 2 基于细胞的病原体检测微流控系统 091
6. 10. 3 基于抗体和抗原的病原体检测微流控系统 091
6. 10. 4 基于蛋白质/酶的病原体检测微流控系统 092
6. 10. 5 微流控与质谱法联用 093
6. 10. 6 微流控与荧光光谱法的结合 093
6. 10. 7 微流控与电化学的结合 093
6. 11 结论 094
参考文献 095
延伸阅读 098

第 7 章
场外分析样本的采集、储存和运输 099

7. 1 概述 099
7. 2 场外分析 101

7.3 样本采集 102
7.3.1 样本采集程序 102
7.3.2 血液样本采集 102
7.3.3 尿液样本采集 103
7.3.4 组织样本采集 103
7.3.5 唾液/口腔样本采集 104
7.3.6 指甲和头发样本采集 104
7.4 采样过程中应采取的预防措施 104
7.5 临床样本采集的常规指南 105
7.6 临床样本的包装 106
7.7 样本存储 106
7.7.1 储存系统的维护 107
7.7.2 样本存储前须采取的预防措施 108
7.8 收集样本的运输 108
7.9 结论 109
参考文献 109

第8章
生物战相关疾病的医疗管理 112

8.1 概述 112
8.2 细菌类生物战剂的治疗 113
8.2.1 炭疽病 114
8.2.2 鼠疫 115
8.2.3 布鲁氏菌病 115
8.2.4 霍乱 116
8.2.5 类鼻疽病 117
8.2.6 兔热病 118
8.3 病毒类生物战剂的治疗 119
8.3.1 天花 119
8.3.2 克里米亚-刚果出血热 120
8.3.3 埃博拉出血热 121
8.3.4 委内瑞拉马脑炎 122
8.4 毒素类生物战剂的治疗 123
8.4.1 石房蛤毒素 123
8.4.2 肉毒杆菌毒素 123
8.4.3 蓖麻毒素 124

8.5 结论 124
参考文献 125

第 9 章 生物战剂防护设备 129

9.1 概述 129
9.2 生物战剂的分类及其症状 130
9.3 接触途径和传播方式 131
9.4 为什么需要防护? 132
9.5 体表与呼吸系统防护原理 132
9.6 个人防护 133
9.6.1 呼吸系统防护 133
9.6.2 体表防护 134
9.7 集体防护 137
9.7.1 独立庇护所 137
9.7.2 综合庇护所 137
9.8 防护水平 138
9.9 BWA 防护服和面罩的性能要求 138
9.10 通过疫苗和抗生素提供保护 139
9.11 用于制造 IPE 的材料 140
9.12 可用于保护的最先进产品 141
9.13 展望、前景和挑战 141
参考文献 142

第 10 章 环境采样与生物净化——最新进展、挑战及未来方向 146

10.1 概述 146
10.2 环境采样 147
10.3 基础设施净化 149
10.4 挑战 152
10.5 未来研究方向 152
10.6 结论 153
参考文献 154

第 11 章 生物和毒剂战争公约：现状和展望 156

11.1 迫近的危险 156

11.2 公约 157

11.3 《禁止生物武器公约》及其审查、困境和现状 158

11.3.1 缺乏共识 158

11.3.2 缺乏普适性 159

11.3.3 缺乏合规性和相关核查 159

11.3.4 实验方面面临挑战 159

11.4 公约的未来 159

参考文献 160

第 12 章 新一代人工合成生物战剂：检测、防护和净化方面的新威胁和挑战 162

12.1 潜在的生物武器和战剂 162

12.2 新一代生物武器的出现 165

12.2.1 二元生物武器 165

12.2.2 设计特定基因 165

12.2.3 设计特定疾病 165

12.2.4 基于基因治疗的生物武器 165

12.2.5 宿主交换疾病 166

12.2.6 隐形病毒 166

12.3 合成生物学辅助细菌克隆和噬菌体的全基因组合成 166

12.3.1 噬菌体 φX174 的合成 167

12.3.2 重构法合成噬菌体 T7 基因组 168

12.3.3 使用最少的基因组合成生殖支原体和丝状支原体克隆 168

12.4 合成生物学辅助天然或嵌合病毒的全基因组合成 168

12.4.1 1918 年西班牙流感病毒的合成 168

12.4.2 脊髓灰质炎病毒的合成 169

12.4.3 人内源性逆转录病毒的合成 169

12.4.4 HIVcpz 的合成 170

12.5 病毒基因组的体外包装 170
12.5.1 dsRNA 病毒基因组包装机制 170
12.5.2 dsDNA 病毒基因组包装机制 171
12.5.3 体外包装病毒基因组的实例 171
12.6 生物战剂检测：方法和挑战 172
12.6.1 微生物培养 172
12.6.2 流式细胞术 172
12.6.3 细胞脂肪酸的分析 172
12.6.4 基于 PCR 的检测 173
12.6.5 免疫学法 173
12.6.6 新一代测序 173
12.6.7 生物传感器 174
12.6.8 生物探测系统 174
12.7 新一代生物制剂的防护：方法和挑战 174
12.7.1 嵌合病毒或设计病毒作为研究疾病发病机制的候选病毒 176
12.7.2 嵌合病毒作为重要候选疫苗 177
12.8 净化程序：方法和挑战 180
12.9 结论 181
参考文献 182

第 13 章
生物战剂的基因组信息及其在生物防御中的应用 190

13.1 概述 190
13.2 BWA 的基因组信息 191
13.2.1 细菌 191
13.2.2 病毒 193
13.2.3 毒素 196
13.3 基因组信息在生物防御中的应用 197
13.3.1 生物战剂疫苗的设计与研发 197
13.3.2 了解生物战剂病原体的毒力和耐药机制 197
13.3.3 生物战剂的环境监测 197
13.3.4 潜在生物战剂的鉴定和表征 197
13.3.5 针对生物战剂的新化学实体设计与开发 198
13.3.6 对传染病过程的理解 198
13.4 结论 198
参考文献 198

延伸阅读 201

第 14 章
保护民众免遭生物恐怖影响的规划 202

14. 1 概述 202
14. 2 提高警惕性 202
14. 3 对“生物防护”系统的需求 203
14. 4 生物恐怖的未来危险 203
14. 5 CRISPR/Cas 系统的使用 204
14. 6 生物监测的存在 204
14. 7 新型疫苗的研制 204
14. 8 潜在威胁 205
14. 9 挑战 205
14. 10 技术发展 205
14. 11 疫苗生产改进 205
14. 12 生物防御机制与学说 206
参考文献 206
延伸阅读 207

第1章

生物战剂：历史及现代相关性

S. J. S. Flora[1]

田 驹 武云涛 杨永昌 洛 凯 王征旭 译

1.1 生物战剂的历史

在历史上，传染病和战争密切相关，即便在对疾病的传播方式缺乏深入了解的时期，人们也很早就意识到了死亡的动物或人类可能会引发疾病。历史上有一些关于生物战的记载，诸如箭上涂毒、污染敌军水井或其他水源等。然而，仅有极少数历史事件得到了详细记录（Eitzen and Takafuji，1997），历史学家和微生物学家往往很难把所谓的生物攻击与自然流行病的暴发联系起来，因为在现代微生物学出现之前，可用的信息十分有限。此外，随着时间流逝，历史事件的真实性可能被不同程度地削弱了。波斯、希腊和罗马的文献证据表明，公元前 400 年，斯基泰弓箭手将箭浸泡在腐烂的尸体、粪便、血液的混合物中，从而使箭头染毒；大约公元前 300 年，人们曾使用动物尸体来污染水井和其他水源；公元前 190 年的欧里米德战役中，汉尼拔将装满毒蛇的陶罐投掷向敌人的船只，在与帕加马国王欧梅尼斯二世的战争中取得了胜利；在公元 12 世纪的托尔托纳战役中，巴巴罗萨用死去士兵的尸体向水井投毒；公元 1346 年，在对当时被热那亚人控制的港口卡法（现在的乌克兰费奥多西亚）进行围城战期间，鞑靼人的进攻部队制造了一场瘟疫的流行（Wheelis，2002），他们把大量尸体扔进城市从而引发瘟疫，而瘟疫的暴发不但成功迫使热那亚军队撤退，甚至对之后的整个 14 世纪造成了极大影响，被称为“黑死病”的瘟疫在欧洲、近东等地大范围蔓延，这可能是有记载以来最具毁灭性的公共卫生灾难。然而，鼠

[1] National Institute of Pharmaceutical Education and Research-Raebareli，Lucknow，India.

疫的最初起源至今仍未明确，其中印度、远东地区和中亚地区等几个国家（Rauw，2012）过去均有过相关记载。无论如何，卡法生物战攻击导致的毁灭性灾难被认为是人类历史上利用疾病当作武器的最严重事件之一。

在战争史上，类似的生物攻击案例层出不穷。1710年，俄罗斯和瑞典军队在雷瓦尔战疫中，使用了弹射感染鼠疫尸体的生物攻击法。18世纪法印战争期间，时驻北美的英国军队把天花病人的毯子分发给美洲原住民，从而把疾病传染给缺乏免疫力的当地部落。1863年美国南北内战期间，一名联邦外科医生因试图将感染黄热病毒的衣服进口到美国北部地区而被捕（Hunsicker，2006）。进入20世纪后，生物战变得更加复杂。19世纪，科赫法则和现代微生物学的发展使得特定病原体的分离和复制成为可能（Robertson and Robertson，1995）。1924年，国际联盟临时委员会的一个亚组委员会在调查后声称，没有确凿的证据表明第一次世界大战中使用过细菌武器。在意识到生物战可能导致的重大危害后，1925年6月17日，包括联合国安理会五个永久性成员国在内的108个国家最终签署了《禁止在战争中使用窒息性、毒性或其他气体和细菌作战方法的议定书》（以下简称《日内瓦议定书》）。因为当时病毒和细菌还没有被明确区别开来，所以在该议定书中并没有专门提及病毒。然而，该议定书忽略了监督及执行环节的问题，导致其缺乏强制性，最终成为了一份“有名无实”、效力低下的文件。具有讽刺意味的是，不少已经签署该议定书的缔约国在不久之后开始着力发展生物武器，这些国家包括比利时、加拿大、法国、英国、意大利、荷兰、波兰、日本和苏联。而美国直到1975年才正式承认《日内瓦议定书》（Riedel，2004）。

在第二次世界大战开始前，日本无视《日内瓦议定书》条例，制造出可导致炭疽、鼠疫、霍乱等的生物武器制剂（Barras and Greub，2014）。

而在日本生物武器计划被曝光的同时，时任美国总统的罗斯福于1941年启动了一个关于生物制剂的研究计划，他任命默克制药公司的乔治·W. 默克为陆军化学战部负责人，同时将马里兰州弗雷德里克市的德特里克营改造为生物武器研发基地。

在随后的1946年，美国甚至正式公开宣布其参与了生物武器的研究。1969年，世界卫生组织发表声明警示了生物武器的不稳定性，基于此，尼克松总统被迫在同年晚些时候叫停了美国进攻性生物武器研发计划，并将该领域研究限制于防御性研究（Frischknecht，2003）。1972年，包括苏联在内的103个国家签署了《禁止生物武器公约》（Riedel，2004），该公约呼吁所有国家销毁其生物武器储备。此后，一次因实验室偶然泄漏导致天花病毒获得性感染的事件促使世界卫生组织整合了所有的天花病毒库，并限定仅美国和苏联保有病毒储存权限（McFadden，2010）。1979年，苏联斯维尔德洛夫斯克州的一个生物武器研究基地意外释放了“炭疽杆菌”孢子，导致68人因吸入炭疽杆菌而死亡。《禁止生物武器公约》的签署以及世界卫生组织的约束也难以彻底限制生物武器被用于恐怖袭击。2001年秋，美国再次暴发了生物恐怖事件，为了影响即将到来的市政选举结果，俄勒冈州的奥修教邪教成员利用“鼠伤寒沙门氏菌”污染当地餐馆的沙拉吧，最终导致超过700人患病，其实该邪教组织早在1984年就曾实施过生物恐怖袭击，甚至在更早之前便进行了各种生物武器的实验。

1992年，在美国明尼苏达州，明尼苏达爱国者委员会（Minnesota Patriots Council）民兵组织的成员计划用蓖麻毒素（一种从蓖麻中提取的强效毒素）杀死当地政府官员。纵观历史，生物武器的使用似乎有愈演愈烈的趋势，历史上部分生物战情况总结见表 1-1。

表 1-1 生物战举例（Barras and Greub，2014）

时间	事件
公元前 14 世纪	赫梯人把感染了兔热病的公羊送给敌人
公元前 600 年	梭伦在围攻克丽萨的战争中使用了泻药“鹿食草”
公元前 4 世纪	据希罗多德描述，斯基泰弓箭手将箭浸泡在腐烂的尸体、粪便、血液的混合物中，使箭头染毒
1155 年	巴巴罗萨在托尔托纳市用人的尸体毒化水井
1346 年	鞑靼人将感染鼠疫的尸体弹射到克里米亚半岛的卡法
1422 年	立陶宛军队将被感染者的粪便扔进卡罗尔斯坦 Carolstein 镇（波希米亚）
1495 年	西班牙人将麻风病患者的血液与葡萄酒混合后出售给居住在那不勒斯（意大利）的法国敌人
1650 年	波兰人用携带狂犬病病毒的唾液攻击敌人
1710 年	在雷瓦尔，俄国军队用弹射器将感染鼠疫的尸体弹射到瑞典军队上方
1763 年	英国军队将天花病人的毯子分发给美洲原住民
1797 年	拿破仑军队通过制造曼图亚（意大利）周围平原的洪灾，促使疟疾在敌军中传播
第二次世界大战期间	日本使用鼠疫、炭疽热和其他疾病病毒；其他部分国家也在进行相关试验和发展生物武器计划
1995 年	奥姆真理教在东京地铁里使用沙林毒气

1.2 生物战剂的定义

生物战剂（biological warfare agents，BWAs）本质上是一种生物制剂，在战争中用以伤害人类、动植物的致病微生物等。生物战剂包含了感染性战剂，诸如细菌、病毒、真菌等病原体。生物武器是被研究和使用最多的灾难制造手段之一，它们的传播途径和方式多种多样，例如通过气溶胶飞沫在空气中传播至呼吸系统；以炸药的形式运输；以食物和水为媒介，通过大量致病微生物污染水源的方式传播疾病。当短时间内大量人群同时出现罕见症状或在大量死亡动物中发现罕见的医学检测结果时，应高度警惕该事件是否发生了生物战攻击。针对生物武器我们应采取积极的防护措施，例如用于防护结核病菌的高效空气微粒（high-efficiency particulate air，HEPA）过滤口罩，它可以过滤空气中的大多数生物战剂微粒，并提供抗结核治疗，可提高佩戴者机体免疫反应。

1.3 生物武器的特征

感染活体宿主的微生物的分类主要取决于他们和宿主间的相互作用，这些相互作用可能更多地取决于宿主的个体情况如免疫反应、营养和健康状况，以及所暴露的环境条件如卫生条件、水质等（Rauw，2012）。以下列举了生物制剂与宿主之间相互作用的几项重要特征，可用作对生物战剂进行分类的客观依据（表 1-2）。

① 毒力：即微生物的致病能力，不同种类微生物毒力有区别。

② 传染性：即病原体侵入宿主、存活和在体内繁殖的能力，即病原体的感染率。

③ 潜伏期：从感染原首次暴露到宿主首次出现症状的时间跨度。

④ 致死性：即微生物的致死能力，因种类不同及自身携带的毒力因子不同而异。

⑤ 传播途径：微生物在环境中的传播方式，可分为载体依赖和非载体依赖。

表 1-2　不同类型的武器

项目	化学武器	生物武器	核武器
定义	使用人造化学物质摧毁生命	使用生物体杀伤生命体	使用核武器来摧毁生命
使用情况	古时未曾使用	可追溯至公元前	第二次世界大战末期首次使用
目标群体	只针对暴露在战剂下的生命体	可能感染非目标人群	会杀伤非目标人群
成本	昂贵	相对低廉	昂贵
起效时间	迅速起效	起效较慢	由慢到快
受伤者	较少人群受伤	较多人群受伤	受伤人群庞大
死因	中毒	感染	基因缺陷或突变
生产和储存空间	占用空间大	占用空间小	占用空间庞大
用途	用于杀伤特定目标	用于大规模消亡	大规模毁灭伴随后代缺陷

1.4 生物战剂的优缺点

生物战剂既有优势，也有局限性，详见表 1-3。优势是制剂的生产相对简单，生产所需的时间成本低。此外，成本效益亦是开发战剂时应考虑的另一个重要因素。用作战剂的生物制剂不仅应具备强致死性，还应能以极高的传播率造成大规模破坏，且最好缺乏有效的治疗方法（Thavaselvam and Vijayaraghavan，2010）。生物战剂的缺点包括运输困难以及工作人员的防护困难等。

表 1-3　生物战剂的优缺点

序号	生物战剂的优点	生物战剂的缺点
1	从制作到交付过程简单、快速	制作过程中工作人员的自身防护较困难
2	成本效益高	运输困难
3	机动性和致病率高	质量控制难以保证
4	宿主间传播性高	一旦释放则难以控制
5	治疗困难	储存困难

1.5 美国疾病控制与预防中心对生物战剂的分类

美国疾病控制与预防中心根据生物制剂毒力和传播性不同，按照从高到低的级别级将其分为 A、B 和 C 三个等级，如图 1-1 所示（Sofaer et al.，1999；Perry，2006）。

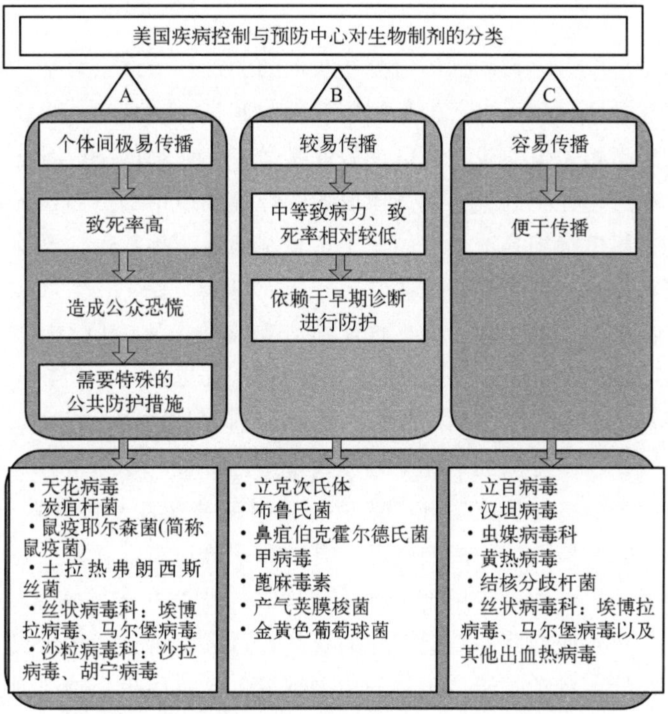

图 1-1　美国疾病预防与控制中心对生物制剂的分类

1.6 生物战剂的现代相关性

自 20 世纪 80 年代以来，生物恐怖危机朝常态化趋势演变，成为了全球面临的普遍威胁，不少国家在生物武器使用的态度上表现得十分激进，相关事件仍在不断暴发。在 1984

年，巴关·希瑞·罗杰尼希的追随者用沙门氏菌污染了俄勒冈州一家餐厅的沙拉吧，导致大约 750 人感染。1986 年，在斯里兰卡活动的泰米尔游击队使用氰化钾污染茶叶，试图破坏斯里兰卡的茶叶出口。1993 年，一个日本教派奥姆真理教试图从东京某建筑顶部以喷雾的形式释放炭疽杆菌（Takahashi et al.，2004）。同年，据称伊朗故意用一种未知生物制剂污染为美国和欧洲部队供水的加利利水源（Sofaer et al.，1999）。1995 年，明尼苏达州民兵组织的两名成员私自持有蓖麻毒素，试图对当地政府官员进行报复性袭击（Johnson，2012）。1996 年，一名俄亥俄州男子试图通过邮寄的方式获得腺鼠疫培养基（Mishra and Trikamji，2014）。2001 年，炭疽杆菌随邮件被寄到了美国媒体和政府办公室。2002 年，一伙恐怖分子在英国曼彻斯特因生产蓖麻毒素被捕，他们原本计划对俄罗斯大使馆进行生物恐怖袭击（Mishra and Trikamji，2014）。

1.7 检测

在战争和恐怖袭击中，生物制剂的检测是防治的关键环节之一，唯有及时、精准地检测出所使用的生物制剂，才有着手进行损伤控制和限制其进一步扩散的机会。在检测系统的开发过程中，尽可能提高相关仪器或方法的灵敏度是学者们面临的一大难题，要能够检测出可使人致病的各浓度剂量，并甄别其在生命体或各种环境基质中的分布情况。除此之外，理想的检测系统还应具备便携、容易上手、能用于多种制剂检测等特性。受检样本不尽相同，如血液、痰液、尿液、粪便、脑脊液等人体临床样本，粉尘、食物、空气、水等环境样本。常用的检测方法也多种多样，如生化检测、抗体检测和核酸检测，但上述方法检测能力有限，仅在紧急情况下使用（Thavaselvam and Vijayaraghavan，2010）。由于生物战剂可以在极低浓度下致病，且通常隐藏于周围自然环境中，很难得到实时检测，直到病原体最终引发宿主疾病或在使用更高级别检测方法的情况下才能被检出。传统的诊断试验（双层琼脂平板法和聚合酶链式反应）和实验室分析方法（高效液相色谱法或酶联免疫吸附法）都存在自身缺陷，因此，开发用于实时检测生物战剂的可靠方法和系统迫在眉睫。

目前，已有学者开始着力打造用于生物战剂检测的“芯片实验室”，通过将多种检测功能进行芯片化集成来达到使检测系统微型化的目的，这意味着一种用于实时检测生物战剂的全新方法将问世。此外，各种基于传感器的检测系统也已被用于生物战剂的检测，包括声波传感器、免疫传感器和微流控生物传感器等（Weingart et al.，2012；Dudak and Boyaci，2014；Matatagui et al.，2013）。结合微流控芯片的乐甫波（Love-wave）免疫传感器甚至可以进行动态检测，具有反应迅速、样本种类辨识度高等优势（Matatagui et al.，2014）。除上述方法之外，表面等离子体共振技术已被初步应用于生物战的现场检测，该技术灵敏度高、具备实时检测能力（Trzaskowski and Ciach，2017）。多组分生物传感器及磁标记阵列计数仪则是结合了微磁珠、DNA 杂交和巨磁阻传感器等多种技术来进行生物战剂的检测和识别（Edelstein et al.，2000）。此外一种电化学检测平台也已问世，可针对多种生物制剂进行现场平行检测，敏感性及识别能力高（Pöhlmann et al.，2017）。

如今，纳米材料几乎被应用于各个研究领域，借助这种新型材料的优势有望突破传统技术方法的固有瓶颈，获得更好的研究结果。在生物制剂检测方面，纳米材料主要被应用于比色分析、光致发光、电化学和等离子体共振等检测方法（Syed，2014；Liu et al.，2012；Saha et al.，2012）。利用纳米生物共轭技术可制作出用于生物制剂检测的探针；量子点抗体偶联技术已被用于蛋白质毒素和病毒的检测，如蓖麻毒素、志贺毒素等（Boeneman Gemmill et al.，2013；Goldman et al.，2004）；基于表面等离子体共振方法，磁性纳米颗粒也可用于生物制剂的检测；此外，通过核磁共振的信号传导，包括碳纳米管、二氧化硅纳米颗粒、金纳米材料、纳米线和纳米条形码在内的（Kamikawa et al.，2012；Koh et al.，2008）诸多形式的纳米材料均可能被用于生物制剂的检测，在该领域我们的研究还任重而道远。

1.8 结论

生物战剂隐匿在微观世界中，无色无味，难以被发现，这一特性使得它们不仅被广泛用于战争，更是受到恐怖分子的青睐，用于制造大规模疾病、恐慌甚至死亡。在这一特殊背景下，我们有义务不惜一切代价阻止将生物战剂用作攻击武器，应时刻保持危机意识，并始终具备预警、防护及救治的能力。当面对生物武器攻击时，要在第一时间启动应急预案，迅速实施检测，并提供充足的医疗资源。针对生物战剂的传统检测技术虽具有较高的灵敏度和特异性，但反应时间较长，对样品制备和实验室条件要求相对较高，且价格昂贵，而上述条件在受污染区域往往无法得到满足，所以病原体的检测一直是防治环节中的难题之一。如今，纳米材料及相关技术飞速发展，我们有希望借助纳米传感器解决以上难题，新技术可明显缩短免疫原性分析时间，提高生物战剂的检出能力。基于此，建立机动性强、灵敏度高、特异性高、可信度高、便于在释放点现场使用的生物战剂检测方法及其体系是未来研究的重点方向。

参考文献

Barras, V., Greub, G., 2014. History of biological warfare and bioterrorism. Clin. Microbiol. Infect. 20 (6), 497–502.

Boeneman Gemmill, K., Deschamps, J.R., Delehanty, J.B., Susumu, K., Stewart, M.H., Glaven, R.H., et al., 2013. Optimizing protein coordination to quantum dots with designer peptidyl linkers. Bioconjug. Chem. 24 (2), 269–281.

Dudak, F.C., Boyaci, İ.H., 2014. Peptide-based surface plasmon resonance biosensor for detection of staphylococcal enterotoxin b. Food Anal. Methods 7 (2), 506–511.

Edelstein, R., Tamanaha, C., Sheehan, P., Miller, M., Baselt, D., Whitman, L., et al., 2000. The BARC biosensor applied to the detection of biological warfare agents. Biosens. Bioelectron. 14 (10), 805–813.

Eitzen, E.M., Takafuji, E.T., 1997. Historical overview of biological warfare. In: Sidell, F.R., Takafuji, E.T., Franz, D.R. (Eds.), Medical Aspects of Chemical and Biological Warfare. Office of the Surgeon General, Department of the Army, Walter Reed Army Medical Center, 415–423.

Frischknecht, F., 2003. The history of biological warfare. EMBO Rep. 4 (6S), S47–S52.
Goldman, E.R., Clapp, A.R., Anderson, G.P., Uyeda, H.T., Mauro, J.M., Medintz, I.L., et al., 2004. Multiplexed toxin analysis using four colors of quantum dot fluororeagents. Anal. Chem. 76 (3), 684–688.
Hunsicker, A., 2006. Understanding International Counter Terrorism: A Professional's Guide to the Operational Art. Universal-Publishers.
Johnson, D., 2012. Right Wing Resurgence: How a Domestic Terrorist Threat Is Being Ignored. Rowman & Littlefield.
Kamikawa, T.L., Mikolajczyk, M.G., Kennedy, M., Zhong, L., Zhang, P., Setterington, E.B., et al., 2012. Pandemic influenza detection by electrically active magnetic nanoparticles and surface Plasmon resonance. IEEE Trans. Nanotechnol. 11 (1), 88–96.
Koh, I., Hong, R., Weissleder, R., Josephson, L., 2008. Sensitive NMR sensors detect antibodies to influenza. Angew. Chem. Int. Ed. 47 (22), 4119–4121.
Liu, Y., Dong, X., Chen, P., 2012. Biological and chemical sensors based on graphene materials. Chem. Soc. Rev. 41 (6), 2283–2307.
Matatagui, D., Moynet, D., Fernández, M., Fontecha, J., Esquivel, J., Gràcia, I., et al., 2013. Detection of bacteriophages in dynamic mode using a Love-wave immunosensor with microfluidics technology. Sensors Actuators B Chem. 185, 218–224.
Matatagui, D., Fontecha, J.L., Fernández, M.J., Gràcia, I., Cané, C., Santos, J.P., et al., 2014. Love-wave sensors combined with microfluidics for fast detection of biological warfare agents. Sensors 14 (7), 12658–12669.
McFadden, G., 2010. Killing a killer: what next for smallpox? PLoS Pathog. 6 (1), e1000727.
Mishra, S., Trikamji, B., 2014. Historical and preventive aspect of biological warfare. Int. J. Health Syst. Disaster Manage. 2 (4), 204.
Perry, W.B., 2006. Biological weapons: an introduction for surgeons. Surg. Clin. North Am. 86 (3), 649–663.
Pöhlmann, C., Bellanger, L., Drevinek, M., Elßner, T., 2017. Multiplex detection of biothreat agents using an automated electrochemical ELISA platform. Procedia Technol. 27, 104–105.
Rauw, W.M., 2012. Immune response from a resource allocation perspective. Front. Genet. 3, 1–14.
Riedel, S., 2004. Biological warfare and bioterrorism: a historical review. Proc. (Baylor Univ. Med. Cent.) 17 (4), 400.
Robertson, A.G., Robertson, L.J., 1995. From asps to allegations: biological warfare in history. Mil. Med. 160 (8), 369–373.
Saha, K., Agasti, S.S., Kim, C., Li, X., Rotello, V.M., 2012. Gold nanoparticles in chemical and biological sensing. Chem. Rev. 112 (5), 2739–2779.
Sofaer, A.D., Wilson, G.D., Dell, S.D., 1999. The New Terror: Facing the Threat of Biological and Chemical Weapons. Hoover Institution, Stanford, CA.
Syed, M.A., 2014. Advances in nanodiagnostic techniques for microbial agents. Biosens. Bioelectron. 51, 391–400.
Takahashi, H., Keim, P., Kaufmann, A.F., Keys, C., Smith, K.L., Taniguchi, K., et al., 2004. Bacillus anthracis bioterrorism incident, Kameido, Tokyo, 1993. Emerg. Infect. Dis. 10 (1), 117.
Thavaselvam, D., Vijayaraghavan, R., 2010. Biological warfare agents. J. Pharm. Bioallied Sci. 2 (3), 179.
Trzaskowski, M., Ciach, T., 2017. SPR system for on-site detection of biological warfare. Curr. Anal. Chem. 13 (2), 144–149.
Weingart, O.G., Gao, H., Crevoisier, F., Heitger, F., Avondet, M.-A., Sigrist, H., 2012. A bioanalytical platform for simultaneous detection and quantification of biological toxins. Sensors 12 (2), 2324–2339.
Wheelis, M., 2002. Biological warfare at the 1346 siege of Caffa. Emerg. Infect. Dis. 8 (9), 971.
Zilinskas, R.A., 1997. Iraq's biological weapons: the past as future? JAMA 278 (5), 418–424.

第2章

细菌类生物战剂

Kshirod Sathua[❶]，**S. J. S. Flora**[❶]

林艳丽　李　响　王友亮　译

2.1 概述

自古以来人类与微生物多样性之间就存在着密切的联系。对人类来说，自然界中的这种联系与其说是致病的，不如说是共生的。然而，随着时代的变迁，微生物种群的致病性变得更具毒性和耐药性，特别是考虑干扰自然和人类的灾难性活动的时候。因此，近年来，人类与微生物多样性之间的关系变得更具致病性，尤其是新型病原体的出现。然而，这种关系最可怕的形式是人类利用微生物种群进行自我毁灭——“生物恐怖”。更为不幸的是，19 世纪以来细菌学领域的进步为微生物时代提供了建设性和毁灭性的方向（Zilinskas，2017）。从那时起，来自不同国家和军事研究机构的许多科学家已经将各种细菌用作生物武器。当不同的武装组织将一些传染性细菌改造成可对人类产生严重威胁的生物武器时，情况变得更加令人担忧。这样一来，细菌生物战剂成为人类和文明的巨大威胁。

另一方面，纵观历史，人类与动物在衣食住行等各个方面都有着密切的关系，这也是人畜共患传染病由牲畜传染给人类的主要原因。基于此生物恐怖分子瞄向了炭疽和鼠疫等各种毁灭性的人畜共患传染病（Arun Kumar et al.，2011）。

将细菌作为战剂的做法并不新鲜，在微生物时代到来之前就开始了。生物攻击的第一个证据可以追溯到公元前 14 世纪，当时赫梯人把感染了兔热病的公羊送给敌人，以削弱敌人的战斗力。无论如何，14 世纪中期的“黑死病”（鼠疫）都被认为是有史以来最危险的健康

❶ National Institute of Pharmaceutical Education and Research-Raebareli，Lucknow，India.

灾难之一。寄生在野生黑鼠身上的鼠蚤被认为是鼠疫病原的主要携带者，是鼠疫耶尔森菌传播的罪魁祸首。据估计，此期间死亡的人数达到了欧洲总人口的1/4～1/3。尽管很少有文献证据表明鼠疫后来被用于细菌战，但已有感染者证明日本在第二次世界大战中将鼠疫用作生物武器（Barras and Greub，2014）。表2-1列出了微生物学时代之前的细菌生物战。

表2-1　微生物学时代之前的细菌生物战

时间	事件	结果
公元前14世纪	赫梯人把感染了土拉热弗朗西斯菌的公羊送往敌军	通过感染的公羊传播兔热病
公元前4世纪	斯基泰人使用被感染的箭头	许多感染产气荚膜梭菌、破伤风梭菌和蛇毒的人死亡
14世纪中期	欧亚大陆的黑死病	7500万～2亿人死亡

使用传染性细菌作为主要战剂始于细菌学领域取得重要进展的19世纪。在第一次和第二次世界大战期间情况最为严重，德国、日本、法国和美国等许多发达国家开始大力使用炭疽杆菌、霍乱弧菌、鼠疫菌、志贺菌、马鼻疽伯克霍尔德氏菌等，炭疽杆菌、布鲁氏菌、肉毒杆菌等在这一时期也以武器的形式出现。“炭疽信件”是发生于2001年9月的细菌攻击的另一个可怕事件（Zacchia and Schmitt，2018）。

自然界中无处不在的细菌具有独特的性质，因此它们成为生物恐怖分子制作生物武器的首选目标。独特的传播方式（如雾化液滴）为某些传染性细菌进入非预期人群提供了最佳机会。成本效益高、易于应用、检测困难以及缺乏对细菌学领域的关注，这些因素都使得细菌在生物战剂中的地位特殊（D'Arcangelis，2016）。

细菌战剂主要包括炭疽杆菌、鼠疫菌、猪布鲁氏菌、贝氏柯克斯体、土拉热弗朗西斯菌、类鼻疽伯克霍尔德氏菌、马鼻疽伯克霍尔德氏菌、鼠伤寒沙门氏菌、鹦鹉热衣原体、立克次氏体、志贺菌、霍乱弧菌等。根据传播能力、死亡率、公共卫生应对所需行动以及引起公众恐慌的能力，美国CDC和美国国家过敏和传染病研究所（NIAID）将生物战剂分为三类（Cenciarelli et al.，2014）。A类：具有高传播性、高死亡率、能形成重大公共卫生问题的战剂，这类战剂需要特殊操作对待。B类：具有中传播性、中发病率和低死亡率的病原体，这类战剂需要特殊的疾病监测。C类：因其可获得性而易于生产和传播的战剂。它们还与重大健康影响有关。

表2-2列出了部分细菌生物战剂的类别、感染途径和检测技术等。其中大部分由动物传染给人类，并可导致各种毁灭性的人畜共患病，如炭疽病、鼠疫、布鲁氏菌病、Q热病、兔热病、类鼻疽病、鼻疽病等（Pal et al.，2017）。

表2-2　部分细菌生物战剂及其检测技术清单

疾病	病原体	类别	作为战剂的感染途径	潜伏期/d	检测技术
炭疽病	炭疽杆菌	A	气溶胶	1～5	微生物培养、血清学方法、酶联免疫吸附测定、聚合酶链式反应

续表

疾病	病原体	类别	作为战剂的感染途径	潜伏期/d	检测技术
鼠疫	鼠疫菌	A	气溶胶	2～3	微生物培养、血清学方法、酶联免疫吸附测定、聚合酶链式反应
兔热病	土拉热弗朗西斯菌	A	处理被感染动物组织时的皮肤	3～5	微生物培养、血清学方法、酶联免疫吸附测定、聚合酶链式反应
布鲁氏菌病	猪布鲁氏菌、美利特布鲁氏菌、流产布鲁氏菌	B	气溶胶	5～60	微生物培养、血清学方法、酶联免疫吸附测定、聚合酶链式反应
鼻疽病	马鼻疽伯克霍尔德氏菌	B	气溶胶	3～7	微生物培养、血清学方法、酶联免疫吸附测定、聚合酶链式反应
类鼻疽病	类鼻疽伯克霍尔德氏菌	B	气溶胶	3～7	微生物培养、血清学方法、酶联免疫吸附测定、聚合酶链式反应
Q热病	贝氏柯克斯体	B	灰尘或气溶胶	2～42	血清学方法、酶联免疫吸附测定
肉毒杆菌中毒	肉毒杆菌	A	污染食品	1～5	酶联免疫吸附测定、用于毒素检测的小鼠接种

黑死病和炭疽暴发都在警示我们，需要即时检测工具来识别细菌生物恐怖战剂。理想情况下，生物检测系统应能够检测极低浓度的微生物/毒素，并能够同时检测各种基质和多种威胁因子。细菌生物学检测技术包括：①生化分析技术；②基于生物发光的检测技术；③基于抗原和抗体的检测技术；④基于核酸的检测技术；⑤基于传感器的检测技术（Thavaselvam and Vijayaraghavan，2010）。与生物传感器一起用于检测生物战剂的重组抗体也正在被研发中（Mobed et al.，2019）。

为了克服细菌武器化、了解细菌生物制剂的致病本质，已经建立了许多生物武器防御计划。许多国家，如苏联、美国和伊拉克，参与了各种生物武器计划的制定（Zilinskas，2017）。2013年4月，170个国家联合签署了一项防止生物攻击的条约——《禁止生物武器公约》(BWC)(Haider，2018)。许多国家已经开始了针对生物战剂的防护研究。国际人道法和各种国际条约禁止使用生物武器，并将其视为战争罪（Henckaerts and Doswald Beck，2005）。尽管大多数生物武器计划和条约都是为了自身利益而制定的，但它有助于最大限度地减少细菌被非法用作战剂和不道德的行为。

使用细菌制剂作为生物武器会对人类生活和社会经济发展产生较大的负面影响，被认为是值得国际高度关注的问题。人们决不能忘记历史上最大的生物武器事件，如炭疽和鼠疫暴发事件，它们使我们明白细菌是如何在毁灭文明中扮演重要角色（Dols，2019；Jernigan et al.，2002）。尽管已经采取了许多措施来限制细菌生物战剂的使用，但这些方案目前在加强实施方面仍处于初始阶段。我们必须始终牢记，生物武器不仅可作为战剂，而且可能对人类生存构成严重威胁（Tournier et al.，2019）。细菌战必须被彻底制止。

2.2 战剂

“战剂”一词是指在军队服役期间接触的可能对人类、建筑物等人造结构以及山脉等自然结构或生物圈造成伤害的制剂。使用战剂的主要目的是恐吓敌人。战剂大致分为四类：化学战剂、生物战剂、放射性战剂和核战剂，缩写为 CBRN（Fountain，2018）。武装分子可能单独使用某种战剂，也可能以组合形式使用多种战剂，战剂的威胁将是难以应对的巨大挑战。

2.3 作为毁灭性武器首选的生物战剂

生物战剂易于使用、性价比高、难以检测。生物战剂的成本比常规战剂低得多，甚至不到其成本的 0.05%（Beeching et al.，2002；Danzig and Berkowsky，1997）。此外，生产需要的技术也非常简单。近年来，生物战剂很可能成为生物恐怖分子的首选武器，因为它们可以在被发现之前轻松逃脱。

2.4 生物战剂

利用生物战剂旨在削弱生物的能力、导致社会基础设施等被严重破坏。生物战剂的类型通常由其来源来定义，如细菌、病毒、真菌甚至昆虫。如今，生物战剂易于使用、性价比高、难以检测、能以全人类为目标等特性被认为是 NBC（核战、生物战和化学战）中新兴的最可怕的武器之一（Thavaselvam and Vijayaraghavan，2010）。

2.5 细菌类生物战剂的独特性

细菌在环境中无处不在，是生物战剂主要的来源。鼠疫菌等细菌性生物战剂具有形成气溶胶传播的可能性，使得细菌类生物战剂可以在非预期人群中传播。性价比高、易于使用、难以检测等使得细菌在生物战剂中非常独特（Arun Kumar et al.，2011；Hassani et al.，2004）。

2.6 历史回顾

虽然细菌类生物战剂的使用被认为是在公元前14世纪开始的，但其实际开始的时间要早得多。公元前14世纪，赫梯人将感染兔热病的公羊送到他们的敌人那以削弱他们的力量，被认为是细菌生物武器化的第一个证据（Hirschmann，2018；Trevansato，2007）。后来，在公元前4世纪，斯基泰弓箭手使用浸染危险的细菌（如产气荚膜梭菌、破伤风梭菌）的箭。

黑死病（淋巴腺鼠疫）被认为是人类历史上最具毁灭性的大流行性健康灾难（Dols，2019）。黑死病起始于中亚，传至克里米亚。野生黑鼠和东方鼠蚤被认为是鼠疫传播的主要载体。欧亚大陆受到这场瘟疫的影响，据估计，当时约有7500万～2亿人死亡，约占欧洲人口的四分之一至三分之一（Barras and Greub，2014；Wheelis，2002）。中国和印度等国家在这段时期也受到鼠疫的严重影响。根据Gabriele de' Mussi的观点，黑死病是从克里米亚蔓延到欧洲的（Wheelis，2002）。尽管Mussi的观点存在争议，但人们认为这是有史以来最成功和最可怕的生物攻击（Wheelis，1999）。后来，日本在第二次世界大战中将鼠疫耶尔森菌用作生物武器（Harris，2002），苏联储备鼠疫耶尔森菌准备用于全面战争。这进一步证明，即使在六个半世纪之后，鼠疫耶尔森菌仍然是现代军备控制的主要目标（Inglesby et al.，2000）。

19世纪细菌学领域得到发展，有人开始以各种方式使用各种细菌恐吓文明社会，细菌生物制剂成为主要的战剂。第一次世界大战期间，德国和法国等国家在动物饲料中使用炭疽杆菌和马鼻疽伯克霍尔德氏菌来感染敌人（Geissler and van Courtland Moon，1999；Robertson and Robertson，1995）。1925年的《日内瓦议定书》严格禁止使用生物武器后，炭疽和鼻疽仍然是人类的威胁（Baxter and Buergenthal，1970）。法国、英国、意大利、加拿大、比利时、波兰和苏联等国虽通过了1925年的条约，没有滥用这些生物制剂，但开始了生物武器的研究和生产；而像美国这样的国家直到1975年才开始遵守《日内瓦议定书》（Barras and Greub，2014）。

为了推进生物武器研究，在日本政府的关注下，陆军防疫研究实验室（731部队）成立。日本科研人员用炭疽杆菌、霍乱弧菌、鼠疫菌、志贺菌和土拉热弗朗西斯菌等细菌感染囚犯，在不进行治疗的情况下研究这些疾病的各种影响（Barenblatt，2004）。由于731部队的研究，日军进行了大规模的生物武器试验，如研制用于传播病原体的生物武器，用致命病原体（由炭疽杆菌、霍乱弧菌、鼠疫菌、志贺菌和沙门氏菌组成）感染水库和水井等（Harris，2002）。

在第二次世界大战开始时细菌战剂的应用更为普遍。兔热病、炭疽病、布鲁氏菌病和肉毒杆菌中毒是在那个时期被武器化的、可怕的细菌传播疾病。美国担心德国可能开发生物战剂，而推动其盟国进行生物武器研究（Barras and Greub，2014；Carus，2001）。

1942 年，美国政府成立了美国战争研究局，该局一直致力于发展防止细菌大规模生产的科学研究设施，并开展炭疽孢子、布鲁氏菌等许多危险细菌的检测（Covert，2000；Guillemin，2006）。尽管缺少生物战攻击的证据，但人们相信许多国家在 1947—1991 年使用了生物战剂。1972 年，在世界卫生组织的干预下，包括美国、英国和苏联政府在内的 100 多个国家签署了另一项条约——《禁止生物武器公约》（Wheelis and Rozsa，2009）。

1979 年 4 月，苏联小镇斯维尔德洛夫斯克意外暴发炭疽病。根据西方专家的观点，在苏联工人将炭疽菌转移到容器的过程中，一些潜在的致命孢子被释放到环境中。尽管苏联官员宣布这一事件是偶然的，但 1992 年，当鲍里斯·尼古拉耶维奇·叶利钦总统正式承认“我们的军事发展是原因”时，这一事件变得更具争议性（Meselson et al.，1994；Noah et al.，2002）。

1984 年，在俄勒冈州达尔斯市，食品被鼠伤寒沙门氏菌污染，导致 751 人感染，其中 45 人住院治疗。这被视为第二次世界大战后生物恐怖事件的实例（Carus，2001）。

毫无疑问，《禁止生物武器公约》的存在对尽量减少细菌和毒素武器的发展和生产产生了影响；然而，在海湾战争期间，萨达姆·侯赛因领导下的伊拉克仍在研究致命的炭疽杆菌。

2001 年发生的“炭疽信件”事件则是细菌攻击的另一个可怕例子。几封含有炭疽杆菌的信件被发送给纽约的政府，最终导致人员感染和死亡。

古代、中世纪、现代和当代生物武器的历史证据显示了细菌生物威胁的主要特征。因此临床微生物学家有必要检测和预防细菌生物战剂。迄今为止，已有 182 个国家批准了由苏联生物武器计划负责机构“Biopreparat”制定的条约（Handelman and Alibek，2014）。除了仍被怀疑的 9 个国家外，其余国家都不被认为参与进攻性战争计划。

2.7 细菌类生物战剂

炭疽杆菌、鼠疫菌、猪布鲁氏菌、贝氏柯克斯体、土拉热弗朗西斯菌、类鼻疽伯克霍尔德氏菌、鼻疽伯克霍尔德氏菌、鼠伤寒沙门氏菌、鹦鹉热衣原体、立克次氏体科、志贺菌和霍乱弧菌等是常用的生物战剂。下面简要介绍一些重要的细菌类生物战剂。

（1）炭疽杆菌

时尚界对羊毛、兽皮等动物产品的需求不断增加，导致这成了生物恐怖分子传播炭疽病等致命传染病的主要工具之一。厌氧革兰氏阳性菌炭疽杆菌及其所形成内生孢子的是这种人畜共患传染病的主要致病因素，通过吸入或食用被污染的动物产品传播，如处理被污染的羊毛或使用被感染的动物产品感染炭疽。在人处理上述污染产品时，细菌孢子也会通过破损的皮肤进入人体，并导致感染炭疽（Sridhar and Chandrashekhar，1991）。食用被污染的肉类会导致胃肠道感染炭疽（Singh et al.，2011）。最初，出现急性肠道炎症的症状为恶心、呕吐、食欲不振和发热，随后可能出现严重腹泻和吐血。

(2) 鼠疫耶尔森菌

鼠疫耶尔森菌是影响人类的一种常见有害细菌，通过跳蚤叮咬传播，可引起鼠疫，有时甚至会导致致命的淋巴腺鼠疫（Achtman et al.，1999；Pechous et al.，2016）。鼠疫的临床症状为发热、寒战、虚弱、头痛、淋巴结肿痛等。肺鼠疫通过受感染人或动物的呼吸道飞沫传播。肺鼠疫是生物恐怖分子攻击目标的首选，可能导致突发性严重肺炎和败血症（Pechous et al.，2016）。

案例研究： 14 世纪，西欧很多人死于当时被称为“黑死病”的瘟疫。在漫长的历史长河中，“黑死病”在许多国家造成多人死亡并造成了巨大的恐慌。

(3) 猪布鲁氏杆菌

猪布鲁氏杆菌可以引起一种易被忽视的人畜共患细菌性传染病。在牛、山羊、马和猪等牲畜中很常见，在有多种畜牧养殖系统的地区常见（Smith and Bhimji，2019；Smits and Kadri，2005 年）。猪布鲁氏杆菌是一种兼性革兰氏阴性菌，通过乳制品传播给人类。布鲁氏菌病的一般症状为发热、身体疼痛，尤其是肌肉和关节疼痛等。作为易被忽视的疾病，已成为生物恐怖分子的新工具（Franc et al.，2018）。气溶胶形式的布鲁氏菌目前也被认为是一种危险的生物威胁，会引起呼吸道布鲁氏菌病（Araj，2010）。

(4) 贝氏柯克斯体

贝氏柯克斯体是一种革兰氏阴性需氧病原体，可引起 Q 热病。常见传播方式是通过吸入或蜱虫叮咬，主要症状有发烧、肺炎、肝炎等。贝氏柯克斯体的孢子能够抵抗高温、高压甚至某些防腐剂等刺激。由于其对不利环境刺激有抵抗力、能以气溶胶形式传播，被认为是生物恐怖分子最理想的生物战剂。

(5) 土拉热弗朗西斯菌

土拉热弗朗西斯菌是一种可以引起土拉菌病的革兰氏阴性球菌，兔子和松鼠是主要的宿主，又被称为兔热病。被感染的蜱虫叮咬、接触感染的兔子或吃未煮熟的肉时会被感染。兔热病的常见症状有发热、败血症、毒血症，有些肠道感染会引起伤寒。该菌是对公众健康影响最大的六大病原体之一（Rega et al.，2017）。

案例研究： 土拉热弗朗西斯菌曾经是苏联、日本和美国军事研究的重要课题，是当时的六大生物恐怖剂之一（Johansson et al.，2004）。

(6) 类鼻疽伯克霍尔德氏菌

类鼻疽伯克霍尔德氏菌是一种腐生杆状细菌。此疾病常见于东南亚和澳大利亚北部（Cheng and Currie，2005）。过去它被认为是一种生物战剂。美国疾病控制与预防中心将其归类为 B 类生物恐怖剂（Williamson et al.，2018）。

(7) 鼻疽伯克霍尔德氏菌

鼻疽伯克霍尔德氏菌是一种会感染马、骡和驴等的动物专性病原体（Kettle and Wernery，2016）。人类很少通过接触被感染的动物而受到鼻疽伯克霍尔德氏菌的影响。在北非、亚洲和地中海等地区很常见（Neubauer et al.，2005）。美国疾病控制与预防中心也将其列为 B 类生物恐怖剂。

案例研究 1：在第一次和第二次世界大战期间，鼻疽伯克霍尔德氏菌被用来感染位于东线的俄罗斯马匹和骡子。

2.8 细菌类生物恐怖事件增多背后的原因

虽然细菌生物恐怖事件从古代和中世纪就开始出现，但直到 19 世纪，生物恐怖活动才有所增加。除了成本低和易于应用之外，细菌生物恐怖兴起的一个重要特点是，像炭疽这样的细菌传播疾病可以很容易地被制造。另外，像天花等通过空气传播的病毒性传染病，没有有限的传播范围，极大可能会影响使用者的国家。利用现有的实验室设备，只需 2500 美元即可完成细菌的制备，也可以对其适当改进，使其能达到仅在狭窄的环境范围内有效，只对特定目标进行攻击（D'Arcangelis，2016）。

除了武器化细菌的传染性和毒力，另一个使相关事件增多的关键因素是其可持续性的传染。像炭疽杆菌等病原体最初会形成坚硬的孢子以气溶胶形式很好地扩散。另一方面，肺炭疽感染后主要从流感样症状开始，继而发展为危险的出血性纵隔炎，感染患者在 3～7d 死亡。细菌有高效的输送系统，即使在长时间储存后仍具有持续的高传染性和毒力，因此细菌来源的生物战剂成为最受欢迎的制造生物恐怖的选择，这也是细菌生物恐怖事件呈指数增长的主要原因（Arun Kumar et al.，2011；Hassani et al.，2004）。

2.9 识别生物攻击的迹象

生物攻击虽然很难识别，但是我们仍可以根据以下迹象识别（Dorner et al.，2016；Song et al.，2005；Treadwell et al.，2003）：

① 因缺乏流行病学解释的不常见因素而突然发病。

② 出现罕见的基因工程菌株。

③ 相似的症状导致高发病率和高死亡率。

④ 疾病（如炭疽和鼠疫）的突然暴发和异常的表现。

⑤ 异常的地理或季节性分布（如地理分布异常的兔热病和夏季流感）。

⑥ 意外事件（如兔热病和鼠疫）的突然增加。

⑦ 通过气溶胶、食物和水源传播疾病。

⑧ 未暴露于“公共通风系统（封闭式通风系统）”的人群未出现疾病，靠近公共通风系统的人群中发现疾病。

⑨ 在没有任何其他原因的情况下，同一患者同时存在不同的疾病。

⑩ 吸入病原体引起的呼吸道疾病对人群中的大多数产生异常的影响。

⑪ 会影响特定年龄的非典型疾病（如成人麻疹暴发）。

⑫ 异常的死亡或疾病模式。

⑬ 从不同来源鉴定的病原体有相似遗传模式。

⑭ 相似类型的疾病。

⑮ 意外和无法解释的疾病或大量死亡的事件。

2.10 细菌类生物战剂检测技术

黑死病和炭疽病的感染者所遭受的痛苦警醒我们，需要使用即时检测工具来识别细菌生物恐怖战剂（Lim et al.，2005）。理想情况下，生物检测系统应该：①能够检测极低浓度的微生物和/或毒素；②能够在各种基质中检测；③便携式；④用户友好；⑤能够同时检测多种生物剂。

尽管有许多先进的检测技术可用，但到目前为止，没有一种技术能完全满足所有这些标准（Lim et al.，2005；Walt and Franz，2000）。常用的细菌生物制剂检测技术有：①基于生化试验的分析；②基于生物发光的检测技术；③基于抗原和抗体的检测技术；④基于核酸的检测技术；⑤基于传感器的检测技术。

在基于生化试验的分析中，各种细菌的鉴定是在微生物实验室常规培养后进行的。使用该技术可以鉴定各种致命细菌战剂——如炭疽杆菌、鼠疫菌、布鲁氏杆菌。尽管这项技术成本低廉且高度可靠，但主要缺点是耗时且需要纯培养（Thavaselvam and Vijayaraghavan，2010）。

基于酶的细菌生物制剂检测是通过使用经济、高效的生物发光的检测技术来完成的（Lee and Deininger，2004）。在基于抗原和抗体的检测系统中，基于抗原和抗体的免疫分析用于检测细菌战剂。这是一种高度灵敏的技术，用于检测炭疽病、鼠疫病、肉毒杆菌中毒、布鲁氏菌病等（Andreotti et al.，2003；Coudron et al.，2019）。目前，免疫层析检测技术（ICT）以一次性检测的形式被用于快速检测细菌类生物制剂（King et al.，2003）。

基于核酸的检测系统是最先进的检测细菌战剂的系统之一。通过实时或定量 PCR 的检测方法扩增基因组的特定区域，该检测系统是一种快速、灵敏的检测系统，已成为首选的检测方法（Matero，2017；Pal et al.，2018）。最近，已经开发了几种用于检测炭疽等细菌生物战剂的定量 PCR 试剂盒。

基于传感器的检测系统涉及生物化学、免疫学和核酸技术的集成。其独特之处在于，它可以检测细菌生长过程中产生的特定毒素、与微生物代谢相关的酶催化形成的产物以及多种待分析物。目前，正在开发与生物传感器一起用于检测生物战剂的单克隆抗体和重组抗体等（Abrel and Kosslinger，1998；Mobed et al.，2019）。

2.11 细菌生物制剂的武器化对社会的影响

细菌生物制剂的武器化被认为是全世界严重关切的问题，对社会有较大的负面影响。细菌学和生物技术领域的进步无疑为社会带来了许多好处，但使用致命细菌作为武器也会对国家、社会和经济发展产生不利影响。虽然已经采取了许多措施，如通过制定许多公约限制细菌生物战，但这些仍处于实施的初始阶段（Harigel，2001）。

在第二次世界大战结束时国际社会签署了一些条约，但其中大多数是双边或多边条约，普遍性条约非常少。这些条约在评估时有若干局限，许多都是为了自身利益而制定的。制定条约的首要目标应该是彻底消除细菌战。

我们不应该忘记历史上最大的生物武器事件，如“炭疽暴发”和“瘟疫暴发”，这发人深省，让我们知道细菌在文明毁灭中扮演了怎样可怕的角色（Morea et al.，2018）。

我们必须记住，生物武器不仅是战剂，在不久的将来也可能对人类生存产生威胁。因此，不管发生什么，人类应该是社会福祉的最中心。

2.12 结论

细菌学领域的研究相当先进，但将细菌作为战剂是最可怕和最危险的社会经济退化迹象。任何涉及细菌生物战剂的生物恐怖事件都具有高度不可预测性和难以预防性。为了更好的生存环境，我们必须开发快速和准确的检测系统。现在，我们比前辈更加关注生物战这一严重问题。无论如何，人类应该是社会福祉的最中心。最后，为了在全球彻底消除这一危险武器，政治团体、国防部门和国际安全机构应该密切合作，做出道德决策，以保障人类的生存。

参考文献

Aberl, F., Kosslinger, C., 1998. Biosensor-based methods in clinical diagnosis. Methods Mol. Med. 13, 503–517.

Achtman, M., Zurth, K., Morelli, G., Torrea, G., Guiyoule, A., Carniel, E., 1999. Yersinia pestis, the cause of plague, is a recently emerged clone of Yersinia pseudotuberculosis. [Research Support, Non-U S Gov't] Proc. Natl. Acad. Sci. U. S. A. 96 (24), 14043–14048.

Andreotti, P.E., Ludwig, G.V., Peruski, A.H., Tuite, J.J., Morse, S.S., Peruski Jr., L.F., 2003. Immunoassay of infectious agents. BioTechniques 35 (4), 850–859.

Araj, G.F., 2010. Update on laboratory diagnosis of human brucellosis. [Review] Int. J. Antimicrob. Agents 36 (1), 9.

Arun Kumar, R., Nishanth, T., Ravi Teja, Y., Sathish Kumar, D., 2011. Biothreats—bacterial warfare agents. J. Bioterr. Biodef. 2 (112), 2.

Barenblatt, D., 2004. A Plague Upon Humanity: The Secret Genocide of Axis Japan's Germ Warfare Operation. Edn. HarperCollins, New York.
Barras, V., Greub, G., 2014. History of biological warfare and bioterrorism. Clin. Microbiol. Infect. 20 (6), 497–502.
Baxter, R.R., Buergenthal, T., 1970. Legal aspects of the Geneva Protocol of 1925. Am. J. Int. Law 64 (5), 853–879.
Beeching, N.J., Dance, D.A., Miller, A.R., Spencer, R.C., 2002. Biological warfare and bioterrorism. BMJ 324 (7333), 336–339.
Bojtzov, V., Geissler, E., 1999. Military biology in the USSR. 1920–1945.
Calfee, M., Choi, Y., Rogers, J., Kelly, T., Willenberg, Z., Riggs, K., 2011. Lab-scale assessment to support remediation of outdoor surfaces contaminated with Bacillus anthracis spores. J. Bioterr. Biodef. 2 (3), 25–26.
Carus, W.S., 2001. Bioterrorism and Biocrimes: The Illicit Use of Biological Agents Since 1900. National Defense University, Washington, DC.
Cenciarelli, O., Pietropaoli, S., Gabbarini, V., Carestia, M., D'Amico, F., Malizia, A., et al., 2014. Use of non-pathogenic biological agents as biological warfare simulants for the development of a stand-off detection system. J. Microb. Biochem. Technol. 6, 375–380.
Cheng, A.C., Currie, B.J., 2005. Melioidosis: epidemiology, pathophysiology, and management. Clin. Microbiol. Rev. 18 (2), 383–416.
Coudron, L., McDonnell, M.B., Munro, I., McCluskey, D.K., Johnston, I.D., Tan, C.K., et al., 2019. Fully integrated digital microfluidics platform for automated immunoassay; a versatile tool for rapid, specific detection of a wide range of pathogens. Biosens. Bioelectron. 128, 52–60.
Covert, N.M., 2000. Cutting Edge: A History of Fort Detrick, Maryland. Public Affairs Office, Headquarters US Army Garrison.
Danzig, R., Berkowsky, P.B., 1997. Why should we be concerned about biological warfare? JAMA 278 (5), 431–432.
D'Arcangelis, G., 2016. Defending White Scientific Masculinity: the FBI, the media and profiling tactics during the post-9/11 anthrax investigation. Int. Fem. J. Polit. 18 (1), 119–138.
Dols, M.W., 2019. The Black Death in the Middle East. vol. 5354. Princeton University Press.
Domaradskij, I.V., Orent, W., 2006. Achievements of the Soviet biological weapons programme and implications for the future. Rev. Sci. Tech. 25 (1), 153.
Dorner, B.G., Zeleny, R., Harju, K., Hennekinne, J.-A., Vanninen, P., Schimmel, H., et al., 2016. Biological toxins of potential bioterrorism risk: current status of detection and identification technology. TrAC Trends Anal. Chem. 85, 89–102.
Duelfer, C., 2016. WMD elimination in Iraq, 2003. Nonprolif. Rev. 23 (1–2), 163–184.
Fountain, A.W., 2018. Chemical, biological, radiological, nuclear, and explosive threats: an introduction. In: Handbook of Security Science. Springer, 1–6.
Franc, K., Krecek, R., Häsler, B., Arenas-Gamboa, A., 2018. Brucellosis remains a neglected disease in the developing world: a call for interdisciplinary action. BMC Public Health 18 (1), 125.
Franz, D.R., Jahrling, P.B., Friedlander, A.M., McClain, D.J., Hoover, D.L., Bryne, W.R., et al., 1997a. Clinical recognition and management of patients exposed to biological warfare agents. JAMA 278 (5), 399–411.
Franz, D.R., Parrott, C.D., Takafuji, E.T., 1997b. The US biological warfare and biological defense programs, first ed In: Medical Aspects of Chemical and Biological Warfare. 425–436. United States Government Printing.
Geissler, E., van Courtland Moon, J.E., 1999. Biological and Toxin Weapons: Research, Development and Use From the Middle Ages to 1945. Oxford University Press.
Gronvall, G.K., 2017. Biodefense in the 21st Century. American Association for the Advancement of Science.
Guillemin, J., 2006. Scientists and the history of biological weapons: a brief historical overview of the development of biological weapons in the twentieth century. EMBO Rep. 7 (1S), S45–S49.
Haider, N., 2018. Chemical and biological weapons conventions: orienting to emerging

challenges through a cooperative approach. In: Enhancing CBRNE Safety & Security: Proceedings of the SICC 2017 Conference. Springer, pp. 253–260.

Handelman, S., Alibek, K., 2014. Biohazard: The Chilling True Story of the Largest Covert Biological Weapons Program in the World—Told From the Inside by the Man Who Ran It. Delta.

Harigel, G.G., 2001. Chemical and Biological Weapons: Use in Warfare, Impact on Society and Environment. Carnegie Endowment for International Peace.

Harris, S.H., 2002. Factories of Death: Japanese Biological Warfare, 1932–1945, and the American Cover-Up. Psychology Press.

Hassani, M., Patel, M.C., Pirofski, L.-A., 2004. Vaccines for the prevention of diseases caused by potential bioweapons. Clin. Immunol. 111 (1), 1–15.

Hay, A., 1999. A magic sword or a big itch: an historical look at the United States biological weapons programme. Med. Confl. Surviv. 15 (3), 215–234.

Henckaerts, J.-M., Doswald-Beck, L., 2005. Customary International Humanitarian Law. vol. 1. Cambridge University Press.

Hirschmann, J., 2018. From squirrels to biological weapons: the early history of tularemia. Am. J. Med. Sci. 356 (4), 319–328.

Inglesby, T.V., Dennis, D.T., Henderson, D.A., Bartlett, J.G., Ascher, M.S., Eitzen, E., et al., 2000. Plague as a biological weapon: medical and public health management. JAMA 283 (17), 2281–2290.

Jernigan, D.B., Raghunathan, P.L., Bell, B.P., Brechner, R., Bresnitz, E.A., Butler, J.C., et al., 2002. Investigation of bioterrorism-related anthrax, United States, 2001: epidemiologic findings. Emerg. Infect. Dis. 8 (10), 1019.

Johansson, A., Farlow, J., Larsson, P., Dukerich, M., Chambers, E., Byström, M., et al., 2004. Worldwide genetic relationships among Francisella tularensis isolates determined by multiple-locus variable-number tandem repeat analysis. J. Bacteriol. 186 (17), 5808–5818.

Kettle, A., Wernery, U., 2016. Glanders and the risk for its introduction through the international movement of horses. Equine Vet. J. 48 (5), 654–658.

King, W., Guillemin, J., 2019. The price of alliance: Anglo-American intelligence cooperation and Imperial Japan's criminal biological warfare programme, 1944–1947. Intell. Natl Secur. 34 (2), 263–277.

King, D., Luna, V., Cannons, A., Cattani, J., Amuso, P., 2003. Performance assessment of three commercial assays for direct detection of Bacillus anthracis spores. J. Clin. Microbiol. 41 (7), 3454–3455.

Lee, J., Deininger, R.A., 2004. A rapid screening method for the detection of viable spores in powder using bioluminescence. Lumin. J. Biol. Chem. Lumin. 19 (4), 209–211.

Leitenberg, M., Zilinskas, R.A., Kuhn, J.H., 2012. The Soviet Biological Weapons Program: A History. Harvard University Press.

Lim, D.V., Simpson, J.M., Kearns, E.A., Kramer, M.F., 2005. Current and developing technologies for monitoring agents of bioterrorism and biowarfare. Clin. Microbiol. Rev. 18 (4), 583–607.

Matero, P.H., 2017. Identification of bacterial biothreat agents and pathogens by rapid molecular amplification methods. Doctoral Dissertation, University of Helsinki, Faculty of Medicine, Finland.

Meselson, M., Guillemin, J., Hugh-Jones, M., Langmuir, A., Popova, I., Shelokov, A., et al., 1994. The Sverdlovsk anthrax outbreak of 1979. Science 266 (5188), 1202–1208.

Mobed, A., Baradaran, B., de la Guardia, M., Agazadeh, M., Hasanzadeh, M., Rezaee, M.A., et al., 2019. Advances in detection of fastidious bacteria: from microscopic observation to molecular biosensors. TrAC Trends Anal. Chem. 113, 157–171.

Morea, D., Poggi, L.A., Tranquilli, V., 2018. Economic impact of biological incidents: a literature review. In: Enhancing CBRNE Safety & Security: Proceedings of the SICC 2017 Conference. Springer, pp. 291–297.

Neubauer, H., Sprague, L., Zacharia, R., Tomaso, H., Al Dahouk, S., Wernery, R., et al., 2005. Serodiagnosis of Burkholderia mallei infections in horses: state-of-the-art and perspectives. J. Vet. Med. B 52 (5), 201–205.

Noah, D.L., Huebner, K.D., Darling, R.G., Waeckerle, J.F., 2002. The history and threat of biological warfare and terrorism. Emerg. Med. Clin. North Am. 20 (2), 255–271.

Ouagrham-Gormley, S.B., Melikishvili, A., Zilinskas, R.A., 2006. The Soviet anti-plague system: an introduction. Crit. Rev. Microbiol. 32 (1), 15–17.
Pal, M., Tsegaye, M., Girzaw, F., Bedada, H., Godishala, V., Kandi, V., 2017. An overview on biological weapons and bioterrorism. Am. J. Biomed. Res. 5, 24–34.
Pal, V., Saxena, A., Singh, S., Goel, A., Kumar, J., Parida, M., et al., 2018. Development of a real-time loop-mediated isothermal amplification assay for detection of Burkholderia mallei. Transbound. Emerg. Dis. 65 (1), e32–e39.
Pechous, R.D., Sivaraman, V., Stasulli, N.M., Goldman, W.E., 2016. Pneumonic plague: the darker side of Yersinia pestis. Trends Microbiol. 24 (3), 190–197.
Rath, J., 2002. Biological weapons, war crimes, and WWI. Science 296 (5571), 1235–1237.
Rega, P., Guinness, M., McMahon, C., 2017. Tularemia—a review with concern for bioterrorism. Med. Res. Arch. 5 (8), 1–15.
Robertson, A.G., Robertson, L.J., 1995. From asps to allegations: biological warfare in history. Mil. Med. 160 (8), 369–373.
Rotz, L.D., Khan, A.S., Lillibridge, S.R., Ostroff, S.M., Hughes, J.M., 2002. Public health assessment of potential biological terrorism agents. Emerg. Infect. Dis. 8 (2), 225.
Singh, R.K., Sudhakar, A., Lokeshwar, B., 2011. From normal cells to malignancy: distinct role of pro-inflammatory factors and cellular redox mechanism in human malignancy. J. Cancer Sci. Ther. 3 (4), 70–75.
Smith, M.E., Bhimji, S.S., 2019. Brucellosis. In: StatPearls [Internet]. StatPearls Publishing, Treasure Island, FL.
Smits, H.L., Kadri, S.M., 2005. Brucellosis in India: a deceptive infectious disease. Indian J. Med. Res. 122 (5), 375.
Song, L., Ahn, S., Walt, D.R., 2005. Detecting biological warfare agents. Emerg. Infect. Dis. 11 (10), 1629.
Sridhar, S., Chandrashekhar, P., 1991. Cutaneous anthrax with secondary infection. Indian J. Dermatol. Venereol. Leprol. 57 (1), 38.
Thavaselvam, D., Vijayaraghavan, R., 2010. Biological warfare agents. J. Pharm. Bioallied Sci. 2 (3), 179.
Tournier, J.-N., Peyrefitte, C.N., Biot, F., Merens, A., Simon, F., 2019. The threat of bioterrorism. Lancet Infect. Dis. 19 (1), 18–19.
Treadwell, T.A., Koo, D., Kuker, K., Khan, A.S., 2003. Epidemiologic clues to bioterrorism. Public Health Rep. 118 (2), 92.
Trevan, T., 2016. The Iraqi biological warfare program. In: Biological Threats in the 21st Century: The Politics, People, Science and Historical Roots. World Scientific, pp. 113–129.
Trevisanato, S.I., 2007. The 'Hittite plague', an epidemic of tularemia and the first record of biological warfare. Med. Hypotheses 69 (6), 1371–1374.
Tsuchiya, T., 2011. The imperial Japanese experiments in China. In: The Oxford Textbook of Clinical Research Ethics. Oxford University Press, UK, 31–45.
Walt, D.R., Franz, D.R., 2000. Peer Reviewed: Biological Warfare Detection. ACS Publications.
Wheelis, M., 1999. Biological warfare before 1914. In: Geissler, E., Moon, J.E.V.C. (Eds.), Biological and Toxin Weapons: Research, Development and Use from the Middle Ages to 1945. 2003 ed. SIPRI Chemical & Biological Warfare Studies, vol. 18. Oxford University Press, Oxford.
Wheelis, M., 2002. Biological warfare at the 1346 siege of Caffa. Emerg. Infect. Dis. 8 (9), 971.
Wheelis, M., Rózsa, L., 2009. Deadly Cultures: Biological Weapons Since 1945. Harvard University Press.
Williams, P., Wallace, D., 1989. Unit 731: Japan's Secret Biological Warfare in World War II. Free Press New York.
Williamson, C.H., Wagner, D.M., Keim, P., Sahl, J.W., 2018. Developing inclusivity and exclusivity panels for testing diagnostic and detection tools targeting Burkholderia pseudomallei, the causative agent of melioidosis. J. AOAC Int. 101 (6), 1920–1926.
Zacchia, N.A., Schmitt, K., 2018. Medical spending for the 2001 anthrax letter attacks. Disaster Med. Public Health Prep. 12, 1–8.
Zilinskas, R., 2017. A brief history of biological weapons programmes and the use of animal pathogens as biological warfare agents. Rev. Sci. Tech. 36 (2), 415–422.

第3章

作为生物战剂的毒素

A. S. B. Bhaskar[1], Bhavana Sant[1]

王 仑 李晓松 李海涛 游 嘉 王征旭 译

3.1 概述

天然毒素或生物毒素指的是一种生物体产生的物质，可引起对另一种生物体的毒性作用。毒素是细菌、植物、动物和真菌等生物体代谢产生的剧毒产物。生物毒素是天然来源的单个化合物，是生物活性化合物或由活生物体中特定化学反应产生的化合物。从化学角度来说，它们具有多种复杂结构，如蛋白质、环肽、生物碱等。而在了解其结构后，可以通过化学合成制备所需数量的毒素。一些毒素也可以通过克隆和表达等生物技术来制备合成。从药理学和毒理学角度来看，毒素也可被视为化学武器（Anderson，2012a）。鉴于理化特性和功能特性，将毒素置于化学战剂和生物战剂之间。和传统化学战剂相比，毒素具有更高的分子量，大多数是无味的，没有皮肤活性，并且大多数在宿主体内可产生免疫反应。毒素很容易以气溶胶的形式通过吸入途径被使用。它们的潜在毒性远远高于沙林等剧毒化学制剂。相比之下，肉毒杆菌毒素气溶胶的致死吸入浓度的平均毒性比沙林蒸汽的毒性高 1000 倍。人类对有毒物质的武器使用有几千年的历史。这与传统的狩猎方法有关，包括使用有毒的箭、水或用有毒的燃烧产物对动物进行熏蒸。所有这些涉及有毒物质的狩猎形式都是从古代战争发展起来的。它们以某种形式一直保留至今。来自植物、动物、细菌、真菌等的毒素很早就被人类用于战斗和狩猎。一些毒素，如蓖麻毒素、肉毒杆菌毒素或石房蛤毒素，以前被提议作为军用弹药的标准填充物。而海葵毒素、蟾毒素和河豚毒素被用于进行密集的军事研究活动（Pitschmann，2014），使用天然毒素自杀、谋杀和发动战争早已为人所知。

---

[1] Division of Pharmacology and Toxicology，Defence Research and Development Establishment，Gwalior，India.

表 3-1 提供了由 CDC 发布的遴选药剂和毒素列表，其中包括约九种不同性质的毒素。大多数生物毒素都是剧毒化合物，对人类健康和生物体的生存构成极大威胁。捕食和防御是这些生物产生生物毒素分子的两个主要用途。蜘蛛、蛇、水母、黄蜂等生物，使用毒素进行捕食，而蜜蜂、毒箭蛙以及致命的茄属植物等则利用毒素进行防御。其高毒性和相对容易的获得性，使其成为潜在的生物战剂（Slater and Greenfield，2003）。1993 年《禁止化学武器公约》（CMC）将毒素列为化学剂，并将其与其他剧毒化学品一起纳入管制制度。蛋白质毒素包括蓖麻毒素、相思子毒素、肉毒毒素、产气荚膜梭菌毒素、白喉杆菌毒素、微囊藻毒素、金黄色葡萄球菌毒素、志贺毒素和破伤风毒素。由 33 个国家自愿组成的澳大利亚协会组织的控制清单中还包括芋螺毒素、维罗毒素、霍乱毒素、蒴莲根毒素和槲寄生素（Patocka et al.，2007）。

表 3-1 CDC 发布的遴选药剂和毒素清单中涵盖的毒素列表

毒素	来源	类型
相思子毒素	相思子	植物
肉毒杆菌毒素	肉毒杆菌	细菌
α-芋螺毒素	帝王芋螺	蜗牛
蛇形菌素(DAS)	镰刀菌	真菌
蓖麻毒素	蓖麻	植物
石房蛤毒素	亚历山大藻，裸甲藻，鞭毛藻	甲藻
葡萄球菌肠毒素(A、B、C、D 和 E 亚型)	金黄色葡萄球菌	细菌
T-2 毒素	镰刀菌	真菌
河豚毒素	河豚，蟾蜍鱼	鱼类(细菌)

CDC 根据病原体传播的难易程度、发病率和死亡率以及使用的可能性将其分为 A、B、C 三类。大多数 A 类制剂由于存在空气传播或雾化的可能性被认为特别危险，肉毒杆菌毒素属于这一类。B 类制剂被认为是中度易传播且可能导致中度发病率和低死亡率，葡萄球菌肠毒素 B、产气荚膜梭菌 ε 毒素和蓖麻毒素属于这一类（Clarke，2005；Berger et al.，2016）。

毒素是无生命的，因此不能在培养基中生长，也不能通过氨基酸测序等简单技术进行鉴定，这使得检测和治疗成为复杂的挑战。在大多数情况下，中毒往往表现为非特异性的临床表现。空气中的毒素进入肺部较深部位时，能引起更严重的疾病（Yinon，2002）。

本章综述了甲藻毒素（石房蛤毒素）、细菌毒素（肉毒杆菌毒素和葡萄球菌肠毒素）、真菌毒素（蛇形菌素和 T-2 毒素）、蜗牛毒素（α-芋螺毒素）、鱼毒素（河豚毒素）和植物毒素（相思子毒素和蓖麻毒素）的特性和毒性。

3.2 石房蛤毒素

有害藻华（HAB）是由浮游植物大量生长引起的自然现象，浮游植物可能含有剧毒化学物质，即所谓的海洋生物毒素，可导致水生生物和人类患病甚至死亡。在全世界范围内，有害藻华（俗称“赤潮”）数量大幅增加。摄入这些藻类或受污染的海洋产品会导致大范围和危险的麻痹性中毒（Hernandez et al.，2005；Hundell，2010）。过去几十年中，由于海洋温度升高和沿海富营养化加剧，赤潮的强度和发生率似乎在增加（McCarthy et al.，2015）。HAB 对人类健康的影响与食用被污染的海产品、皮肤直接接触受污染的水和吸入雾化的生物毒素后中毒有关。石房蛤毒素是双壳类软体动物（贻贝、扇贝和蛤蜊）中所含的一种海洋生物毒素，可导致麻痹性贝毒（PSP）。1957 年，在阿拉斯加沿海地区的蛤蜊（石房蛤）中分离出一种毒素，并于 1975 年确定了其化学结构。

PSP 毒素是一种潜在的神经毒性物质，它可以阻断神经和肌肉细胞中的兴奋电流（Schirone et al.，2011）。PSP 毒素的主要生产者是亚历山大藻属的甲藻，它们主要分布在大西洋和太平洋沿岸（Bernd and Bernd，2008），但也分布在地中海，在那里可以发现其他物种，如链状裸甲藻（Berti and Milandri，2014）。在“赤潮”暴发期间，几种甲藻（包括亚历山大藻、链状裸甲藻和鞭毛藻）产生的有毒毒素不断富集，导致石房蛤毒素（STX）在贝类中富集。双壳贝类的食肉动物也可能是石房蛤毒素的媒介，从而扩大了人类接触石房蛤毒素的可能性（Halstead and Schantz，1984）。1983—2002 年，菲律宾报告的石房蛤毒素中毒病例最多（2124 例，死亡 120 例）（Ching et al.，2015）。PSP 中毒的临床表现为说话语无伦次、手臂和腿部出现刺痛感、呼吸困难、四肢僵硬和背部疼痛。在重症病例中报告的症状包括肌肉麻痹、明显的呼吸困难和窒息感，这可能导致患者在暴露于该病毒后的 2～12h 死亡（Pierina et al.，2016）。

石房蛤毒素包括其类似物，是一种在淡水和海洋环境中由亚历山大藻属、裸藻属和鞭毛藻属的蓝藻和甲藻产生的高效神经毒素（Oshima，1995；Landsberg et al.，2006）。石房蛤毒素是毒素最强的海洋生物毒素，产生最丰富 PSP 毒素的主要物种是亚历山大藻。海洋生物毒素通过滤食进入海洋生物组织。石房蛤毒素（STX）是 30 多种天然存在的衍生物的母体化合物，这些衍生物在四个位点上的结构不同（Llewellin，2006）。在结构上，石房蛤毒素是一种三烷基四氢嘌呤（图 3-1）。石房蛤毒素是一种细胞毒素，化学成分为 $C_{10}H_{17}N_7O_4$（Schantz et al.，1975）。根据其侧链来区分石房蛤毒素亚型（EFSA，2009）。可以通过添加和去除羟基等对石房蛤毒素进行修饰，从而产生 21 种具有广泛效力的一组毒素（Plumley，1997）。效力最强的毒素是氨基甲酸酯毒素，其次是脱氨甲酰基类毒素，而 *N*-磺基氨基甲酰毒素的效力最低（Bricelj and Shumway，1998）。

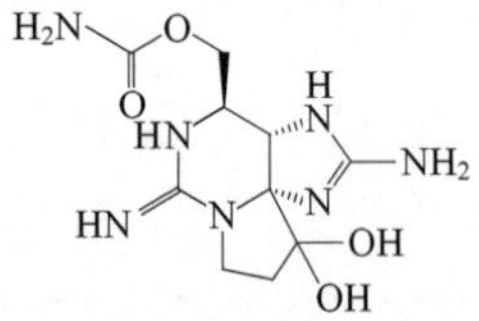

图 3-1　石房蛤毒素（STX）的化学结构

石房蛤毒素可溶于水，在酸性条件下高度稳定，但在碱性环境中易被氧化（WHO，1984）。石房蛤毒素具有热稳定性，这意味着它不会被常规的食物制备方法破坏

(Trevino，1998)。石房蛤毒素已可被人工合成，相关研究成果由 Akimoto 等人（2013）发表（图 3-1）。

石房蛤毒素是所有麻痹性贝类毒素的母体化合物。石房蛤毒素的主要靶点是神经和肌肉细胞中的电压门控钠离子通道，它以高亲和力与其结合，并可通过呼吸麻痹导致死亡(Catterall，1985)。STX 是一种选择性极高的钠离子通道阻滞剂。除此之外，石房蛤毒素还通过一种不同于钠离子通道的机制靶向钾离子和钙离子通道。STX 的其他毒性机制是产生活性氧（ROS)。鱼类、鸟类和海洋动物也会受到石房蛤毒素中毒的影响。在赤潮期间可观察到大量生物死亡现象。三个主要物种亚历山大藻、鞭毛藻和裸藻是造成海水污染的原因(Felipe et al.，2016)。

食用受污染的贝类会导致中毒。首例 PSP 病例记录于 1927 年，发生在美国旧金山附近，由链状亚历山大藻引起，导致 106 人患病，其中 6 人死亡（Wang，2008)。全世界每年报告约 2000 例人类 PSP 病例，死亡率为 15%（Dolah，2000)。石房蛤毒素可以被合成产生并且效力非常强。因此，石房蛤毒素被列入《禁止化学武器公约》附表 1 中唯一被列入的藻毒素，同时，它也被列入《德国战争武器控制法》（Merwe，2015）的战争武器清单。石房蛤毒素中毒的症状包括感觉异常和麻木，首先出现在唇部和口周，然后是面部和颈部、肌肉无力、感觉轻盈和漂浮、共济失调、运动协调受损、嗜睡、语无伦次等。在严重的情况下，中毒会导致瘫痪和死亡。通常在暴露后 1～12h 内死亡（Rodrigue et al.，1990)。而其中，心脏骤停导致的窒息是死亡的常见原因。

石房蛤毒素的急性毒性作用是众所周知的，然而，其慢性毒性作用仍需进一步被阐明。石房蛤毒素穿过血脑屏障时会在中枢神经系统中聚集，但其穿过血脑屏障的具体转运机制尚不清楚。石房蛤毒素通过与大脑、周围神经系统和肌肉中的电压门控钠离子通道可逆结合来阻断可兴奋细胞的去极化而发挥作用（Llewellin，2006；Andrinolo et al.，2002)。它可通过胃肠道被迅速吸收并随尿液排出体外。根据世界卫生组织（WHO）的报告，雄性和雌性小鼠通过静脉注射、腹腔注射和口服途径摄入石房蛤毒素的 LD_{50} 分别为 3.4μg/kg、10μg/kg 和 263μg/kg（Wiberg and Stephenson，1960)。亚致死剂量的石房蛤毒素会导致具有神经活性的氨基酸、血清素、多巴胺及其代谢物 3,4-二羟基苯乙酸(DOPAC）的水平发生显著变化（Cervantes et al.，2009，2011)。低剂量的石房蛤毒素会导致斑马鱼脑细胞凋亡，高剂量的石房蛤毒素则会导致斑马鱼脑细胞坏死（Zhang et al.，2013)。亲蛤蚌毒素是一种存在于某些含有 PSP 的动物中的石房蛤毒素结合蛋白，可使石房蛤毒素在动物组织内积累到高水平。河豚含有亲蛤蚌毒素，这使得它们能够在某些器官（主要是肝脏）中积累高水平的石房蛤毒素（Yotsu et al.，2013)。在 N2A 人类细胞系中，0.5～64nmol/L 石房蛤毒素可产生间接的遗传毒性效应（Perreault et al.，2011)。暴露于石房蛤毒素的细胞显示出细胞毒性和氧化应激，据报道它是细胞凋亡的诱导剂，对半胱天冬酶-3 的活性没有影响。它可能会激活效应物半胱天冬酶如半胱天冬酶-6 和 7 的其他一些激活途径（Cohen，1997)。饮用石房蛤毒素污染的水会导致大脑和肝脏发生氧化应激，对脂质等大分子造成有害影响，并导致海马体的脆弱性增加（Patricia et al.，2014)。

3.3 细菌毒素类

3.3.1 肉毒毒素

肉毒毒素（BoNT）来源于肉毒杆菌，接触肉毒杆菌会导致肉毒毒素中毒。它是目前已知的毒性极强的物质（Arnon et al.，2001）。第一例肉毒杆菌中毒病例在1735年被记载，第一次大规模暴发记录于1793年的德国（Pearce et al.，1997）。然而，Tchitchkine（1905）首次提出，导致肉毒杆菌中毒的可溶性因子是一种神经毒素。肉毒毒素是一种神经毒素，来源于厌氧菌属的梭状芽孢杆菌。肉毒杆菌毒素存在7种抗原类型，从BoNT/A到BoNT/G，序列同源性为34%～64%。BoNT被认为是人类已知的最有效的天然产生的神经毒素，这是因为结晶A型BoNT毒素小鼠体内的LD_{50}只需不超过2×10^{-11}mol。BoNT由两条肽链组成，一条重链（100kDa）和一条轻链（50kDa）通过二硫键连接。化学研究表明，这些极强的神经毒素可以酶解许多对正常神经递质释放至关重要的神经末梢蛋白。据报道，轻链具有锌依赖性内肽酶活性，负责裂解神经元蛋白。BoNT/A型和BoNT/E型切割SNAP25蛋白（Blasi et al.，1993；Pearce et al.，1997）。

BoNT在第二次世界大战期间被日本人用作生物战剂。后来，美国、苏联和伊拉克等其他国家也生产了这种毒素。在20世纪90年代，日本异教奥姆真理教几次试图用BoNT发动恐怖袭击，但最终以失败告终（Keller et al.，1999；Dembek et al.，2007）。而由于BoNT易于生产，未来存在被恶意使用的风险极大。

鉴于过去试图在军事设施和平民中使用这种毒素的事件，肉毒毒素的鉴定和表征十分重要（Arnon et al.，2001）。有必要开发出能够分析毒素前体所有蛋白质的技术，以便及时在菌株水平上对其进行鉴定。作为自然界中的蛋白质，这些毒素可以通过高效液相色谱（HPLC）和质谱（MS）识别，质谱可以生成毒素前体或神经毒素的氨基酸序列信息。利用纳米级高效液相色谱和电喷雾离子化技术，能够在纳摩尔水平上通过质谱鉴定蛋白质。这对于鉴定肉毒杆菌前体毒素来说很重要，因为它们的产量和活性都很低。然而，菌株水平识别取决于蛋白质变异性、数据库组成和搜索引擎特征等因素（Aebersold，2003）。

人类暴露于BoNT可能发生在患病或在治疗肌张力障碍期间。流行病学研究表明，人类神经系统对肉毒毒素血清型C和D具有拮抗性。在随后的研究中，电生理技术被用于监测手术切除的人锥体肌中的毒素对神经肌肉传递的影响。配体结合研究被用于检测和表征人类神经膜制剂中的毒素受体，并且分子生物学技术被用于分离和测序编码肉毒杆菌毒素底物的人类基因。与流行病学调查结果相反，血清型C也在大约65min内使人体组织瘫痪。此外，发现人类神经系统编码突触体相关蛋白和突触蛋白1A的多肽，它们分别是A型和C型肉毒杆菌毒素的底物（Coffield et al.，1997）。

最早采用动物实验来检测肉毒杆菌毒素，通过给动物喂食或注射从掺假食品、人体组织或培养物中提取的萃取液或滤液。Pearce 等（1994）检查了肉毒杆菌毒素对小鼠致死率测定方法的精确度。研究报告指出，可以从致死性试验中获得非常精确的肉毒杆菌毒素活性评估，并进一步指出，当仅对 LD_{50} 进行一次单一评估时，涉及 25 只小鼠的五次剂量致死率测定可能足以满足大多数实验室的实验需求。腹部下垂实验、小鼠后肢实验和豚鼠眼轮匝肌实验等也可用于评估局部生理反应，作为毒性的衡量标准（Takahashi et al.，1990；Sugiyama et al.，1975；Pearce et al.，1995；Horn et al.，1993）。

3.3.2 葡萄球菌肠毒素

金黄色葡萄球菌是一种球形革兰氏阳性菌（球菌），可产生不同的毒力因子。在显微镜下可以观察到它们是成对、短链的，呈束状和葡萄簇状。它们能够产生高度热稳定性的蛋白质肠毒素，大小范围在 19k～26kDa，对人类是致命的。目前已知有七种免疫学上不同形式的葡萄球菌肠毒素：A、B、C1、C2、C3、D 和 E。所有这些形式的毒素都会在食用被葡萄球菌污染的食物后引起食物中毒（Patocka and Streda，2006）。金黄色葡萄球菌可产生多种毒素和杀白细胞素（溶细胞素）。葡萄球菌溶细胞素包括 α、β、γ 和 δ 毒素（Lowy，1998）。α 毒素是一种七聚体成孔外毒素，主要能裂解兔红细胞，但对人类上皮细胞也具有毒性（Gouaux et al.，1994）。γ 毒素是一种由两种成分组成的外毒素，由六种不同的蛋白质组合形成，其中一种蛋白质是杀白细胞素（Dinges et al.，2000）。δ 毒素是一种低分子量外毒素，可形成多聚体结构，能裂解多种细胞类型。β 毒素是目前已知信息最少的毒素，其功能类似于鞘磷脂酶（SMase），分子量为 35kDa，在羊血琼脂平板上显示出独特的冷热毒素特性。众所周知，β 毒素在 37℃时不会溶解绵羊红细胞，但如果将红细胞置于 4℃时，细胞会溶解。

人类与生长在皮肤、黏膜表面或食品中的金黄色葡萄球菌接触时，血清转化为金黄色葡萄球菌抗原，其中包括金黄色葡萄球菌肠毒素。葡萄球菌有三种主要致病菌，包括金黄色葡萄球菌、表皮葡萄球菌和腐生葡萄球菌。葡萄球菌肠毒素 A 是葡萄球菌导致食物中毒事件中最常见的毒素（Pinchuk et al.，2010）。葡萄球菌肠毒素 F 是导致脓毒症的主要成分。葡萄球菌肠毒素 B（SEB）已作为一种潜在的生物武器被研究。作为生物武器的风险似乎是一种致残而不是致命。

葡萄球菌肠毒素 B（SEB）属于 B 类管制性病原，因为它是一种高效肠毒素，与合成的化学毒剂相比，只需极少量即可发挥其毒性作用（Bettina and Avanish，2013）。葡萄球菌肠毒素 B 是迄今为止超过 25 种葡萄球菌肠毒素中唯一一种被表征的（Jeffrey et al.，2011）。SEB 是一种 28kDa 的蛋白质，由 239 个氨基酸组成。在结构和氨基酸含量上，它与 SEC 具有同源性（Iandolo and Shafer，1977；Swaminathan et al.，1992）。金黄色葡萄球菌肠毒素 B 是由金黄色葡萄球菌产生的一组外毒素的一种，这一组外毒素包含约 15 种抗原性的蛋白，包括 SEA、SEB、SEC1、SEC2、SEC3、SED、SEE、SEH、SEG、SEI、SEJ，SEK 家族以及最近发现的 SEU（Lefertre et al.，2003）。然而，在大多数情况下，气溶胶暴露不会导致死亡，而是会导致长达 2 周的、暂时性的、行为能力严重丧失（Ulrich et al.，1997），所以 SEB 被归类为致残剂。

葡萄球菌肠毒素是导致严重免疫功能障碍的强效免疫激活剂。同时，因为 SEB 对免疫系统有深远的影响，导致机体分泌大量细胞因子、趋化因子和生长因子，因此，SEB 具有作为超级抗原的能力（Bettina and Avanish，2013；Krakauer et al.，2016a，b）。因为 SEB 在未冷冻的肉类、乳制品和烘焙产品中大量存在，所以食用受污染的食物和水是 SEB 中毒的主要原因。最初，人们认为 SEB 中毒是由其与肠细胞的局部相互作用引起的，因为该毒素通过肠肥大细胞释放 5-羟色胺（5-HT）刺激肠内神经中枢（Alouf and Muller-Alouf，2003；Hu et al.，2007）。5-羟色胺与其受体结合，启动呕吐反射中心的信号传导，产生恶心和呕吐反应。肠毒素作用于肠道上皮细胞，是食物中毒的常见原因。SEB 在小剂量下即具有毒性（Gill，1982），并导致人类和哺乳动物的大量病理生理变化。因为 SEB 极易雾化，高度溶于水，并且相对耐热，所以 SEB 被认为是一种有效的生物战剂。它也能抵抗蛋白水解酶，包括胃蛋白酶、胰蛋白酶和木瓜蛋白酶（Le Loir et al.，2003）。吸入途径也显示出 SEB 的毒性，但这种情况很少是致命的。口服和吸入 SEB 的 LD_{50} 剂量分别为 0.3μg/kg 和 20μg/kg（Russmann，2003）。迄今为止，还没有针对 SEB 的人用疫苗。

20 世纪 60 年代，对 SEB 作为生物战剂的适用性进行了相关研究。美国和英国的几个机构研究了其用作雾化生物武器的参数（Hale，2012）。根据这些调查，使 50%的暴露人群丧失能力的 SEB 的有效剂量为 0.0004μg/kg（Franz et al.，1997）。印度不同地区报告了许多 SEB 中毒并导致死亡的案例（Roy et al.，2015）。

SEB 中毒的症状取决于接触途径。在暴露于毒素后 12～24h，大多数患者会出现白细胞总数增多，中毒后的典型症状是呕吐。吸入途径是毒性最强的接触途径，并且在接触 12～13h 内会引起高热（Tamar et al.，2016）。通过吸入途径接触 SEB 会刺激恒河猴的免疫系统，恒河猴已被广泛用于建立 SEB 的吸入毒性模型。中毒症状包括发热、严重呼吸窘迫、头痛，有时还有恶心和呕吐。毒性作用机制被认为是机体释放大量细胞因子，如干扰素-γ、白细胞介素-6 和肿瘤坏死因子-α（Ulrich et al.，1997）。如果毒素通过真皮吸收，则皮肤会发生炎症，导致皮炎和迟发性超敏反应（DTH）（Rusnak et al.，2004）。到目前为止，还没有 FDA 批准的疫苗或治疗药物来预防或治疗 SEB 中毒，并且由于其易于传播，到目前为止，SEB 仍然是一种严重的生物恐怖制剂。

3.4 真菌毒素

3.4.1 单端孢霉烯毒素

真菌毒素是由多种真菌产生的高度多样化的次级代谢产物，可污染食物并在人类和动物中引起多种疾病。已知有 300 多种真菌毒素可在哺乳动物中引起真菌毒素中毒反应（Zain，2011）。T-2 毒素（单端孢霉烯毒素）是一种独特的真菌毒素，它是一个真菌毒素大家族，由镰刀菌、木霉、黏菌、曲霉等真菌产生。T-2 毒素是被称为单端孢霉烯族毒素的衍生物，许多大田作物（如小麦、玉米、大麦、燕麦以及加工谷物（如麦芽、啤酒和面包）都可检测到 T-2 毒素（Li et al.，2011；Moss，2002）。T-2 毒素是一种有效的生物战剂，因为它比硫芥等其他化学战剂对皮肤的损伤程度高数千倍。（Bunner et al.，1985；Wannemacher and Wiener，1997）。在农业上，镰刀菌产生的单端孢霉烯毒素潜在的健康危害作用非常大。就毒性而言，它影响胃肠道、皮肤、肾脏和肝脏，最敏感的是神经、生殖、免疫、血液等系统（Adhikari et al.，2017）。食用受 T-2 污染的食物会导致人类和动物的急性和慢性中毒。T-2 毒素的毒性机制是氧化损伤和抑制蛋白质合成。可以通过在约 482℃下加热 10min 或在约 260℃下加热 30min 来灭活 T-2 毒素（Kachuei et al.，2014）。

单端孢霉烯毒素是低分子量（250～500Da）的非挥发性化合物。从结构上看，12,13-环氧环是其产生毒性的主要原因，在其化学结构（图 3-2）中，C-3 位置存在羟基，C-4 和 C-15 位置存在乙酰氧基基团，C-8 位置存在酯键连接的异戊酰基基团（Swanson et al.，1987）。根据功能团，单端孢霉烯族毒素可分为四种类型（A、B、C、D）。A 型由 T-2 毒素和 H-T2 毒素组成，且 C-8 位不存在羰基。B 型代表 C-8 位存在羰基的脱氧雪腐镰刀菌烯醇和雪腐镰刀菌烯醇毒素。C 型包括巴豆毒素和酒神菊毒素，C-7 和 C-8 位之间存在一个环氧环。D 型 C-4 和 C-15 之间有大环，包括黑葡萄穗霉毒素和杆孢菌素。单端孢霉烯族毒素在储存和加工过程中是非常稳定的化合物，且在高温下不会降解。

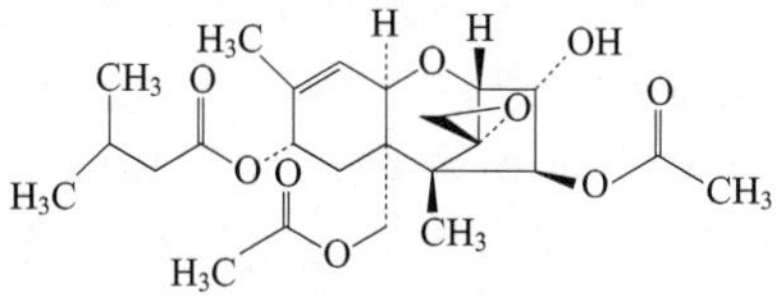

图 3-2　T-2 毒素的结构

T-2 毒素受到了广泛关注是因为其主要容易污染小麦、黑麦、玉米和大豆（Seeboth et al.，2012）。T-2 毒素最早是从黄连内生真菌（拟枝孢镰刀菌）中分离出来的（Ueno，1977；Burmeister et al.，1971）。由于动物食用受污染的饲料，人类可能以肉、蛋和奶的形式间接接触真菌毒素（Li et al.，2011；Joffe，1971）。

急性毒性、化学稳定性、杀伤性以及易于大规模生产，使得 T-2 毒素极大可能被用作制造生物恐怖的武器（Seeboth et al.，2012）。有几份报告显示，几次人类疾病的暴发与食品中的单端孢霉烯族毒素有关。1932 年在苏联发现的第一例单端孢霉烯毒素中毒病症就是食物中毒性白细胞缺乏症，死亡率为 60%（Chulze，2010）。T-2 真菌毒素第二次世界大战期间在俄罗斯奥伦堡被作为生物武器，当时平民食用了无意中被镰刀菌污染的小麦。感染者出现了整个消化道的弥漫性出血和坏死，这种疾病特征被称为食物中毒性白细胞缺乏症（ATA）。在此次事件发生的 20 年后，T-2 毒素才被发现并分离出来（Adhikari et al.，2017）。T-2 毒素被认为是 1975—1981 年期间针对老挝人民民主共和国使用的“黄雨”战剂（Peraica et al.，1999）。据报道，T-2 毒素的 LD_{50} 约为 1mg/kg（Wannemacher and Wiener，1997）。1987 年在印度的克什米尔山谷，由于食用了受 T-2 毒素污染的小麦制成的面包，引发了疫情（Bhat et al.，1989）。家禽和猪也曾因食用被 T-2 毒素污染的饲料而患病（Burmeister et al.，1971），最终动物死亡。

除了用天然物质解毒和补充脂质、营养素、酶、氨基酸和益生菌外，目前没有针对 T-2 毒素的特定解毒剂。

T-2 霉菌毒素是一种强效的活性皮肤刺激剂，由于其亲脂性，它很容易通过皮肤吸收，从而在全身产生毒性，其他接触方式还包括口服和吸入。作为一种可以通过皮肤吸收的毒素，它会引起坏死性出血性皮炎和水疱，据说它比硫芥的毒性强 400 倍。T-2 霉菌毒素结构中硫醇基团的存在，使其成为一种有效的蛋白质和 DNA 合成抑制剂。T-2 毒素可抑制肽基转移酶的活性，肽基转移酶是 60S 核糖体的组成部分，并最终导致初始阶段的蛋白质合成被抑制（Agrawal et al.，2015）。

啮齿动物和人类细胞系的分子研究表明，T-2 毒素还通过活性氧介导的线粒体途径诱导细胞凋亡、程序性细胞死亡（Chaudhary et al.，2009；Wu et al.，2011；Agrawal et al.，2012）。T-2 毒素的双亲性有助于进入脂质双层，然后通过产生自由基诱导脂质过氧化，从而破坏细胞膜（Stark，2005）。T-2 可诱导氧化应激介导的皮肤炎症、髓过氧化物酶的激活、MMP 和 P-38 MAPK 活性、炎性细胞因子的浸润以及导致皮肤退行性变化的皮肤表皮细胞凋亡（Moss，2002）。目前已有因皮肤接触 T-2 毒素导致大脑中的氧化应激和血脑屏障通透性改变的相关报告（Chaudhary and Rao，2010；Ravindran et al.，2011）。

接触后几秒内出现临床症状，约 30min 后血浆浓度达到峰值，T-2 毒素在血浆中的半衰期小于 20min。T-2 毒素暴露的常见症状包括摄食量减少、体重减轻、皮肤敏感、瘙痒、腹泻、出血、厌食、呼吸困难和呕吐（Gerberick et al.，1984；Cheeke，1998），胃肠道、生殖器官和造血器官（如骨髓和脾脏）的出血和坏死（Pang et al.，1987）。吸入是此类药剂最重要的接触途径之一，吸入 T-2 毒素的毒性至少是全身性中毒毒性的 10 倍，是皮肤接触毒性的 20 倍（Chaudhary and Rao，2010）。免疫反应会受到吸入暴露途径的不利影响。T-2 毒素颗粒太小，无法吸入并沉积在肺泡中，但研究表明肺泡空间中存在水肿、纤维蛋白沉积、炎性细胞浸润等；吸入 T-2 毒素后会发生血管和肺泡上皮细胞损伤（Ueno，1977）。

3.4.2 蛇形菌素

蛇形菌素（DAS）是镰刀菌属产生的一种毒素，属于单端孢霉烯族毒素。镰刀菌不仅会导致植物质量和产量下降，还会对植物和动物产生危害（Mehrdad et al.，2011）。单端孢霉烯族毒素是真核细胞的强效蛋白质合成抑制剂，属于真菌毒素类。DAS 对真菌、植物、动物和许多动物组织培养物均具有毒性（Brian et al.，1961；Chi and Mirocha，1978；Grove and Mortimer，1969；Reiss，1973；Weaver et al.，1978）。获得关于单端孢霉烯族毒素的代谢信息对于评估和控制人类接触动物源性食品中的单端孢霉烯族毒素至关重要。然而，关于蛇形菌素在动物中的信息很少（Ohta et al.，1978）。DAS 是镰刀菌属真菌的次级代谢产物，可能导致农场动物中毒（Hoerr et al.，1981）。强大的急性毒性和化学稳定性使得 T-2 毒素和 DAS 成为潜在的生物恐怖战剂（Stark，2005）。

DAS 于 1961 年首次被发现，是一种来自木贼镰刀菌和赤霉菌培养物的植物毒性化合物。DAS 属于 A 型单端孢霉烯族毒素（Richardson and Hamilton，1990）。蛇形菌素以含有倍半萜的 12,13-环氧单端孢霉烯基团作为核心结构。两种镰刀菌，即拟枝孢镰刀菌和梨孢镰刀菌培养物，最常用于生产 T-2 毒素和 DAS 毒素。在 20 世纪 70 年代，由于 DAS 可抑制细胞周期进展和细胞存活，被用于开发抗癌药物，并已经开展了人类Ⅰ期和Ⅱ期临床试验（Jun et al.，2007）。然而，因为它显示出抗肿瘤活性小，并被发现可引发各种副作用，如恶心、呕吐、发热、高血压和意识模糊，所以，临床试验被停止（Bukowski et al.，1982；Yap et al.，1979）。

单端孢霉烯族毒素可以通过胃肠道、肺和皮肤被吸收（Madsen，2001）。第一阶段和第二阶段临床研究中可以得到比格犬和恒河猴的 DAS 毒性信息。研究表明，以 mg/m^2 为剂量单位，DAS 在猴子和狗身上表现出类似的毒性。然而，如果以 mg/kg 为剂量单位，则狗比猴子更容易受到 DAS 毒性的影响。中毒症状与其他 A 型单端孢霉烯族毒素的中毒症状相同，中毒的一般症状包括呕吐、腹泻、头痛、疲劳、皮炎伴局灶性脱发和全身不适。与猴子相比，狗的症状是可逆的并且具有一致性（Haschek and Beasley，2009）。

无意中发现，人或牲畜食用受蛇形菌素污染的食物中毒后，会污染农作物，如谷物（Van Egmond et al.，2007）。DAS 还可能导致海洋食物中毒，因为它也寄生于红藻上的海洋细菌中。在东南亚，有一种名为“黄雨”的战剂由 T-2、DAS 和 DON（脱氧雪腐镰刀菌烯醇）毒素组成。这些是在感染者的血液、尿液和组织样本中检测到的（Mirocha et al.，1983；Watson et al.，1984）。DAS 的 LD_{50} 已在不同动物模型中被测定出来。小鼠腹腔给药 LD_{50} 为 23mg/kg，大鼠口服给药 LD_{50} 为 7.3mg/kg，兔静脉给药 LD_{50} 为 0.3mg/kg（Trenholm et al.，1989）。DAS 影响淋巴细胞功能，但分子机制尚未确定。它对体内大多数细胞和组织具有细胞毒性。DAS 诱导的细胞凋亡可以通过过度表达 Bcl-xL 来预防，并且可以通过线粒体通透性转换孔抑制剂（CsA）抑制半胱天冬酶激活（Jun et al.，2007）。DAS 还显示出致畸毒性。将 DAS 腹腔注射给受孕小鼠后，可导致小鼠胎儿出现体重显著减轻、各种胎儿形态和骨骼畸形的症状（Mayura et al.，1987）。

3.5 芋螺毒素

海洋捕食蜗牛使用强大的毒液杀死猎物。芋螺属于软体动物门、腹足纲、吸螺目、芋螺科和芋螺属（Anderson and Bokor，2012）。芋螺科包括许多有毒的锥形蜗牛，它们产生一系列小的二硫键多肽，称为芋螺多肽或芋螺毒素。芋螺多肽来自至少 16 种芋螺，芋螺在黑夜中捕食，通过嗅觉定位猎物后，它们巧妙地注入少量毒液，几秒内使猎物瘫痪。该毒液含有丰富的多肽混合物，大小通常约为 5kDa，由专门的毒液内蛋白酶从前肽中切割而成（Milne et al.，2003）。

有毒的芋螺包括地纹芋螺、猫芋螺、宫廷芋螺、海之荣光芋螺、奥马尔芋螺、僧袍芋螺、细线芋螺、郁金香芋螺和织锦芋螺。其中，地纹芋螺对人类最为致命，中毒的症状和体征包括昏厥、上睑下垂、协调性差、呕吐反射缺失、无反射、感觉异常（如灼热或刺痛）、尿潴留、复视（重影）、视力模糊、言语困难、吞咽困难、虚弱、恶心、全身麻木、呼吸停止（Haddad et al.，2006；Fegan and Andresen，1997；Rice and Halstead，1968；Fernandez et al.，2011）。

芋螺毒素根据基因超家族、半胱氨酸结构或药理作用进行分类（Kaas et al.，2012）。由昆士兰大学保存的芋螺毒素数据库共有 18 个基因超家族。按半胱氨酸对芋螺毒素进行分类需要考虑多种因素，包括半胱氨酸的数量、它们的模式以及多肽内部的连接性。地纹芋螺毒液中的 α-芋螺毒素是关键成分之一（Gray et al.，1981）。α-芋螺毒素是烟碱受体的拮抗剂。烟碱受体对尼古丁的激活很敏感，并含有在微秒内即可激活的离子通道。对于烟碱受体的认识起源于两种奇怪的自然现象的结合（Albuquerque et al.，1995）。第一个发现是鱼体内的电器官在高密度下可表达烟碱型乙酰胆碱受体，该器官产生电脉冲以击昏猎物；第二个是发现了 α-银环蛇毒素，这是银环蛇毒的一种成分，与肌肉型烟碱型乙酰胆碱受体结合，抑制其功能，促进神经肌肉连接处的衰弱性瘫痪（Albuquerque et al.，1974）。烟碱受体在骨骼肌的身体收缩中发挥多种功能。乙酰胆碱由运动神经元释放，随后附着在肌肉的烟碱受体上，该受体启动导致肌肉收缩的生理级联反应。用药物或毒素物理阻断烟碱受体会阻止肌肉收缩并导致瘫痪。芋螺毒素的毒性作用是由肌肉麻痹引起的。膈肌是位于肺下方的一块肌肉，将腹腔与胸腔分开。在呼吸过程中，横膈膜是导致肺部充气和放气的肌肉，膈肌麻痹导致呼吸停止。毒素暴露后导致的复视或重影可能是眼外肌麻痹所致（Anderson and Bokor，2012）。膈肌麻痹可导致呼吸停止。对于实验小鼠，α-芋螺毒素的 LD_{50} 为 10～100μg/kg。吸入某些 α-芋螺毒素将产生类似于吸入肉毒杆菌毒素的临床表现（Anderson and Bokor，2012）。

3.6 河豚毒素

河豚毒素（TTX）是海洋环境中最致命的毒素之一。它是一种自然存在的毒素，TTX 的名字来源于四齿目鱼类。在日本，河豚因其含有潜在的可导致人类死亡和中毒的 TTX 毒性而闻名。目前已发现 20 多种河豚含有这种毒素（Noguchi et al.，2006）。除了河豚，其他已知的携带 TTX 的物种还包括腹足类动物、螃蟹、蓝环章鱼和陆地动物，如哥斯达黎加的阿特罗皮德蛙或蝾螈（Yin et al.，2005；Kim et al.，1975；Mosher et al.，1964）。TTX 具有水溶性和热稳定性，因此烹饪不会影响其毒性（Saoudi et al.，2007）。TTX 尤其集中在鱼类、两栖动物和爬行动物的皮肤、性腺以及软体动物的肝脏和肠道。目前还没有开发出 TTX 的解毒剂。

目前，有 26 种天然存在的 TTX 类似物。这些类似物还不能作为试剂购买；它们可以从含 TTX 的活体中分离和提取出来（Vaishali et al.，2014）。TTX 是一种非常强的钠离子通道抑制剂，其作用机制是 TTX 带正电的胍基与钠离子通道口侧链上带负电的羧酸基结合（Denac et al.，2000；Hille，1971；Moran et al.，2003）。TTX 在心脏组织中降解最快，在性腺中降解最慢（Wood et al.，2012）。

河豚的 TTX 毒性是众所周知的。TTX 及其类似物是广泛分布的神经毒素，主要存在于海洋、淡水和咸水物种中（Noguchi et al.，2006），它是一种非蛋白、低分子量的神经麻痹性毒素。精氨酸被认为是其在生物体内的前体形态（Bane et al.，2014），细菌可合成TTX。然而，这些细菌产生的TTX数量非常少。尽管细菌菌株在实验室条件下产生的毒素较少，但动物肠道菌群产生的微量TTX也可能导致动物中毒。已从各种河豚组织（包括皮肤、肠道、卵巢和肝脏）中分离出产TTX的细菌（Yu et al.，2011；Chau et al.，2011）。

1964年，R. B. Woodward阐明了TTX（图3-3）的化学结构，并于1972年首次成功合成了外消旋体。TTX及其类似物的毒性可与石房蛤毒素相媲美。然而，TTX仅由一个带正电的胍基组成，阳离子通过共振效应稳定存在。TTX具有独特的杂环结构。许多研究人员在实验室合成了不同的TTX类似物，并对不同类似物的毒性模式进行了分析研究。目前有26种天然存在的TTX类似物，这些类似物因结构中羟基的数量和位置不同从而有不同的毒性。研究发现，TTX的脱氧类似物的毒性比TTX小，而羟基类似物的毒性则比TTX大（Vaishali et al.，2014）。20世纪50年代，TTX以晶体形式被从细菌中分离出来，并在60年代通过色谱法被提取。人们对从红藻和河豚中分离出的四种细菌菌株如何生产TTX以及其表征进行研究（Simidu et al.，1990）。TTX以其类似物混合物的形式存在于河豚中（Nakamura and Yasumoto，1985）。

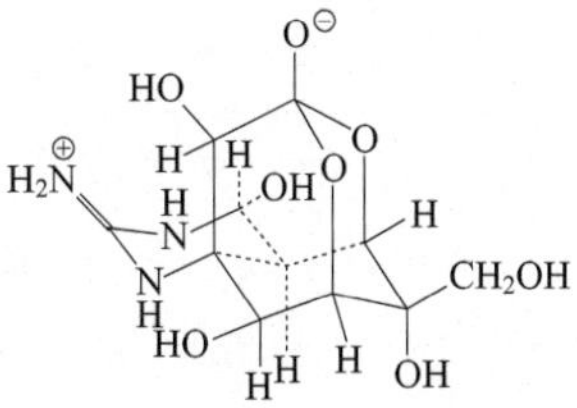

图3-3　河豚毒素的化学结构

TTX是一种亲水性的热稳定毒素，由在某些鱼类以及海洋腹足类动物和双壳类动物中发现的细菌产生。它对人体的毒性大约是氰化物的1200倍，并且没有已知的解毒剂（Jorge et al.，2015）。TTX中毒的普遍症状是舌头和嘴唇刺痛、头痛、呕吐、肌肉无力、共济失调，甚至因呼吸和/或心力衰竭而死亡（Noguchi and Ebesu，2001），症状的严重程度具有剂量依赖性。研究人员在小鼠和兔动物模型中对TTX的LD_{50}剂量进行了许多研究。通过研究发现小鼠腹腔、皮下和胃内给药途径中TTX的LD_{50}剂量分别为10.7μg/kg、12.5μg/kg和532μg/kg（Jorge et al.，2015）。TTX主要存在于河豚的肝脏和卵巢中，它也可以从加利福尼亚蝾螈的卵和胚胎中分离出来。TTX耐蒸煮，不会被胃肠道中的蛋白酶破坏。几项研究表明，在全世界范围（墨西哥、美国、日本、韩国、马来西亚、孟加拉国、印度等）内，存在食用这些河豚导致食物中毒，包括死亡的情况（Ghosh et al.，2004；Lange，1990；Loke和Tam，1997；Nunez et al.，2000；Yang et al.，1996；Yoshikawa et al.，2000）。

TTX中毒导致神经递质被抑制——因为它阻断电压门控钠离子通道，从而影响动作电位的产生和脉冲传导，导致神经元动作电位的阻断和肌肉麻痹。关于TTX及其类似物在人体内的吸收和排泄的信息很少。Mongi等人（2011）研究了TTX对雄性Wistar大鼠的肝毒性和肾毒性。兔头鲀的生组织或煮沸组织提取物在大鼠中表现出肝毒性和肾毒性作用。

TTX 也会影响呼吸系统。静脉注射 TTX 导致大鼠呼吸衰竭，原因是呼吸肌麻痹，而且呼吸肌明显比呼吸神经和其他运动神经更容易受到河豚毒素的影响。

3.7 植物毒素

3.7.1 相思子毒素

相思子毒素是一种蛋白质毒素，来自植物相思子。相思子也被称为相思豆、螃蟹眼、印度甘草等。相思子种子在梵语中被称为 Gunja，在印地语中称为 Ratti。通常发现于印度，亚洲热带的其他地区也存在。整株有毒，但毒素在种子中浓度最高。相思子毒素具有相当大的潜力作为军事或恐怖分子使用的生物武器，因为其分离成本低、毒性高，并且易于使用，可以通过雾化制为干粉或液滴，也可以作为污染物添加到食物和水中（Bhaskar et al.，2012）。这种毒素在微小的剂量下就是致命的。相思子毒素比蓖麻毒素更致命。毒理学家估测相思子毒素的致死剂量在 0.1～1μg/kg（Dickers et al.，2003）。蓖麻毒素的致死剂量在 5～10μg/kg。

相思子毒素属于Ⅱ型核糖体灭活蛋白。蛋白质合成抑制作用的分子机制表明，RIP 充当 RNA *N*-糖苷酶，水解大鼠 28*S* rRNA 中第 4、324 位腺苷残基的糖苷键（Endo et al.，1987）。相思子毒素以 a 和 b 两种形式存在。两种形式都有两种蛋白质，A 链和 B 链。A 链的 Cys247 和 B 链的 Cys8 之间的二硫键连接 A 链和 B 链。这些蛋白质一起进入细胞并破坏其活性。B 链是一种半乳糖特异性凝集素，通过与细胞膜结合而进入细胞，而 A 链被运输到核糖体，通过将 28*S* rRNA 的第 4、324 位去除腺嘌呤而催化失活 60*S* 亚单位并将其破坏。细胞在核糖体破坏后不久死亡（Chen et al.，1992；Olsnes and Pihl，1976）。

相思子的种子含有一种有毒的相思子凝集素和一种无毒的相思子凝集素，这两种凝集素对半乳糖都有特异性。相思子毒素 A 链和 B 链的完整蛋白质序列已被破译（Chen et al.，1992；Funatsu et al.，1988）。据报道，目前已有从相思子种子中分离相思子毒素变异体（Ⅰ、Ⅱ、Ⅲ）和两种凝集素（APA-Ⅰ和 APA-Ⅱ）的方法。采用内酰胺基-琼脂糖凝胶亲和基质，进行凝胶过滤和 DEAE 层析（Hegde et al.，1991）。相思子中至少有三种相思子毒素变体，其毒性、亲和力和迟滞期各不相同（Hegde and Poddar，1992）。相思子毒素由四个同工凝聚素（A～D）组成，它们是分子量在 63000～67000Da 的化合物。相思子种子包含大量变异体，pI 变化范围为 5.4～8.0。相思子毒素 I 的 A 链是所研究的四种毒素中效率最低的蛋白质合成抑制剂（Hegde et al.，1993）。这些变异体是了解毒素相关细胞现象的有价值的工具。通过 MALDI-TOF/MS 测定相思子毒素变异体（红色黑色种子、黑色和白色种子）的分子量分别为 61.14kDa、60.85kDa 和 61.24kDa。小鼠的 LD_{50} 表明，从白色种子中提取的相思子毒素的毒性是其他种子的 2～4 倍。体内毒性研究证实，白色种子具有剧毒性和高致死性（Chaturvedi and Kumar，2015）。

非洲相思子种子是世界上毒性最强的植物之一（Anam，2001）。意外中毒和故意中毒均可导致死亡。据报道，存在摄入咀嚼完整的非洲相思子种子后死亡的事件。非洲相思子种子周围的硬皮限制了胃肠道对相思子毒素的吸收。从种子中释放相思子毒素需要在摄入之前对种子进行适当的咀嚼和研磨，未经咀嚼的种子通过胃肠道不会产生毒性。相思子毒素的高分子量也限制了胃肠道对其的吸收。根据动物研究，相思子毒素的清除可能是通过肾脏排泄代谢产物来完成的（Fodstad et al.，1976）。

也有报告称，有人摄入了非洲相思子种子，并因脱髓鞘性脑炎而陷入昏迷（Sahni et al.，2007）。也有报道在小鼠试验中相思豆中毒后出现大脑炎症细胞浸润介导的神经炎症损伤事件（Bhasker et al.，2014）。使用全基因组的小鼠微阵列数据报告了相思子毒素对脑组织基因表达谱有剂量和作用时间的影响，表明免疫学重要基因参与影响神经炎症、细胞迁移和趋化性（Bhaskar et al.，2012）。相思子毒素暴露可引起颅内快速免疫和炎症反应。相思子毒素中毒后的氧化应激导致多种信号通路激活，从而导致相思子毒素中毒（Narayanan et al.，2004）。Bhaskar 等人（2008）报告了相思子毒素暴露于人类白血病细胞后的 DNA 损伤。一些研究人员报告说，相思子毒素在肠道中的吸收状况很差。但是，也有报道称成人仅摄入 1/2～2 粒相思子种子后会出现严重的亚致死毒性事件（Hart，1963）。一名 37 岁的男子在摄入半颗种子后严重中毒（Gunsolus，1955）。在另一个案例中，在摄入 7～10 粒压碎的非洲相思子种子 4～6d 后，患者出现脑水肿、感觉异常和癫痫（Sahoo et al.，2008）。摄入非洲相思子种子后先是水样腹泻，紧接着是恶心、呕吐、腹部绞痛和发冷，呕吐和腹泻可带血，也可能导致严重脱水，随后出现低血压，其他症状可能包括幻觉、癫痫和血尿。数天内患者的肝脏、脾脏和肾脏功能出现衰竭，接触后 36～72h 内可能发生死亡。相思子毒素可能引发过敏反应，特别是在具有特殊体质的患者体内（Barceloux，2008）。如果 5d 内没有死亡，患者通常会逐渐康复，但可能会有长期器官损伤的后遗症。相思子毒素的毒性取决于暴露途径，其中吸入暴露途径被认为是最危险的（Audi et al.，2005）。到目前为止，还没有相应的解毒剂。如果吸入相思子毒素粉末，会引起肺和气道组织坏死，从而导致严重的炎症和水肿（Griffiths et al.，1995）。相思子毒素还可引起肾中毒、肾小管炎症改变和肾组织氧化应激，导致肾脏变性（Sant et al.，2017）。

3.7.2 蓖麻毒素

蓖麻毒素是一种有毒的糖蛋白，存在于大戟科蓖麻属的蓖麻中（Worbs et al.，2011）。纯蓖麻毒素是一种水溶性白色粉末。一般不可能意外接触蓖麻毒素，除了摄入蓖麻豆。人们可能会通过空气、食物或水接触到蓖麻毒素（Anderson，2012b）。蓖麻毒素价格低廉且易于大量生产，它具有致命性但目前没有疫苗或治疗方法，并且有可能以气溶胶形式散布。Roxas Duncan 和 Smith 描述了 1990—2011 年 20 起以上涉及企图使用/已经使用蓖麻毒素的生物恐怖攻击事件（Roxas-Duncan and Smith，2012）。

蓖麻毒素结构由两条多肽链（A 和 B）之间的二硫键连接形成（Brinkworth，2010）。作为 AB 毒素的原型，蓖麻毒素由糖结合 B 链（约 34 kDa）通过二硫键连接到具有催化活性的 A 链（约 32 kDa）组成（Lappi et al.，1978；Worbs et al.，2011）。在 B 亚单位与细胞表面糖蛋白结合后，A 亚单位通过受体介导的内吞作用进入上皮细胞（Brinkworth，

2010)。A 亚单位阻止肽延伸（即蛋白质合成）并导致细胞死亡（Doan，2004）。一个蓖麻毒素分子每分钟可以使 2000 个核糖体失能，最终导致细胞死亡（Doan，2004）。由于网状内皮细胞（如巨噬细胞）中甘露糖受体浓度较高，它们对蓖麻毒素毒性极为敏感（Audi et al.，2005）。

由于初级蛋白质序列及其特定的糖基化和脱酰胺水平，蓖麻毒素是一种具有不同分子量、蛋白质电荷/等电点和毒性的异质分子（Despeyroux et al.，2000；Sehgal et al.，2010、2011；Bergstrom et al.，2015）。从蓖麻凝集素（RCA120）中分离蓖麻毒素在技术上具有挑战性。蓖麻毒素可以在提取蓖麻油后从脱脂蓖麻饼中分离出来，蓖麻毒素可通过内酰氨基-琼脂糖亲和层析纯化，通过羧甲基琼脂糖离子交换柱纯化，得到三个蓖麻蛋白组分（Ⅰ、Ⅱ、Ⅲ）。蓖麻毒素可以以不同的亚型存在，这取决于其种子类型和植物品种（Despeyroux et al.，2000）。

目前，蓖麻毒素的亚型已经被发现，并且已经进行了特征性分析和毒理学表征（Helmy and Pieroni，2000）。蓖麻毒素的亚型，包括蓖麻毒素 D 型、蓖麻毒素 E 型和密切相关的蓖麻毒素凝集素，由含大约八个成员的小型多基因家族编码，其中一些是无功能的（Tregear and Roberts，1992）。据报道有两种蓖麻毒素是有毒的：蓖麻毒素 D 型和蓖麻毒素 E 型（Lin and Li，1980）。D 型存在于大的谷物种子中，而小粒种子同时含有 D 型和 E 型蓖麻毒素（Despeyroux et al.，2000）。目前，已经开发了几种检测和表征蓖麻毒素的技术，其中毛细管电泳（CE）用于解析蓖麻毒素异构体，并根据不同的 pI 值区分蓖麻毒素 D 型和 E 型（Dong et al.，2001）。经过分离得到的三种蓖麻毒素变异体在非还原条件下具有 64kDa 的单条带，在还原条件下具有 30k～34kDa 区域的两条带，且它们的电泳迁移率不同。在二硫化物还原条件下，由于不同的糖基化作用，观察到蓖麻毒素Ⅰ的分子量略高于蓖麻毒素Ⅱ和Ⅲ（Hegde and Poddar，1992）。蓖麻毒素相对于碳水化合物结合物表现出高度的微观异质性（Kimura et al.，1988）。蓖麻毒素 A 链和 B 链的天冬酰胺（Asn）残基含有甘露糖、岩藻糖、木糖和 *N*-乙酰半乳糖胺成分。蓖麻毒素亚型在酸性条件下的天然凝胶上被分离开。vero 细胞系的细胞毒性研究表明：蓖麻毒素Ⅲ毒性是其他两种形式的 4～8 倍。蓖麻毒素Ⅲ在小鼠体内的 LD_{50} 范围为 5～20ng/kg，其致死效力高于其他两种形式（Sehgal et al.，2010）。

1888 年德国科学家 H. Stillmark 在他的博士期间首次记录蓖麻毒素的分离过程。除了蓖麻毒素外，蓖麻种子还含有同源但毒性较小的蓖麻凝集素（RCA120）（Olsnes et al.，1974）。蓖麻凝集素 RCA120 是一种分子量为 120kDa 的异四聚体蛋白。蓖麻凝集素由两个异二聚体组成，这两个异二聚体是通过两条 A 链之间的二硫键连接的（Sweeney et al.，1997）。蓖麻毒素和 RCA120 在 A 链和 B 链之间显示出高序列同源性，分别为 93％和 84％（Roberts et al.，1985）。蓖麻毒素是一种强效毒素，但为弱血凝素，而 RCA120 为弱效毒素，但为强血凝素（Cawley et al.，1978；Saltvedt，1976）。几个世纪以来，人类和动物中意外和蓄意的蓖麻中毒已为世人所知。估计蓖麻毒素在体内的毒性摄入时为 1～20mg/kg，吸入或注射时为 1～10μg/kg（Worbs et al.，2011）。

1978 年，保加利亚持不同政见者 Georgi Markov 在伦敦被人用一把经过改造、暗藏蓖麻毒素小颗粒的雨伞刺杀，这被视为生物犯罪行为。Georgi Markov 被注射剂量高达

500μg 的蓖麻毒素后，立即产生局部疼痛、表现虚弱，36h 后出现发热、心跳过速和腹股沟淋巴结肿大。第二天，他出现血管塌陷、休克和白细胞增多的症状。第三天，在他去世当天出现房室传导阻滞、无尿和呕血（Crompton and Gall，1980；Papaloucas et al.，2008）。目前，已经发生了许多起涉及非法持有各种形式的蓖麻毒素旨在对人类生命造成伤害的事件。

蓖麻毒素产生毒性的不同机制包括直接的膜损伤、激活凋亡途径和促进细胞因子的释放。蓖麻毒素在许多暴露途径中都是具有毒性的，如摄入、注射甚至吸入（Audi et al.，2005）。然而，由于蓖麻毒素可能在消化道中被部分酶降解，口服途径呈现的毒性比其他途径呈现的毒性要弱。中毒症状取决于途径，比如，摄入蓖麻毒素会导致呕吐和腹泻（Franz and Jaax，1997），随后可能出现的症状有严重脱水和低血压，其他症状包括幻觉、癫痫和尿血。肌肉注射蓖麻毒素会导致严重的局部疼痛、肌肉和区域淋巴结坏死、胃肠道出血、肝坏死、弥漫性肾炎和弥漫性脾炎（Schep et al.，2009）。吸入蓖麻毒素会导致气道和肺损伤，引起呼吸窘迫。肺部炎症生物标志物，如总蛋白和支气管肺泡液炎症细胞的数量在 12h 内增加。通过肺吸收气溶胶形式的蓖麻毒素可诱发细胞因子和趋化因子释放，导致全身炎症反应，可表现为关节痛和发热（Pincus et al.，2011）。临床表现在 2～24h 内出现，感染者可能在暴露后 36～72h 内死亡（Audi et al.，2005）。蓖麻毒素中毒期间，液体流失可能导致电解质失衡、脱水、低血压和循环衰竭（Koch and Caplan，1942）。实验室指标异常包括白细胞增多、转氨酶和肌酸激酶升高、高胆红素血症、肾功能不全和贫血（Wedin et al.，1986）。蓖麻毒素可引起核 DNA 损伤（Brigotti et al.，2002），激活细胞应激反应，并通过内源性和外源性的凋亡途径诱导程序性细胞死亡（Rao et al.，2005；Tesh，2012；Walsh et al.，2013）。由于皮肤吸收差，皮肤接触引起的不良反应通常是微不足道的，除非用强溶剂如 DMSO 增强皮肤吸收率。皮肤或黏膜直接接触蓖麻毒素的情形并不常见，但如果发生则可能会导致皮肤产生红斑和疼痛（Darling and Woods，2004；Poli et al.，2007；Bradberry et al.，2003）。

目前还没有专门用于治疗蓖麻毒素中毒的药物。由于毒素作用的渐进性需要住院治疗和持续的支持性护理。作为一种可能的生物武器制剂，蓖麻毒素确实是一种威胁，因此，对其预防和治疗的研究仍在继续。

3.8 结论

天然毒素是一组极强的有毒化合物。毒素介于化学制剂和生物制剂之间，因为它们既可以由生物产生，也可以由化学合成。与化学制剂或生物制剂相比，毒素可能更容易被选择使用，因其具有易于生产和运输的优势。纯生物技术和空气生物学技术的进步使它们成为可能造成大规模破坏的最有力的生物恐怖制剂。由于目前没有明确针对大多数毒素制剂的有效和具体的医疗对策，它们对武装部队以及平民构成严重威胁。因此，我们需要加强对现有技术的评估和部署。在针对在战争中有重要利用价值的天然毒素的检测、识别、净化和药物开发方面，也需要同步研发最先进的相关技术。

参考文献

Adhikari, M., Negi, B., Kaushik, N., Adhikari, A., Abdulaziz, A., Al-Khedhairy, A.A., Kaushik, N.K., Choi, E.H., 2017. T-2 mycotoxin: toxicological effects and decontamination strategies. Oncotarget 8 (20), 33933–33952.

Aebersold, R., 2003. A mass spectrometric journey into protein and proteome research. J. Am. Soc Mass Spectrom. 14, 685–695.

Agrawal, M., Yadav, P., Lomash, V., Bhaskar, A.S.B., Rao, P.V.L., 2012. T-2 toxin induced skin inflammation and cutaneous injury in mice. Toxicology 302, 255–265.

Agrawal, M., Bhaskar, A.S.B., Rao, P.V.L., 2015. Involvement of mitogen-activated protein kinase pathway in T-2 toxin-induced cell cycle alteration and apoptosis in human neuroblastoma cells. Mol. Neurobiol. 51 (3), 1379–1394.

Akimoto, T., Masuda, A., Yotsu-Yamashita, M., et al., 2013. Synthesis of saxitoxin derivatives bearing guanidine and urea groups at C13 and evaluation of their inhibitory activity on voltage-gated sodium channels. Org. Biomol. Chem. 11 (38), 6642–6649.

Albuquerque, E.X., Barnard, E.A., Porter, C.W., Warnick, J.E., 1974. The density of acetylcholine receptors and their sensitivity in the postsynaptic membrane of muscle endplates. Proc. Natl. Acad. Sci. U. S. A. 71, 2818–2822.

Albuquerque, E.X., Pereira, E.F.R., Castro, N.G., Alkondon, M., Reinhardt, S., Schroder, H., Maelicke, A., 1995. Nicotinic receptor function in the mammalian central nervous system. Ann. N. Y. Acad. Sci. 757, 48–72.

Alouf, J.E., Muller-Alouf, H., 2003. Staphylococcal and streptococcal superantigens: molecular, biological, and clinical aspects. Int. J. Med. Microbiol. 292, 429–440.

Anam, E.M., 2001. Anti-inflammatory activity of compounds isolated from the aerial parts of Abrus precatorius (Fabaceae). Phytomedicine 8 (1), 24–27.

Anderson, P.D., 2012a. Emergency management of chemical weapons injuries. J. Pharm Pract. 25, 61–68.

Anderson, P.D., 2012b. Bioterrorism: toxins as weapons. J. Pharm. Pract. 25 (2), 121–129.

Anderson, P.D., Bokor, G., 2012. Conotoxins: potential weapons from the sea. Bioterr. Biodef. 3, 3.

Andrinolo, D., Iglesias, V., Garcia, C., Lagos, N., 2002. Toxicokinetics and toxicodynamics of gonyautoxins after an oral toxin dose in cats. Toxicon 40 (6), 699–709.

Arnon, S.S., Schechter, R., Inglesby, T.V., Henderson, D.A., Bartlett, J.G., Ascher, M.S., Eitzen, E., Fine, A.D., Hauer, J., Layton, M., Lillibridge, S., Osterholm, M.T., O'Toole, T., Parker, G., Perl, T.M., Russell, P.K., Swerdlow, D.L., Tonat, K., Working Group on Civilian Biodefense, 2001. Botulinum toxin as a biological weapon: medical and public health management. JAMA 285, 1059–1070.

Audi, J., Belson, M., Patel, M., Schier, J., Osterloh, J., 2005. Ricin poisoning: a comprehensive review. JAMA 294, 2342–2351.

Bane, V., Lehane, M., Dikshit, M., O'Riordan, A., Furey, A., 2014. Tetrodotoxin: chemistry, toxicity, source, distribution and detection. Toxins (Basel) 6, 693–755.

Barceloux, D.G., 2008. Jequirity bean and abrin. In: Medical Toxicology of Natural Substances. John Wiley & Sons, New Jersey, USA, pp. 729–732. Chapter 115.

Bauer, J., Bollwahn, W., Gareis, M., Gedek, B., Heinritzi, K., 1985. Kinetic profiles of diacetoxyscirpenol and two of its metabolites in blood serum of pigs. Appl. Environ. Microbiol. 49, 842–845.

Berger, T., Eisenkraft, A., Bar-Haim, E., Kassirer, M., Aran, A.A., Fogel, I., 2016. Toxins as biological weapons for terror—characteristics, challenges and medical countermeasures: a mini-review. Disaster Mil. Med. 2, 1–7.

Bergström, T., Fredriksson, S.A., Nilsson, C., Åstot, C., 2015. Deamidation in ricin studied by capillary zone electrophoresis- and liquid chromatography-mass spectrometry. J. Chromatogr. B Anal. Technol. Biomed. Life Sci. 974, 109–117.

Bernd, C., Bernd, L., 2008. Determination of marine biotoxins relevant for regulations: from the mouse bioassay to coupled LC-MS methods. Anal. Bioanal. Chem. 391, 117–134.

Berti, M., Milandri, A., 2014. Le biotossine marine. In: Schirone, M., Visciano, P. (Eds.), Igiene Degli Alimenti. Edagricole, Bologna, pp. 163–198.

Bettina, C.F., Avanish, K.V., 2013. Bacterial toxins staphylococcal enterotoxin B. Microbiol. Spectr. 1 (2), https://doi.org/10.1128/microbiolspec.AID-0002-2012.

Bhaskar, A.S.B., Deb, U., Kumar, O., Rao, P.V.L., 2008. Abrin induced oxidative stress mediated DNA damage in human leukemic cells and its reversal by N-acetylcysteine. Toxicol. In Vitro 22, 1902–1908.

Bhaskar, A.S.B., Gupta, N., Rao, P.V.L., 2012. Transcriptomic profile of host response in mouse brain after exposure to plant toxin abrin. Toxicology 299 (1), 33–43.

Bhasker, A.S.B., Sant, B., Yadav, P., Agrawal, M., Rao, P.V.L., 2014. Plant toxin abrin induced oxidative stress mediated neurodegenerative changes in mice. Neurotoxicology 44, 194–203.

Bhat, R.V., Ramakrishna, Y., Beedu, S.R., Munshi, K.L., 1989. Outbreak of trichothecene mycotoxicosis associated with consumption of mould-damaged wheat products in Kashmir valley, India. Lancet 7, 35–37.

Blasi, J., Chapman, E.R., Link, E., Binz, T., Yamasaki, S., De Camilli, P., Sudhof, T.C., Niemann, H., Jahn, R., 1993. Botulinum neurotoxin A selectively cleaves the synaptic protein SNAP25. Nature 365, 160–163.

Bradberry, S.M., Dickers, K.J., Rice, P., Griffiths, G.D., Vale, J.A., 2003. Ricin poisoning. Toxicol. Rev. 22, 65–70.

Brian, P.W., Dawkins, A.W., Grove, J.F., Hemming, H.G., Lowe, D., Norris, G.L.F., 1961. Phytotoxic compounds produced by F. equiseti. J. Exp. Bot 12, 1–12.

Bricelj, V., Shumway, S., 1998. Paralytic shellfish toxins in bivalve molluscs: occurrence, transfer kinetics, and biotransformation. Rev. Fish. Sci. 6, 315–383.

Brigotti, M., Alfieri, R., Sestili, P., Bonelli, M., Petronini, P.G., Guidarelli, A., et al., 2002. Damage to nuclear DNA induced by Shiga toxin and ricin in human endothelial cells. FASEB J. 16, 365–372.

Brinkworth, C.S., 2010. Identification of ricin in crude and purified extracts from castor beans using on-target tryptic digestion and MALDI mass spectrometry. Anal. Chem. 82, 5246–5252.

Bukowski, R., Vaughn, C., Bottomley, R., Chen, T., 1982. Phase II study of anguidine in gastrointestinal malignancies: a Southwest Oncology Group study. Cancer Treat Rep. 66, 381–383.

Bunner, D.L., Neufeld, H.A., Brennecke, L.H., Campbell, Y.G., Dinterman, R.E., Pelosi, J.G., 1985. Clinical and Hematological Effects of T-2 Toxin in Rats. United States Army Medical Research Institute of Infectious Diseases, Fort Detrick. DTIC ADA 158874.

Burmeister, H.R., Ellis, J.J., Yates, S.G., 1971. Correlation of biological to chromatographic data for two mycotoxins elaborated by Fusarium. Appl. Microbiol. 21, 673–675.

Catterall, W.A., 1985. The voltage sensitive sodium channel: a receptor for multiple neurotoxins. In: Anderson, D.M., White, A.W., Baden, D.G. (Eds.), Toxic Dinoflagellates. Elsevier Science Publishing Co., Inc., New York, pp. 329–342.

Cawley, D.B., Hedblom, M.L., Houston, L.L., 1978. Homology between ricin and *Ricinus communis* agglutinin: amino terminal sequence analysis and protein synthesis inhibition studies. Arch. Biochem. Biophys. 190, 744–755.

Cervantes, C.R., Duran, R., Faro, L.F., Alfonso, P.M., 2009. Effects of systemic administration of saxitoxin on serotonin levels in some discrete rat brain regions. Med. Chem. 5, 336–342.

Cervantes, C.R., Faro, L.F., Durán, B.R., Alfonso, P.M., 2011. Alterations of 3,4-dihydroxyphenylethylamine and its metabolite 3,4-dihydroxyphenylacetic produced in rat brain tissues after systemic administration of saxitoxin. Neurochem. Int. 59, 643–647.

Chaturvedi, K., Kumar, O., 2015. Purification and characterization of abrin variants from three different varieties of Abrus precatorius seeds. Planta Med. 81, PC16.

Chau, R., Kalaitzis, J.A., Neilan, B.A., 2011. On the origins and biosynthesis of tetrodotoxin. Aquat. Toxicol. 104, 61–72.

Chaudhary, M., Rao, P.V.L., 2010. Brain oxidative stress after dermal and subcutaneous exposure of T-2 toxin in mice. Food Chem. Toxicol. 48, 3436–3442.

Chaudhary, M., Jayaraj, R., Bhaskar, A.S., Lakshmana Rao, P.V., 2009. Oxidative stress induction by T-2 toxin causes DNA damage and triggers apoptosis via caspase. Toxicology 262, 153–161.

Cheeke, P.R., 1998. Mycotoxins in cereal grains and supplements. In: Cheeke, P.R. (Ed.), Natural Toxicants in Feeds, Forages, and Poisonous Plants. Interstate Publishers, Inc., Danville, IL, pp. 87–136.

Chen, Y.L., Chow, L.P., Tsugita, A., Lin, J.Y., 1992. The complete primary structure of abrin a B chain. FEBS Lett. 309, 115–118.

Chi, M.S., Mirocha, C.J., 1978. Necrotic oral lesions in chickens fed diacetoxyscirpenol, T-2 toxin, and crotocin. Poult. Sci 57, 807–808.

Ching, P.K., Ramos, R.A., De los Reyes, V.C., Sucaldito, M.M., Tayag, E., 2015. Lethal paralytic shellfish poisoning from consumption of green musselbroth, Western Samar, Philippines, August 2013. Western Pac. Surveill. Response J. 6, 22–26.

Chulze, S.N., 2010. Strategies to reduce mycotoxin levels in maize during storage: a review. Food Addit. Contam. Part A 27, 651–657.

Clarke, S.C., 2005. Bacteria as potential tools in bioterrorism, with an emphasis on bacterial toxins. Br. J. Biomed. Sci. 62, 40–46.

Coffield, J.A., Bakry, N., Zhang, R.D., Carlson, J., Gomella, L.G., Simpson, L.L., 1997. *In vitro* characterization of botulinum toxin types A, C and D action on human tissues: combined electrophysiologic, pharmacologic and molecular biologic approaches. J. Pharmacol. Exp. Ther. 280, 1489–1498.

Cohen, G.M., 1997. Caspases: the executioners of apoptosis. Biochem. J. 326, 1–16.

Crompton, R., Gall, D., 1980. Georgi Markov—death in a pellet. Med. Leg. J. 48, 51–62.

Darling, R.G., Woods, J.B., 2004. Medical Management of Biological Casualties Handbook, fifth ed. US Army Medical Research Institute of Infectious Diseases, Fort Detrick, MD80–91.

Dembek, Z.F., Smith, L.A., Rusnak, J.M., 2007. Botulinum toxin. In: Dembek, Z.F. (Ed.), Medical Aspects of Biological Warfare. Office of the Surgeon General, US Army Medical Department Center and School; Borden Institute, Walter Reed Army Medical Center, Washington, DC, pp. 337–353.

Denac, H., Mevissen, M., Scholtysik, G., 2000. Structure, function and pharmacology of voltage-gated sodium channels. Naunyn Schmiedebergs Arch. Pharmacol. 362, 453–479.

Despeyroux, D., Walker, N., Pearce, M., Fisher, M., McDonnell, M., Bailey, S.C., Griffiths, G.D., Watts, P., 2000. Characterization of ricin heterogeneity by electrospray mass spectrometry, capillary electrophoresis, and resonant mirror. Anal. Biochem. 279, 23–36.

Dickers, K.J., Bradberry, S.M., Rice, P., Griffiths, G.D., Vale, J.A., 2003. Abrin poisioning. Toxicol. Rev. 22, 137–142.

Dinges, M.M., Orwin, P.M., Schlievert, P.M., 2000. Exotoxins of Staphylococcus aureus. Clin. Microbiol. Rev. 13, 16–34.

Doan, L.G., 2004. Ricin: mechanism of toxicity, clinical manifestations, and vaccine development. A review. J. Toxicol. Clin. Toxicol. 42, 201–208.

Dolah, F.M.V., 2000. Marine algal toxins: origins, health effects, and their increased occurrence. Environ. Health Perspect. 108, 133–141.

Dong, H.N., Eun, J.P., Myung, S.K., Cheong, K.C., Byung, H.W., Hye, S.L., Kang, C.L., 2001. Characterization of two ricin isoforms by sodium dodecyl sulfate-capillary gel electrophoresis and capillary isoelectric focusing. Bull. Kor. Chem. Soc. 32, 12.

EFSA, 2009. Scientific opinion of the panel on contaminants in the food chain on are quest from the European Commission on marine biotoxins in shellfish—Saxitoxin group. EFSA J. 1019, 1–76.

Endo, Y., Mitsui, K., Tsurungi, K., 1987. The mechanism of action of ricin and related lectins on eukaryotic ribosomes. The site and characteristic of the modification in 28S ribosomal RNA caused by toxins. J. Biol. Chem. 262, 5908–5912.

Fegan, D., Andresen, D., 1997. Conus geographus envenomation. Lancet 349, 1672.

Felipe, D., Patricia, B.R., Juliane, M.S., Daniela, M.B., Joao, S.Y., 2016. Behavioral alterations induced by repeated saxitoxin exposure in drinking water. J. Venom. Anim. Toxins Incl. Trop. Dis. 22, 18.

Fernandez, I., Valladolid, G., Varon, J., Sternbach, G., 2011. Encounters with venomous sea-life. J. Emerg. Med. 40, 103–112.

Fodstad, O., Olsnes, S., Pihl, A., 1976. Toxicity, distribution and elimination of the cancerostatic lectins abrin and ricin after parenteral injection into mice. Br. J. Cancer 34, 418–425.

Franz, D.R., Jaax, N.R., 1997. Ricin toxin. In: Zajtchuk, R., Bellamy, R.F. (Eds.), Textbook of Military Medicine—Medical Aspects of Chemical and Biological Warfare. Borden Institute, Washington, DC, pp. 631–642.

Franz, D.R., Parrott, C.D., Takafuji, E.T., 1997. The U.S. biological warfare and biological defense programs. In: Sidell, F.R., Takafuji, E.T., Franz, D.R. (Eds.), Textbook of Military Medicine. Part I. Warfare, Weaponry and the Casualty. vol. 3. U.S. Government Printing Office, Washington, DC, pp. 425–436.

Funatsu, G., Taguchi, Y., Kamenosono, M., Yanaka, M., 1988. The complete amino acid sequence of the A-chain of abrin-a, a toxic protein from the seeds of Abrus precatorius. Agric. Biol. Chem. 52, 1095–1097.

Gerberick, G.F., Sorenson, W.G., Lewis, D.M., 1984. The effects of T-2 toxin on alveolar macrophage function in vitro. Environ. Res 33, 246–260.

Ghosh, S., Hazra, A.K., Banerjee, S., Mukherjee, B., 2004. The seasonal toxicological profle of four puffer fish species collected along Bengal coast, India. Indian J. Mar. Sci. 33, 276–280.

Gill, D.M., 1982. Bacterial toxins: a table of lethal amounts. Microbiol. Rev. 46, 86–94.

Gouaux, J.E., Braha, O., Hobaugh, M.R., Song, L., Cheley, S., Shustak, C., Bayley, H., 1994. Subunit stoichiometry of staphylococcal α-hemolysin in crystals and on membranes: a heptameric transmembrane pore. Proc. Natl. Acad. Sci. U. S. A. 91, 12828–12831.

Gray, W.R., Luque, A., Olivera, B.M., Barrett, J., Cruz, L.J., 1981. Peptide toxins from Conus geographus venom. J. Biol. Chem. 256, 4734–4740.

Griffiths, G.D., Lindsay, C.D., Allenby, A.C., Bailey, S.C., Scawin, J.W., Rice, P., Upshall, D.G., 1995. Protection against inhalation toxicity of ricin and abrin by immunization. Hum. Exp. Toxicol. 14, 155–164.

Grove, J.F., Mortimer, P.H., 1969. The cytotoxicity of some transformation products of diacetoxyscirpenol. Biochem. Pharmacol. 18, 1473–1478.

Gunsolus, J.M., 1955. Toxicity of jequirity beans. J. Am. Med. Assoc. 157, 779.

Haddad 2nd, V., de Paula Neto, J.B., Cobo, V.J., 2006. Venomous mollusks: the risks of human accidents by conus snails (gastropoda: conidae) in Brazil. Rev. Soc. Bras. Med. Trop. 39, 498–500.

Hale, M.L., 2012. Staphylococcal Enterotoxins, Staphylococcal Enterotoxin B and Bioterrorism. In: Morse, Stephen Dr (Eds.), Bioterrorism. InTech. ISBN: 978-953-51-0205-02.

Halstead, B.W., Schantz, E., 1984. Paralytic Shellfish Poisoning. WHO, Geneva, Switzerland. World Health Organization Offset Publication No. 79.

Hart, M., 1963. Jequirity bean poisoning. N. Engl. J. Med. 268, 885–886.

Haschek, W.M., Beasley, V.R., 2009. Trichothecene mycotoxins. In: Gupta, R.C. (Ed.), Handbook of Toxicology of Chemical Warfare Agents. Academic Press, London, pp. 353–369. Chapter 26.

Hegde, R., Poddar, S.K., 1992. Studies on the variants of the protein toxins ricin and abrin. Eur. J. Biochem. 204, 155–164.

Hegde, R., Maiti, T.K., Podder, S.K., 1991. Purification and characterization of three toxins and two agglutinins from Abrus precatorius seed by using lactamyl-Sepharose affinity chromatography. Anal. Biochem. 194, 101–109.

Hegde, R., Karande, A.A., Podder, S.K., 1993. The variants of the protein toxins abrin and ricin A useful guide to understanding the processing events in the toxin transport. Eur. J. Biochem. 215 (41), 1–419.

Helmy, M., Pieroni, G., 2000. RCA60: purification and characterization of ricin D isoforms from Ricinus sanguineus. J. Plant Physiol. 156, 477–482.

Hernandez, C., Ulloa, J., Vergara, J., Espejo, R., Cabello, F., 2005. Infecciones por Vibrio parahaemolyticus e intoxicaciones por algas: problemas emergentes de salud pública en Chile. Rev. Med. Chile 133, 1081–1088.

Hille, B., 1971. The permeability of the sodium channel to organic cations in myelinated nerve. J. Gen. Physiol. 58, 599–619.

Hoerr, F.J., Carlton, W.W., Yagen, B., 1981. Mycotoxicosis caused by a single dose of T-2 toxin or diacetoxyscirpenol in broiler chickens. Vet. Pathol. 18, 652–664.
Horn, A.K., Porter, J.D., Evinger, C., 1993. Botulinum toxin paralysis of the orbicularis oculi muscle. Types and time course of alterations in muscle structure, physiology and lid kinematics. Exp. Brain Res. 96, 39–53.
Hu, D.L., Zhu, G., Mori, F., Omoe, M., Wakabayashi, K., Kaneko, S., Shinagawa, K., Nakane, A., 2007. Staphylococcal enterotoxin induces emisis through increasing serotonin release in intestine and it is downregulated by cannabinoid receptor 1. Cell. Microbiol. 9, 2267–2277.
Hundell, H., 2010. The state of U.S. freshwater harmful algal blooms assessment, policy and legislation. Toxicon 55, 1024–1034.
Iandolo, J.J., Shafer, W.M., 1977. Regulation of staphylococcal enterotoxin B. Infect. Immun. 16 (2), 610–616.
Jeffrey, W.F., Bradley, S., Thibaut, P., Philippe, T., 2011. Antibodies for biodefense. mAbs 3, 517–527.
Joffe, A.Z., 1971. Alimentary toxic aleukia. In: Kadis, S., Ciegler, A., Ajl, S.J. (Eds.), Microbiol Toxins. Algal and Fungal Toxins, vol 7. Academic Press, New York, NY, pp. 139–189.
Jorge, L., Laura, P.R., Lucía, B., Juan, M.V., Ana, G.C., 2015. Tetrodotoxin, an extremely potent marine neurotoxin: distribution, toxicity, origin and therapeutical uses. Mar. Drugs 13, 6384–6406.
Jun, D.Y., Kim, J.S., Park, H.S., Song, W.S., Bae, Y.S., Kim, Y.H., 2007. Cytotoxicity of diacetoxyscirpenol is associated with apoptosis by activation of caspase-8 and interruption of cell cycle progression by down-regulation of cdk4 and cyclin B1 in human Jurkat T cells. Toxicol. Appl. Pharmacol. 222, 190–201.
Kaas, Q., Yu, R., Jin, A.H., Dutertre, S., Craik, D.J., 2012. ConoServer: updated content, knowledge, and discovery tools in the conopeptide database. Nucleic Acids Res. 40, 325–330.
Kachuei, R., Rezaie, S., Yadegari, M.H., Safaie, N., Allameh, A.A., Aref-poor, M.A., Fooladi, A.A.I., Riazipour, M., Abadi, H.M.M., 2014. Determination of T-2 Mycotoxin in Fusarium strains by HPLC with fluorescence detector. J. Appl. Biotech. Rep. 1, 38–43.
Keller, J.E., Neale, E.A., Oyler, G., Adler, M., 1999. Persistence of botulinum neurotoxin action in cultured spinal cord cells. FEBS Lett. 456, 137–142.
Kim, Y.H., Brown, G.B., Mosher, H.S., Fuhrman, F.A., 1975. Tetrodotoxin: occurrence in Atelopid frogs of Costa Rica. Science 189, 151–152.
Kimura, Y., Hase, S., Kobayashi, Y., Kyogoku, Y., Ikenaka, K., Funatsu, G., 1988. Structures of sugar chains of ricin D. J. Biochem. 103, 944–949.
Koch, L.A., Caplan, J., 1942. Castor bean poisoning. Am. J. Dis. Child. 64 (3), 485–486.
Krakauer, T., Pradhan, K., Stiles, B.G., 2016a. Staphylococcal superantigens spark hostmediated danger signals. Front. Immunol. 7, 23.
Krakauer, T., Pradhan, K., Stiles, B.G., 2016b. Staphylococcal superantigens spark host-mediated danger signals. Front. Immunol. 7, 23. https://doi.org/10.3389/fimmu.2016.00023.
Landsberg, J.H., Hall, S., Johannessen, J.N., White, K.D., Conrad, S.M., Abbott, J.P., et al., 2006. Saxitoxin puffer fish poisoning in the United States, with the first report of Pyrodinium bahamense as the putative toxin source. Environ. Health Perspect. 114, 1502–1507.
Lange, W.R., 1990. Puffer fish poisoning. Am. Fam. Physician 42, 1029–1033.
Lappi, D.A., Kapmeyer, W., Beglau, J.M., Kaplan, N.O., 1978. The disulfide bond connecting the chains of ricin. Proc. Natl. Acad. Sci. U. S. A. 75, 1096–1100.
Le Loir, Y., Baron, F., Gautier, M., 2003. Staphylococcal aureus and food poisoning. Genet. Mol. Res. 2, 630–676.
Lefertre, C., Perelle, S., Dilasser, F., Fach, P., 2003. Identification of a new putative enterotoxin SEU encoded by the egc cluster of staphylococcus aureus. J. Appl. Microbiol. 95, 38–43.
Li, Y., Wang, Z., Beier, R.C., et al., 2011. T-2 toxin, a trichothecene mycotoxin: review of toxicity, metabolism, and analytical methods. J. Agric. Food Chem. 59, 3441–3453.
Lin, T.T., Li, S.L., 1980. Purification and physicochemical properties of ricins and agglutinins from Ricinus communis. Eur. J. Biochem. 105, 453–459.
Llewellin, L.E., 2006. Saxitoxin, a toxic marine natural product that targets a multitude of receptors. Nat. Prod. Rep. 23, 200–222.

Loke, Y.K., Tam, M.H., 1997. A unique case of tetrodotoxin poisoning. Med. J. Malays. 52, 172–174.
Lowy, F.D., 1998. Staphylococcus aureus infections. N. Engl. J. Med. 339, 520–532.
Madsen, J.M., 2001. Toxins as weapons of mass destruction. A comparison and contrast with biological-warfare and chemical warfare agents. Clin. Lab. Med. 21, 593–605.
Mayura, K., Smith, E.E., Clement, B.A., Harvey, R.B., Kubena, L.F., Phillips, T.D., 1987. Developmental toxicity of diacetoxyscirpenol in the mouse. Toxicology 45, 245–255.
McCarthy, M., Bane, V., García-Altares, M., Van Pelt, F.N.A.M., Furey, A., O'Halloran, J., 2015. Assessment of emerging biotoxins (pinnatoxinGand spirolides) at Europe's first marine reserve: LoughHyne. Toxicon 108, 202–209.
Mehrdad, S., Rudolf, M., Roberto, C., Gerlinde, W., Chiara, D.A., Rainer, S., Rudolf, K., Gerhard, A., Franz, B., 2011. Isolation and characterization of a new less-toxic derivative of the fusarium mycotoxin diacetoxyscirpenol after thermal treatment. J. Agric. Food Chem. 59, 9709–9714.
Merwe, D.V., 2015. Cyanobacterial (Blue green algae) toxins. In: Gupta, R.C. (Ed.), Handbook of Toxicology of Chemical Warfare Agents. Second ed. Academic Press, London, pp. 421–429. Chapter 31.
Milne, T.J., Abbenante, G., Tyndall, J.D., Halliday, J., Lewis, R.J., 2003. Isolation and characterization of a cone snail protease with homology to CRISP proteins of the pathogenesis-related protein superfamily. J. Biol. Chem. 278, 31105–31110.
Mirocha, C.J., Pawlosky, R.A., Chatterjee, K., Watson, S., Hayes, A.W., 1983. Analysis for Fusarium toxins in various samples implicated in biological warfare in Southeast Asia. J. Assoc. Off. Anal. Chem 66, 1485–1499.
Mongi, S., Mahfoud, M., Amel, B., Abdelwaheb, A., Wassim, K., Kamel, J., Abdelfattah, E.F., 2011. Extracted tetrodotoxin from puffer fish Lagocephalus lagocephalus induced hepatotoxicity and nephrotoxicity to Wistar rats. Afr. J. Biotechnol. 10, 8140–8145.
Moran, O., Picollo, A., Conti, F., 2003. Tonic and phasic guanidinium toxin-block of skeletal muscle Na channels expressed in mammalian cells. Biophys. J. 84, 2999–3006.
Mosher, H.S., Fuhrman, F.A., Buchwald, H.D., Fischer, H.G., 1964. Tarichatoxin tetrodotoxin: a potent neurotoxin. Science 144, 1100–1110.
Moss, M.O., 2002. Mycotoxin review—2. Fusarium. Mycologist 16, 158–161.
Nakamura, M., Yasumoto, T., 1985. Tetrodotoxin derivatives in puffer fish. Toxicon 23, 271–276.
Narayanan, S., Surolia, A., Karande, A.A., 2004. Ribosome inactivating protein and apoptosis: abrin causes cell death via mitochondrial pathway in Jurkat cells. Biochem. J. 377, 233–240.
Noguchi, T., Ebesu, J.S.M., 2001. Puffer poisoning: epidemiology and treatment. J. Toxicol. Toxin Rev. 20, 1–10.
Noguchi, T., Arakawa, O., Takatani, T., 2006. TTX accumulation in pufferfish—review. Comp. Biochem. Physiol. D 1, 145–152.
Nunez, E.J., Yotsu-Yamashita, M., Sierra-Beltran, A.P., Yasumoto, T., Ochoa, J.L., 2000. Toxicities and distribution of tetrodotoxin ion the tissue of puffer fish found in the coast of Baja California Peninsula, Mexico. Toxicon 38, 729–734.
Ohta, M., Matsumoto, H., Ishii, K., Ueno, Y., 1978. Metabolism of trichothecene mycotoxins. II. Substrate specificity of microsomal deacetylation of trichothecenes. J. Biochem. 84, 697–706.
Olsnes, S., Pihl, A., 1976. Kinetics of binding of the toxic lectins abrin and ricin to surface receptors of human cells. J. Biol. Chem. 251, 3977–3984.
Olsnes, S., Saltvedt, E., Pihl, A., 1974. Isolation and comparison of galactose-binding lectins from Abrus precatorius and Ricinus communis. J. Biol. Chem. 249, 803–810.
Oshima, Y., 1995. Chemical and enzymatic transformation of paralytic shellfish toxins in marine organisms. In: Lassus, P., Arzul, G., Erard-Le Denn, E., Gentien, P., Marcaillou-Le baut, C. (Eds.), Harmful Marine Algal Blooms. Lavoisiers Science Publishers, Paris, France, pp. 475–480.
Pang, V.F., Lambert, R.J., Felsburg, P.J., Beasley, V.R., Buck, W.B., Hascheck, W.M., 1987. Experimental T-2 toxicosis in swine following inhalation exposure: effects on pulmonary and systemic immunity, and morphologic changes. Toxicol. Pathol. 15, 308–319.
Papaloucas, M., Papaloucas, C., Stergioulas, A., 2008. Ricin and the assassination of Georgi Markov. Pak. J. Biol. Sci. 11, 2370–2371.

Patocka, J., Streda, L., 2006. Protein biotoxins of military significance. Acta Med. (Hradec Kralove) 49, 3–11.
Patocka, J., Hon, Z., Streda, L., Kuca, K., Jun, D., 2007. Biohazards of protein biotoxins. Def. Sci. J. 57, 825–837.
Patricia, B.P., Felipe, D., Juliane, M.S., Jose, M.M., Joao, S.Y., 2014. Oxidative stress in rats induced by consumption of saxitoxin contaminated drink water. Harmful Algae 37, 68–74.
Pearce, L.B., Borodic, G.E., First, E.R., MacCallum, R.D., 1994. Measurement of botulinum toxin: assessment of the lethality assay. Toxicol. Appl. Pharmacol. 128, 69–77.
Pearce, L.B., First, E.R., Borodic, G.E., 1995. Botulinum toxin-death versus localized denervation. J. R. Soc. Med. 88, 239–240.
Pearce, L.B., First, E.R., MacCallum, R.D., Gupta, A., 1997. Pharmacologic characterization of Botulinum toxin for basic science and medicine. Toxicon 35, 1373–1412.
Peraica, M., Radic, B., Lucic, A., Pavlovic, M., 1999. Toxic effects of mycotoxins in humans. Bull. World Health Organ. 77, 754–766.
Perreault, F., Matias, M.S., Melegari, S.P., Creppy, E.E., Popovic, R., Matias, W.G., 2011. Investigation of animal and algal bioassays for reliable saxitoxin ecotoxicity and cytotoxicity risk evaluation. Ecotoxicol. Environ. Safety 74, 1021–1026.
Pierina, V., Maria, S., Miriam, B., Anna, M., Rosanna, T., Giovanna, S., 2016. Marine biotoxins: occurrence, toxicity, regulator, limits and reference methods. Front. Microbiol. 7, 1051.
Pinchuk, I.V., Beswick, E.J., Reyes, V.E., 2010. Staphylococcal enterotoxins. Toxins 2, 2177–2197.
Pincus, S.H., Smallshaw, J.E., Song, K., Berry, J., Vitetta, E.S., 2011. Passive and active vaccination strategies to prevent ricin poisoning. Toxins 3, 1163–1184.
Pitschmann, V., 2014. Overall view of chemical and biochemical weapons. Toxins 6, 1761–1784.
Plumley, F., 1997. Marine algal toxins: biochemistry, genetics, and molecular biology. Limnol. Oceanogr. 42, 1252–1264.
Poli, M.A., Roy, C., Huebner, K.D., et al., 2007. Ricin. In: Dembek, Z.F. (Ed.), Medical Aspects of Biological Warfare. Office of the Surgeon General, Washington, DC, pp. 323–335.
Rao, P.V.L., Jayaraj, R., Bhaskar, A.S.B., Kumar, O., Bhattacharya, R., Saxena, P., Dash, P.K., Vijayaraghavan, R., 2005. Mechanism of ricin-induced apoptosis in human cervical cancer cells. Biochem. Pharmacol. 69, 855–865.
Ravindran, J., Agrawal, M., Gupta, N., Rao, P.V.L., 2011. Alteration of blood brain barrier permeability by T-2 toxin: role of MMP-9 and inflammatory cytokines. Toxicology 280, 44–52.
Reiss, J., 1973. Influence of the mycotoxins patulin and diacetoxyscirpenol on fungi. J. Gen. Appl. Microbiol. 19, 415–420.
Rice, R.D., Halstead, B.W., 1968. Report of fatal cone shell sting by Conus geographus Linnaeus. Toxicon 5, 223–224.
Richardson, K.E., Hamilton, P.B., 1990. Comparative toxicity of scirpentriol and its acetylated derivatives. Poult. Sci. 69, 397–402.
Roberts, L.M., Lamb, F.I., Pappin, D.J., Lord, J.M., 1985. The primary sequence of *Ricinus communis* agglutinin. Comparison with ricin. J. Biol. Chem. 260, 15682–15686.
Rodrigue, D.C., Etzel, R.A., Hall, S., De Porras, E., Velasquez, O.H., Tauxe, R.V., Kilbourne, E.M., Blake, P.A., 1990. Lethal paralytic shellfish poisoning in Guatemala. Am. J. Trop. Med. Hyg. 42, 267–271.
Roxas-Duncan, V.I., Smith, L.A., 2012. Ricin perspective in bioterrorism. In: Morse, S.A. (Ed.), Bioterrorism. Rijeka, Croatia, InTech, pp. 133–158.
Roy, P., Sahni, A.K., Kumar, A., 2015. A fatal case of staphylococcal toxic shock syndrome. Med. J. Armed Forces India 71, S107–S110.
Rusnak, J.M., Kortepeter, M., Ulrich, R., Poli, M., Boudreau, E., 2004. Laboratory exposures to Staphylococcal enterotoxin B. Emerg. Infect. Dis. 10, 1544–1549.
Russmann, H., 2003. Toxine—Biogene Gifte und potenzielle Kampfstoffe. 46. Springer-Verlag, Heidelberg989–996.
Sahni, V., Agarwal, N.P., Sikdar, S., 2007. Acute demyelinating encephalitis after jequirty pea

ingestion (Abrus precatorious). Clin. Toxicol. 45, 77–79.
Sahoo, R., Hamide, A., Amalnath, S., Narayan, B.S., 2008. Acute demyelinating encephalitis due to abrus precatorious poisioning—complete recovery after steroid therapy. Clin. Toxicol. 46, 1071–1079.
Saltvedt, E., 1976. Structure and toxicity of pure ricinus agglutinin. Biochim. Biophys. Acta 451, 536–548.
Sant, B., Rao, P.V.L., Nagar, D.P., Pant, S.C., Bhasker, A.S.B., 2017. Evaluation of abrin induced nephrotoxicity by using novel renal injury markers. Toxicon 131, 20–28.
Saoudi, M., Rabeh, F.B., Jammoussi, K., Abdelmouleh, A., Belbahri, L., Feki, A.E., 2007. Biochemical and physiological responses in Wistar rat after administration of puffer fish (Lagocephalus lagocephalus) flesh. J. Food Agric. Environ. 5, 107–111.
Schantz, E.J., et al., 1975. The structure of saxitoxin. J. Am. Chem. Soc. 97, 1238.
Schep, L.J., Temple, W.A., Butt, G.A., Beasley, M.D., 2009. Ricin as a weapon of mass terror—separating fact from fiction. Environ. Int. 35, 1267–1271.
Schirone, M., Berti, M., Zitti, G., Ferri, N., Tofalo, R., Suzzi, G., et al., 2011. Monitoring of marine biotoxins in *Mytilus galloprovincialis* of central Adriatic Sea. Ital. J. Food Sci. 23, 431–435.
Seeboth, J., Solinhac, R., Oswald, I.P., Guzylack-Piriou, L., 2012. The fungal T-2 toxin alters the activation of primary macrophages induced by TLR-agonists resulting in a decrease of the inflammatory response in the pig. Vet. Res. 43, 35.
Sehgal, P., Khan, M., Kumar, O., Vijayaraghavan, R., 2010. Purification, characterization and toxicity profile of ricin isoforms from castor beans. Food Chem. Toxicol. 48, 3171–3176.
Sehgal, P., Kumar, O., Kameswararao, M., Ravindran, J., Khan, M., Sharma, S., Vijayaraghavan, R., Prasad, G.B.K.S., 2011. Differential toxicity profile of ricin isoforms correlates with their glycosylation levels. Toxicology 282, 56–67.
Simidu, U., Kita-Tsukamoto, K., Yasumoto, T., Yotsu, M., 1990. Taxonomy of four marine bacterial strains that produce tetrodotoxin. Int. J. Syst. Bacteriol. 40, 331–336.
Slater, L.N., Greenfield, R.A., 2003. Biological toxins as potential agents of bioterrorism. J. Okla State Med. Assoc. 96, 73–76.
Stark, A.A., 2005. Threat assessment of mycotoxins as weapons: molecular mechanisms of acute toxicity. J. Food Prot. 68, 1285–1293.
Sugiyama, H., Brenner, S.L., Dasgupta, B.R., 1975. Detection of Clostridium botulinum toxin by local paralysis elicited with intramuscular challenge. Appl. Microbiol. 30, 420–423.
Swaminathan, S., Furey, W., Pletcher, J., Sax, M., 1992. Crystal structure of staphylococcal enterotoxin B, a superantigen. Nature 359, 801–806.
Swanson, S.P., Nicoletti, J., Rood, H.D., Buck, W.B., Cote, L.M., Yoshizawa, T., 1987. Metabolism of three trichothecene mycotoxins, T-2 toxin, diacetoxyscirpenol and deoxynivalenol by bovine rumen microorganisms. J. Chromatogr. 414, 335–342.
Sweeney, E.C., Tonevitsky, A.G., Temiakov, D.E., Agapov, I.I., Saward, S., Palmer, R.A., 1997. Preliminary crystallographic characterization of ricin agglutinin. Proteins Struct. Funct. Bioinf. 28, 586–589.
Takahashi, M., Kameyama, S., Sakaguchi, G., 1990. Assay in mice for low levels of Clostridium botulinum toxin. Int. J. Food Microbiol. 11, 271–277.
Tamar, B., Arik, E., Erez, B.H., Michael, K., Adi, A.A., Itay, F., 2016. Toxins as biological weapons for terror-characteristics, challenges and medical countermeasures: a mini review. Disaster Mil. Med. 2, 7.
Tchitchkine, A., 1905. Essai d'immunisation par la voie gastro-intestinale contre la toxine botulique. Ann. Inst. Pasteur xix, 335.
Tesh, V.L., 2012. The induction of apoptosis by Shiga toxins and ricin. Curr. Top. Microbiol. Immunol. 357, 137–178.
Tregear, J.W., Roberts, L.M., 1992. The lectin gene family of Ricinus communis: cloning of a functional ricin gene and three lectin pseudogenes. Plant Mol. Biol. 18, 515–525.
Trenholm, H.L., Friend, D.W., Hamilton, R.M.G., Prelusky, D.B., Foster, B.C., 1989. Lethal toxicity and non specific effects. In: Beasley, V.R. (Ed.), Trichothecene Mycotoxicosis: Pathophysiologic Effects. CRC Press, Boca Raton, FL, pp. 107–141.
Trevino, S., 1998. Fish and shellfish poisoning. Clin. Lab. Sci. J. Am. Soc. Med. Technol. 11, 309–314.

Ueno, Y., 1977. Trichothecenes: overview address. In: Rodricks, J.V., Hesseltine, D.W., Mehlman, M.A. (Eds.), Mycotoxins in Human and Animal Health. Pathotox Publishers, Park Forest South, IL, pp. 189–207.

Ulrich, R.G., Sidell, S., Taylor, T.J., Wilhelmsen, C.L., Franz, D.R., 1997. Staphylococcal enterotoxin B and related pyrogenic toxins. In: Textbook of Military Medicine. Part I. Warfare, Weaponry and the Casualty, vol. 3. US Government Printing Office, Washington, DC, pp. 621–631.

Vaishali, B., Mary, L., Madhurima, D., Alan, O.R., Ambrose, F., 2014. Tetrodotoxin: chemistry, toxicity, source, distribution and detection. Toxins 6, 693–755.

Van Egmond, H.P., Schothorst, R.C., Jonker, M.A., 2007. Regulations relating to mycotoxins in food: perspectives in a global and European context. Anal. Bioanal. Chem. 389, 147–157.

Walsh, M.J., Dodd, J.E., Hautbergue, G.M., 2013. Ribosome-inactivating proteins. Potent poisons and molecular tools. Virulence 4, 774–784.

Wang, D.Z., 2008. Neurotoxins from marine dinoflagallates: a brief review. Mar. Drugs 6, 349–371.

Wannemacher, J.R., Wiener, S.L., 1997. Chapter 34: Trichothecene Mycotoxins. In: Sidell, F.R., Takafuji, E.T., Franz, D.R. (Eds.), Medical Aspects of Chemical and Biological Warfare. Textbook of Military Medicine Series. Office of The Surgeon General, Department of the Army, United States of America.

Watson, S.A., Mirocha, C.J., Hayes, A.W., 1984. Analysis for trichothecenes in samples from southeast Asia associated with "yellow rain". Fundam. Appl. Toxicol. 4, 700–717.

Weaver, G.A., Kurtz, H.J., Mirocha, C.J., Bates, F.Y., Behrens, J.C., 1978. Acute toxicity of the mycotoxin diacetoxyscirpenol in swine. Can. Vet. J. 19, 267–271.

Wedin, G.P., Neal, J.S., Everson, G.W., Krenzelok, E.P., 1986. Castor bean poisoning. Am. J. Emerg. Med. 4, 259–261.

Wiberg, G.S., Stephenson, N.R., 1960. Toxicologic studies on paralytic shellfish poison. Toxicol. Appl. Pharmacol. 2, 607–615.

Woodward, R.B., 1964. The structure of tetrodotoxin. Pure Appl. Chem. 9, 49–74.

Wood, S., Casas, M., Taylor, D., McNabb, P., Salvitti, L., Ogilvie, S., Cary, S.C., 2012. Depuration of tetrodotoxin and changes in bacterial communities in Pleurobranchea maculata adults and egg masses maintained in captivity. J. Chem. Ecol. 38, 1342–1350.

Worbs, S., Köhler, K., Pauly, D., Avondet, M.A., Schaer, M., Dorner, M.B., Dorner, B.G., 2011. *Ricinus communis* intoxications in human and veterinary medicine—a summary of real cases. Toxins 3, 1332–1372.

World Health Organization (WHO), 1984. Environmental health criteria for aquatic (Marine and Freshwater) biotoxins. www.inchem.org/documents/ehc/ehc37.htm. ISBN: 92 4 154097 4.

Wu, J., Jing, L., Yuan, H., Peng, S.Q., 2011. T-2 toxin induces apoptosis in ovarian granulosa cells of rats through reactive oxygen species-mediated mitochondrial pathway. Toxicol. Lett. 202, 168–177.

Yang, C.C., Liao, S.C., Deng, J.F., 1996. Tetrodotoxin poisoning in Taiwan: an analysis of poison centre data. Vet. Hum. Toxicol. 38, 282–286.

Yap, H.Y., Murphy, W.K., DiStefano, A., Blumenschein, G.R., Bodey, G.P., 1979. Phase II study of anguidine in advanced breast cancer. Cancer Treat Rep. 63, 789–791.

Yin, H.L., Lin, H.S., Huang, C.C., et al., 2005. Tetrodotoxication with nassauris glans: a possibility of tetrodotoxin spreading in marine products near Pratas Island. Am. J. Trop. Med. Hyg. 73, 985–990.

Yinon, A., 2002. Introduction to toxins. In: Brener, B., Catz, L., Rubinstok, A., et al. (Eds.), The Biology Book: Medical Aspects and Responses [Hebrew]. SAREL Logistics Solutions& Products for Advanced Medicine, Netanya, pp. 109–112.

Yoshikawa, J.S.M., Hokama, Y., Noguchi, T., 2000. Tetrodotoxin. In: Hui, Y.H., Kitts, D., Stanfield, P.G. (Eds.), Food Borne Disease Handbook: Sea Food and Environmental Toxins. Marcel Deckker, New York, pp. 253–285.

Yotsu, Y.M., Okoshi, N., Watanabe, K., Araki, N., Yamaki, H., Shoji, Y., Terakawa, T., 2013. Localization of pufferfish saxitoxin and tetrodotoxin binding protein (PSTBP) in the tissues of the pufferfish, Takifugu pardalis, analyzed by immunohistochemical staining. Toxicon 72, 23–28.

Yu, V.C., Yu, P.H., Ho, K.C., Lee, F.W., 2011. Isolation and identification of a new tetrodotoxin-producing bacterial species, Raoultella terrigena, from Hong Kong marine

puffer fish Takifugu niphobles. Mar. Drugs 9, 2384–2396.
Zain, M.E., 2011. Impact of mycotoxins on humans and animals. J. Saudi Chem. Soc. 15, 129–144.
Zhang, D., Hu, C., Wang, G., Li, D., Li, G., Liu, Y., 2013. Zebrafish neurotoxicity from aphantoxins-cyanobacterial paralytic shellfish poisons (PSPs) from Aphanizomenon flos-aquae DC-1. Environ. Toxicol. 28 (5), 239–254.

延伸阅读

Mirocha, C.J., Pathre, S.W., Schauerhamer, B., Christensen, C.M., 1976. Natural occurrence of Fusarium toxins in feedstuff. Appl. Environ. Microbiol. 32, 553–556.

第4章

病毒类战剂（包括新型病毒感染的威胁）

Archna Panghal[1]，S. J. S. Flora[1]

李　响　林艳丽　王友亮　译

4.1 概述

微生物在自然界中无处不在，无论是在土壤、空气、水中还是在人和动物的身体上都存在微生物。它们在环境、人类健康、畜牧业等方面发挥着至关重要的作用。自古以来，人类就熟知微生物在人体中的有益作用——没有它们，人类的生活根本无法想象。许多微生物有助于消化、吸收等生理过程顺利进行。一些微生物和家畜是共生关系，但是这些微生物对人类会有致病性。微生物的共生性和致病性一般处于平衡状态。之前发表的一项研究显示，病毒不仅是病原体，而且作为共生伙伴，在宿主的健康中发挥着重要作用（Roossinck，2015）。微生物具有双重性质，即有益性和有害性，这一双重性吸引了研究人员的注意。然而，近年来，大多数研究倾向于微生物的致病性。目前，微生物也常被用于大规模杀伤活动，这就是众所周知的生物（生化）攻击或生物恐怖（Mayor，2019）。自16世纪以来，病毒一直被用作生物威胁制剂，近几年由于病毒学领域的发展，恐怖分子和某些国家的军事组织利用病毒作为潜在的生物武器，以便造成大规模破坏（Brown et al.，2002）。

早期人们对病毒的毒害力、传染性知之甚少，但彼时病毒已经被用作生物武器了。首次使用病毒作为生物威胁制剂可追溯到16世纪，当时一位西班牙探险家将被天花污染的衣服赠送给南美洲原住民从而导致天花流行。后来，在法印战争期间，天花被用作对付美洲原住

[1] National Institute of Pharmaceutical Education and Research-Raebareli，Lucknow，India.

民的生物武器。英国军队代表将被天花污染的毯子送给美洲原住民，导致俄亥俄河谷暴发了严重的天花（Barras and Greub，2014）。目前还不确定这次疫情是由被天花污染的毯子传播的，还是由于本来就存在于山谷环境中的病毒。

病毒还成为了美国和苏联等国生物武器库的一部分，这些国家时不时地对病毒进行检查以确保其功效。20 世纪 70 年代，苏联在大气中释放天花病毒，以检验其效力。事实证明，病毒效力很高，致使一位距病毒投放地 15km 的女性被感染（Shoham and Wolfson，2004）。有目的性地使用病毒不仅仅只针对人类，也用于牲畜。1997 年，为了杀死野兔，人们在新西兰南岛有意引入了卡利西病毒（Carus，2001）。因此，生物武器战剂的使用极有可能彻底毁灭暴露于其中的所有生命体。

随着病毒学领域的进步，埃博拉病毒、马尔堡病毒、汉坦病毒、西尼罗病毒、登革热病毒、裂谷热病毒、尼帕病毒和委内瑞拉马脑炎病毒等也被恐怖分子用作生物威胁制剂。它们所具有的一些独特特性，使其作为生物武器的需求量很大。易于生产、检测难度大、传播率高、发病率高、死亡率高等特点使生物战争工具不同于传统战争工具。并且它们不会立即起效，恐怖分子利用了该特点为自己创造了逃离的机会。除此之外，病毒有两种行为状态，活体细胞内存活和体外无生命形式，这是病毒的一个特殊特征，这使病毒有别于其他生物战剂（Morse and Meyer，2017）。表 4-1 中列出了病毒生物战剂的类别、传播方式等。

表 4-1　病毒类生物战剂类别、传播方式、潜伏期和检测技术清单

病毒	类别	传播方式	载体	潜伏期/d	检测技术
天花病毒	A	气溶胶	无	10～12	显微镜检查，ELISA，PCR
流感病毒	C	气溶胶	无	1～4	快速分子检测，PCR
马尔堡病毒	A	气溶胶和飞沫	哺乳动物（非人类），尤指蝙蝠	2～21	血液样本的 ELISA、PCR
埃博拉病毒	A	气溶胶和飞沫	受感染的果蝠或非人灵长类动物（猿和猴子）	2～21	ELISA，血清学试验
黄热病毒	C	气溶胶	伊蚊或驱血蚊属蚊子等	3～6	血液检测及 PCR、ELISA
委内瑞拉马脑炎病毒和西方马脑炎病毒	B	气溶胶	伊蚊、轲蚊和库蚊	4～10	血清和脑脊液检测、ELISA、免疫分析
蜱传脑炎病毒	C	气溶胶	牛蜱	7～14	用于 IgM 抗体检测的血液和脑脊液检测
汉坦病毒	C	气溶胶	啮齿动物排泄物或啮齿动物咬伤	7～28	PCR、血清学方法、免疫分析
尼帕病毒	C	被感染的分泌物	蝙蝠和猪	5～14	RT-PCR，ELISA

通常，生物战争的迹象和来源难以确定，而流行病学观察可提供有价值的发现以寻找生物攻击来源（Treadwell et al.，2003）。比如原因不明地突然发病或者没有相关病史就突然发病，一些疾病意外地在某区域广泛传播，暴露人群不明原因地出现高发病率和死亡率，一

些人由于气雾型生物武器而产生严重呼吸衰竭，这都是生物攻击的一些迹象。

病毒类战剂的破坏性影响极大，迫使人类必须尽早准确地检测这些病原体，以便控制局面。理想的检测系统应具备高灵敏度、特异性强、成本低、易于操作、便携式的特点，并能够同时检测多种病原体（Thavaselvam and Vijayaraghavan，2010）。目前已采用多种检测系统来检测生物威胁制剂，包括培养法、免疫分析法、核酸分析法、生物传感器、生物检测器、流式细胞术等。免疫分析法利用抗原-抗体反应检测病原体，而核酸分析法则遵循基因扩增的原理，即使只有极少量遗传物质存在，也能检测到病原体。如果存在生物战剂，生物传感器将反馈荧光、电化学和光信号等。

4.2 作为恐怖手段的生物战剂

战剂是指军事部门使用的化学、核和生物制剂，它们具有造成毁灭性的医疗灾难、使医疗系统崩溃的潜能。它们的残酷影响范围不仅限于生命体，还可能包括建筑物和环境在内的非生物。它们是大规模毁灭性武器，是恐怖分子在人群中制造浩劫的有力工具。生物战（生物武器战或细菌战）故意使用活生物体（细菌、病毒或真菌）或其有毒产物，其目的是造成包括牲畜在内的动植物死亡、致残或其他损伤。

在当今时代，生物战比传统的作战方法更受重视，生物战的使用引起了人们的警觉，这也提醒全球各机构应制定和修订当前战略，以应对生物战带来的挑战（Jansen et al.，2014）。

病毒生物战剂有几个独特的特点，被认为优于其他常规武器。它们不会立即产生效果，只有过了潜伏期才会发病，并且有自我复制的能力（Thavaselvam and Vijayaraghavan，2010）。病毒生物战剂“侦查难度大、易于操作以及生产过程中使用的技术较为简单”的特点，对恐怖分子具有吸引力。正是由于这些特性，它们被称为“穷人的核武器库”（Beeching et al.，2002 年；Lawrence and Denni，2001 年）。

生物战剂的效力主要取决于它们在宿主体内的增殖能力。生物武器是根据用于在人群中制造恐怖的生物体（细菌、病毒、真菌、昆虫）进行分类的。使用此类战剂问题非常严重，而其在生物恐怖袭击中的使用量正在增加（Wheelis et al.，2006）。

生物战剂可以通过空气、水或食物传播，可以对其进行改造以提高其致病性并使它们对药物产生抗药性。CDC 根据其引起的疾病的严重程度和传播能力将其分为三类（CDC，2015a）：

A 类：在生物恐怖袭击中具有高传染性和高人际传播风险的病原体。它们在公共人群中造成严重的健康问题。

B 类：可产生中度风险，导致中度发病率和死亡率的病原体。

C 类：包括新出现的病原体在内，由于其易获得、易于生产以及导致潜在的高发病率和死亡率，这些病原体可能在未来造成大规模毁灭性的破坏。

4.3 作为生物战剂的病毒

病毒是一种小型的、具有高度传染性病原体，它们以生命和非生命两种状态存在。它们在细胞外是非生命实体，只能在活细胞内具有复制能力。它们可以对动物、人类、植物造成伤害。病毒主要由蛋白质和核酸（DNA 和 RNA）组成，繁殖速度快，传播性强。上述特征使病毒在所有生物武器中独一无二，也因此被恐怖分子使用。20 世纪后半叶病毒培养领域的发展促进了用于气溶胶传播的病毒战剂的大规模生产（Morse and Meyer，2017）。它们能够通过气溶胶形式在人与人之间进行传播。虽然检测技术有了进步，但是病毒也发展了逃逸检测的机制，甚至可以不被人体的防御系统发现，这些结果最终都会反映在暴露人群的医疗系统中（Lucas et al.，2001）。由于易于生产、传播率高、成本低，并且能够引起牲畜的高发病率和死亡率，靶向性传染性病毒战剂仍然是恐怖分子大规模毁灭性行动的主要武器。恐怖分子可以处理病毒战剂，自己没有任何被感染的风险，而且与其他生物战剂相比病毒战剂更容易获得（Keremidis et al.，2013a，b）。

病毒性生物武器在过去几十年中受到了相当大的关注，但它们用于恐怖活动从很早之前就开始了。由于它们会造成严重的社会影响、有效的检测和识别工具的匮乏，这些制剂的潜在使用对普通人来说是一种风险（Cenciarelli et al.，2013）。这些制剂大多通过气溶胶传播，通过呼吸道进入人体，且极易被人体吸入。除此之外，也可以通过胃肠道（通过受污染的食物和水）传播和注射传播。

4.4 历史观点

虽然数百年前就开始将病毒作为武器使用，但是病毒战剂的使用对现代文明仍是一个新型威胁（Christopher et al.，1999）。人们发现最早使用天花病毒是在 16 世纪，当时西班牙探险家弗朗西斯科·皮萨罗（Francisco Pizarro）将被天花污染的衣服赠送给南美洲当地人，导致天花大规模传播（Morse and Meyer，2017）。后来，在法印战争期间，英国军队指挥官弗里·阿默斯特（Jeffrey Amherst）爵士批准使用天花作为生物武器来对付敌视英国军队的美洲原住民。艾克耶是阿默斯特的助手之一，他从一家医院获得了两条被天花病毒污染的毯子和一条围巾，这两条毯子由威廉·特伦特等作为“善意的象征”赠送给印第安人。因此，1763—1764 年，俄亥俄河谷的几个部落发生了严重的天花疫情（Hopkins，1983）。事后，英军辩护人辩称这次疫情到底是由分发的毯子造成的，还是因为病毒本就已经在山谷中存在无法确定。1957—1965 年，巴西印第安人保护局（Wheelis，2004）的不法分子将天花病毒传播到亚马孙河流域的美洲原住民中间。1775 年，英国人通过给逃离波士顿的人接种天花病毒，从而引起天花疫情在大陆部队中的暴发。英国将感染天花的奴隶分发给叛乱的反对派，目的在于传播疾病（Hopkins，1983）。

病毒战剂已经成为苏联和美国生物武器库的一部分（Leitenberg，2001）。委内瑞拉马脑炎病毒（VEE）作为毁灭性病原体被两国储存，而天花病毒和马尔堡病毒则作为致命病原体被苏联储存。1959 年，苏联医务人员意外掉落了一瓶冻干 VEE，这次意外导致 20 名实验室工作人员感染（Croddy Eric et al.，2002）。20 世纪 70 年代，苏联在复兴岛（Vozrozhdeniye）的大气中释放了 400g 天花病毒，目的正是测试其感染力。研究发现该病毒的传播力和感染力非常强，甚至连当时的一名在距离该岛 15km 处采集浮游生物样本的实验室技术人员也受到感染。她在无意之中将病毒传染给了几个人，这些人均因感染而死亡（Shoham and Wolfson，2004；Enserink，2002）。

随着病毒学领域的进步，除了重型天花以外的病毒也逐渐出现在人们的视野中，传播这些病毒的目的在于对社会产生影响和挑战卫生保健系统。1971 年暴发了严重的猪瘟，1980 年暴发了登革热，对古巴造成了严重破坏。后来，古巴政府指责美国中央情报局（以下简称中情局/CIA）应为此负责。然而，在随后的调查中并未能收集到中情局参与的确凿证据（Zilinskas，1999；Leitenberg，2001）。奥姆真理教（Aum Shinrikyo）是一个宗教团体，被发现策划一次埃博拉病毒袭击。为了实现这一目标，16 名医生和护士组成的小组向扎伊尔（Zaire）进发，目的是获取有关病毒的资料和样本（Olson，1999）。1997 年，为了消杀野兔，一些新西兰农民蓄意将卡利西病毒非法引入南岛，该病毒会引起兔病毒性出血症。这些农民将感染兔子的器官均质处理后与胡萝卜等混合，以便进一步传播疾病（Carus，2001）。

除了广泛使用病毒作为生物武器外，它们还被认为与可疑事件或恶作剧有关。1999 年的一篇报道建议中情局对伊拉克进行调查，以追究伊拉克在纽约市引发西尼罗病毒暴发的责任（Preston，1999）。这项调查是对一名伊拉克叛徒的回应，他声称萨达姆·侯赛因打算利用西尼罗病毒株 SV1417 制造浩劫。后来，证据显示，自 1998 年以来，这种西尼罗病毒株已经在地中海地区流行。2000 年，一种“虚构病毒”被发现与最大的生物恐怖主义骗局有关。网上流传的电子邮件表明，一个名为克林曼（Klingerman）基金会的组织正在邮寄含有一种假想病毒“克林曼病毒”（Klingerman virus）的塑料海绵信封。根据该邮件的警告，这种虚构的病毒已经感染并导致 23 人死亡。

4.5 病毒类生物战剂

多种病毒战剂，如天花病毒、丝状病毒（马尔堡病毒和埃博拉病毒）、流感病毒、黄热病毒（登革热病毒、日本脑炎病毒、蜱传脑炎病毒）、裂谷热病毒、委内瑞拉马脑炎病毒和尼帕病毒，最有可能被用于生物恐怖目的。以下是对用作生物武器的主要病毒战剂的简要说明。

4.5.1 天花病毒

天花病毒是一种毁灭性的传染性病毒因子。有证据表明，天花病毒是第一种被用作生物恐怖的病毒。它是最大的动物病毒，形态上呈砖状、卵圆形等。在结构上，它具有双链 DNA，并被双脂蛋白包围。这种病毒存在两种毒株：引起严重天花的重症型天花毒株和引起轻度症状的轻症型天花毒株。这两种毒株不能根据免疫学方法加以区分，只是在临床表现上有所不同。常见的传播方式包括直接接触、飞沫传播、被感染者排出的气溶胶传播和被污染的衣物传播。临床症状包括头痛、高烧，感染后死亡率高。高毒力和高传染性、长潜伏期（12d）和高致死率使其成为恐怖分子最青睐的生物武器。此外，由于未进行免疫接种，人类对天花病毒的高度易感使其成为社会健康的严重威胁（Klietmann and Ruoff，2001）。因此，世界卫生组织决定销毁存储的病毒。这些病毒以前曾用于实验研究（Breman and Henderson，1998）。

案例分析：1763 年，一位英国上校决定向反抗过英国的美洲原住民分发受天花污染的毯子。这一传播行为导致俄亥俄河谷暴发了严重的天花，并严重影响了美洲原住民的生活（Smart，1997）。

4.5.2 流感病毒

流感病毒是一种 RNA 病毒，其包膜含有血凝素和神经氨酸酶糖蛋白。它是一种多形性病毒，呈椭圆形、丝状等，直径极小（80～120nm）。流感病毒分为四种类型（A～D 型），其中 A～C 型对人类有感染性，而 D 型对人类无感染性，但有可能造成严重损害（Longo，2012）。人类感染流感病毒后，经过 1～4d 潜伏期后发病，其症状通常与普通感冒和肺炎的症状（包括发热、咳嗽、流鼻涕和打喷嚏）无法区分。流感病毒可以通过三种方式传播：人与人之间的直接传播（打喷嚏）、空气传播（感染者呼出的气溶胶）和接触受污染表面（门把手等）传播（Hall，2007）。流感病毒基因突变导致其毒性、通过气溶胶传播的能力增强，加之易于获取的特点，使其成为一种有吸引力的生物武器（Madjid et al.，2003）。最近，科学家们重建了 1918 年大流行的病毒，这引发了是否有必要重建“已灭绝”病毒的广泛争议，毕竟这种病毒被认为是造成全世界数百万人死亡的原因。后来，一位美国科学家提出重建这种病毒将有助于了解其异常毒力背后的机制，并有利于防范该病毒在未来的再次传播（Taubenberger et al.，2012）。

案例研究：1918 年 H_1N_1 病毒引起的流感大流行是迄今为止最严重的大流行之一。它于 1918—1919 年在全球传播，感染了 5 亿人，约占当时总人口的 1/3（Johnson and Mueller，2002）。

4.5.3 丝状病毒

包括马尔堡病毒和埃博拉病毒在内的丝状病毒是对人类造成毁灭性影响的可怕病原体之一。它们是有包膜的丝状病毒，以 RNA 作为遗传物质。接触病毒感染者体液、母乳喂养以及重复使用未消毒的针头或注射器都是这些病毒的可能传播途径（Salvaggio and Badley，2004）。它们可引起出血热，其特征是急性发热，随后出现黄斑丘疹和间歇性出血。因为这种病毒有可能从受感染者的组织或体液中传播，所以诊断这些病毒可能对医护人员有危险。这种病毒通过空气传播途径（气溶胶或飞沫）传播，诊断困难，死亡率高于80%，表明其有可能被用作生物战剂。在同一背景下，苏联已将埃博拉病毒和马尔堡病毒武器化，用于生化攻击（Borio et al.，2002；Davis，1999）。

案例研究1：2004年，安哥拉暴发了最严重的MARV，感染的252例病例中有227例死亡（90%死亡率）（Ndayimirije and Kindhauser，2005）。

案例研究2：2014—2016年，西非暴发了大范围的埃博拉疫情。由于控制病毒传播的措施不力和监测系统过于薄弱，最终报告了28 610例埃博拉病例，其中11 308例死亡（39%的死亡率）（Bell et al.，2016）。然而，没有证据表明这次疫情是任何国家生化攻击造成的结果。

4.5.4 黄热病毒

黄病毒包括登革热病毒、日本乙型脑炎病毒、蜱传脑炎病毒、黄热病毒等。这些病毒大多具有相似的结构，直径在40～60nm。它们都有被衣壳包裹的单链RNA。这些病毒通过节肢动物如蜱和蚊子传播。该病毒引起的症状的程度从轻微到严重不等，如果忽视，甚至有可能致命。临床上，最常见的症状包括发热、流感样症状和出血。高死亡率、高发病率、自然条件下易于获得、通过气溶胶传播等特征使其具有成为生物武器的潜在威胁（Schwind，2016；Robenshtok et al.，2002）。报告显示朝鲜将黄热病毒武器化（防扩散研究中心，2000）。

案例研究1：在美西战争期间，黄热病给驻古巴美军带来了麻烦。在那场战争中，死于疾病的士兵人数甚至超过了战争伤亡人数（CDC）。

案例研究2：1873年，登革热病毒感染了40000个新奥尔良人（Bemiss，1880）。

4.5.5 汉坦病毒

汉坦病毒属于布尼亚病毒科，包括汉城病毒、普马拉病毒和无名病毒等。它们或引起肾综合征出血热，或引起以血管功能障碍为病理生理学特征的肺部感染。目前已发现这些病毒的传播与啮齿动物密切相关，因此小鼠、大鼠等啮齿动物被视为病毒的载体（McCaughey and Hart，2000；Chandy and Mathai，2017）。它们易于在实验室复制、在世界范围内广泛存在、人们对病毒的免疫力低下以及疫苗的不可用性等特征使它们成为潜在的生物武器。这些病毒最可能的攻击形式是雾化战剂。在美国发生旧大陆汉坦病毒感染后，人们对汉坦病毒作为生物武器使用的关注度甚高（Brown et al.，2002）。

案例研究：朝鲜战争期间（1950—1953年），一场严重的朝鲜出血热在美国和朝鲜士兵中暴发。这次疫情中感染士兵人数达到3000名，死亡率为10%（Lee，1989）。

4.5.6 尼帕病毒

尼帕病毒是一种人畜共患的副粘病毒，主要通过受感染的分泌物传播。这种病毒对猪具有高度传染性。人类的症状包括发热、头晕和意识减退，在潜伏期2周后出现。50%的感染者的症状会发展为复杂的神经系统症状、脑炎和昏迷，并导致高死亡率。它已被列入生物武器分类的 C 类，表明目前它不被视为生物恐怖的来源，但在不久的将来，它可能成为一种严重威胁。缺乏有效的尼帕病毒治疗策略以及感染该病毒后的高发病率和死亡率，使其成为一种潜在的生物武器（Chua et al.，2000；Bronze et al.，2002）。

4.6 识别病毒攻击的迹象

生物攻击发生时常伴有一系列迹象。尽管这些迹象中的大多数难以识别，但广泛的流行病学观察有助于识别生物攻击的来源（Dorner et al.，2016；Song et al.，2005 年）。及早识别生物攻击有助于保护社会免受生物武器的毁灭性影响。大多数生物攻击的常见迹象如下：

① 具有高死亡率、高发病率的流行病突然暴发。

② 通过直接接触或各种间接手段，如通过气溶胶、食物或水源，将流行病传播到广大地区。

③ 流行病的发生主要是由于一种无法识别的病原体，缺少早期流行病学或临床病史信息。

④ 临床表现发展较突然，如流感病毒引起的流感样症状。

⑤ 任何已知原因之外的意外、无法识别的症状。

⑥ 无法解释的原因导致的意外疾病或死亡。

⑦ 最严重的症状包括呼吸系统症状和肺部疾病。

⑧ 脑部感染引起脑炎（如狂犬病病毒和西尼罗病毒引起的脑炎），对大量人群造成异常影响。

⑨ 疣溃烂（如天花病毒引起的水疱）等皮肤感染可能在流行区内广泛分布。

⑩ 在人群中同时出现症状的反复。

4.7 病毒类生物战剂检测技术

由于病毒战剂对广大人群的毁灭性影响，人类应对这些病原体进行早期准确的检测，以便将疾病的暴发限制在少数人群中，并降低这些生物武器的风险（Thavaselvam and Vijayaraghavan，2010）。理想的检测技术系统的生物学特性应如下：①高灵敏度、高特异性以及高准确度；②价格便宜；③能够同时检测多种病原体；④便携；⑤易于操作；⑥能够区分病原体与其他生物或非生物威胁（花粉粒、灰尘等）。

尽管已经开发了各种创新和复杂的检测系统，但目前尚没有一种能够满足上述所有特性的理想检测工具（Ludovici et al.，2015）。人类已经付出诸多努力来开发用于检测生物武器的完美工具。此类检测技术/系统包括：①培养法；②免疫学方法；③核酸检测；④DNA 测序技术；⑤生物传感器；⑥生物检测器。

生物培养法被认为是检测方法的金标准。病毒战剂在选择性培养基中生长，该培养基只允许目标战剂生长，不允许非目标细胞生长。此外，还有一系列检测，如形态学研究、染色和生化参数检测，用于检测生物威胁战剂。这是获取有价值信息的有效方法，但这种方法耗时费力（Lim et al.，2005）。免疫学方法检测生物武器是基于抗原-抗体相互作用，通过抗体与特定抗原（病毒战剂）结合，形成可识别的复合物。基于 ELISA 的免疫分析已用于检测埃博拉病毒和马尔堡病毒（Saijo et al.，2001）。免疫学方法是一种高度敏感、经济、简单、可靠的生物威胁战剂检测方法。以核酸为基础的检测，即使遗传物质非常微量，也能产生目标核酸的多个拷贝。这种检测系统的唯一局限是它不能检测蛋白质，因此该方法无法检测毒素。在基于核酸的检测系统中，聚合酶链式反应（PCR）被用于检测生物体的特定 DNA 序列。根据基于 PCR 的检测方法，已检测到丝状病毒、汉坦病毒和沙粒病毒（Trombley et al.，2010）。环介导等温扩增是 PCR 的一种变体技术，已用于检测埃博拉病毒（Kurosaki et al.，2016）、马尔堡病毒（Kurosaki et al.，2010）。二代测序（NGS）是 DNA 测序领域的新技术，它是一种优于传统 DNA 测序的检测系统。该技术以较低的成本和最短的时间提供高通量检测，能够检测生物和环境样本中的病毒病原体（Buermans and den Dunnen，2014）。生物传感器的使用是一项新技术，它彻底改变了生物威胁战剂的检测领域。在这种检测方法中，待测物（生物武器）与生物成分相互作用，产生电化学信号等可检测信号，之后由传感器读取。生物传感器的检测对病毒战剂的检测起着至关重要的作用，这种方法在灵敏度和选择性方面显著优于传统的检测方法。

4.8 病毒类生物恐怖的影响

随着时间的推移，微生物学领域的巨大进步已经使病毒生物威胁战剂对人类健康、农业和国家安全构成高度威胁。以前的天花病毒或埃博拉病毒等病毒类生物威胁战剂的可怕影响证明了这些病毒对人类医疗系统和一个国家的经济具有高度破坏性（Pimentel and Pimentel，2006）。用作生物武器的病毒病原体可能会在目标人群中造成中高发病率和死亡率。病毒用作生物武器能扰乱一个国家的社会、经济、政治和医疗状况，并能在公众中制造巨大恐慌。在最糟糕的情况下，病毒性生物恐怖甚至有可能摧毁人类文明，并将一个国家的经济推向倒退，可能需要几年时间才能恢复其以前的状况。他们的攻击力是如此强大，导致曾经受到这种攻击力影响的人可能会在恐惧中度过余生。人类、低等动物和传播媒介之间的生态关系可能会因这种强大的生物武器的大规模攻击而改变。它们的大规模使用可能对社会环境造成永久和不可预测的变化，并可能在不久的将来造成大规模毁灭、对人类构成严重威胁（Harigel，2001；Morea et al.，2018）。

4.9 未来展望

使用病毒战剂作为武器由来已久，现代技术如 CRISPR 基因编辑技术的出现，为高度灾难性的生化攻击打开了新的大门。病毒的核酸，甚至包括目前不构成威胁的病毒，都可以通过基因工程制造成更严重的生物威胁病毒战剂（Dieulis and Giordano，2018）。生物技术很可能被用于开发新型病毒战剂，它们被称为“下一代的武器”。在未来它们完全有可能取代常规战争武器。

技术是把双刃剑。也就是说，除了滥用的有害影响之外，它还具有潜在的有益影响。随着技术的进步，PCR 等高灵敏度技术得到了发展，可以快速准确地检测生物武器。早期检测是开发有价值的治疗策略的关键，以避免灾难和保护人们免受生物武器的毁灭性影响（Thavaselvam and Flora，2014；Casadevall，2012）。

4.10 结论

虽然利用病毒恐吓人的概念并不新鲜，但是病毒学领域的进步已经彻底改变了这些战剂作为生物武器的广泛使用范围。易于生产、成本效益高、双重特性、高传染性和高扩散性是病毒吸引恐怖分子注意的几个特点。此外，它们极易发生突变，在实验室中可以很容易被操控以引入所需的特性。故意和不加区别地使用病毒性生物威胁战剂会对暴露人群或国家的环境、卫生健康系统和经济状况造成长期的破坏性影响。这些生物武器的高度破坏性影响需要被深入研究，以开发特异性高、准确度高和敏感度高的技术，以便能够在早期对其进行诊断，并在患病早期采取必要的措施。此外，应该加强病毒鉴定、基因分型、监测和治疗以及相关的培训和教育计划的制定，以应对病毒暴发。

参考文献

Barras, V., Greub, G., 2014. History of biological warfare and bioterrorism. Clin. Microbiol. Infect. 20 (6), 497–502.

Beeching, N.J., Dance, D.A., Miller, A.R., Spencer, R.C., 2002. Biological warfare and bioterrorism. BMJ 324 (7333), 336–339.

Bell, B.P., Damon, I.K., Jernigan, D.B., et al., 2016. Overview, Control Strategies, and Lessons Learned in the CDC Response to the 2014–2016 Ebola Epidemic. MMWR Morb. Mortal. Wkly Rep. 65 (3), 4–11.

Bemiss, S.M., 1880. Dengue. New Orleans Med. Surg. J. 8, 501–512.

Borio, L., Inglesby, T., Peters, C.J., Schmaljohn, A.L., Hughes, J.M., Jarhling, P.B., et al., 2002. Hemorrhagic fever viruses as biological weapons. JAMA 287 (18), 2391–2405.

Breman, J.G., Henderson, D.A., 1998. Poxvirus dilemmas-monkeypox, smallpox, and biologic terrorism. N. Engl. J. Med. 339, 556–559.

Bronze, M.S., Huycke, M.M., Machado, L.J., Voskuhl, G.W., Greenfield, R.A., 2002. Viral agents as biological weapons and agents of bioterrorism. Am. J. Med. Sci. 323 (6), 316–325.
Buermans, H.P., den Dunnen, J.T., 2014. Next generation sequencing technology: advances and applications. Biochim. Biophys. Acta 1842 (10), 1932–1941.
Carus, W.S., 2001. Bioterrorism and Biocrimes. The Illicit Use of Biological Agents Since 1900. Fredonia Books, Amsterdam, The Netherlands.
Casadevall, A., 2012. The future of biological warfare. Microb. Biotechnol. 5 (5), 584–587.
Cenciarelli, O., Rea, S., Carestia, M., et al., 2013. Bio-weapons and bioterrorism: a review of history and biological agents. Defence S&T Tech. Bull. 6, 111–129.
Center for Nonproliferation Studies, 2000. Chemical and Biological Weapons: Possession and Programs Past and Present. Middlebury Institute of International Studies.
Centers for Disease Control and Prevention (CDC), 2015a. Emergency Preparedness and Response. Bioterrorism Overview. http://emergency.cdc.gov/bioterrorism/overview.asp.
Chandy, S., Mathai, D., 2017. Globally emerging hantaviruses: an overview. Indian J. Med. Microbiol. 35, 165–175.
Christopher, G.W., Cieslak, T.J., Pavlin, J.A., Eitzen, E.M., 1999. Biological warfare: a historical perspective. In: Lederberg, J. (Ed.), Biological Weapons. Limiting the Threat. The MIT Press, Cambridge, MA, pp. 17–35.
Chua, K.B., Bellini, W.J., Rota, P.A., et al., 2000. Nipah virus: a recently emergent deadly paramyxovirus. Science 288, 1432–1450.
Croddy Eric, C., Hart, C., Perez-Armendariz, J., 2002. Chemical and Biological Warfare. Springer, 30–31.
Davis, C.J., 1999. Nuclear blindness: an overview of the biological weapons programs of the former Soviet Union and Iraq. Emerg. Infect. Dis. 5 (4), 509–512.
DiEuliis, D., Giordano, J., 2018. Gene editing using CRISPER/Cas9: implications for dual-use and biosecurity. Protein Cell 9 (3), 239–240.
Dorner, B.G., Zeleny, R., Harju, K., Hennekinne, J.-A., Vanninen, P., Schimmel, H., et al., 2016. Biological toxins of potential bioterrorism risk: current status of detection and identification technology. TrAC Trends Anal. Chem. 85, 89–102.
Enserink, M., 2002. Did bioweapons test cause deadly smallpox outbreak? Science 296, 2116–2117.
Hall, C.B., 2007. The spread of influenza and other respiratory viruses: complexities and conjectures. Clin. Infect. Dis. 45 (3), 353–359.
Harigel, G.G., 2001. Chemical and Biological Weapons: Use in Warfare, Impact on Society and Environment. Carnegie Endowment for International Peace.
Hopkins, D.R., 1983. Princes and Peasants: Smallpox in History. University of Chicago Press, Chicago, IL.
Jansen, H.J., Breeveld, F.J., Stijnis, C., et al., 2014. Biological warfare, bioterrorism, and biocrime. Clin. Microbiol. Infect. 20 (6), 488–496.
Johnson, N.P., Mueller, J., 2002. Updating the accounts: global mortality of the 1918–1920 "Spanish" influenza pandemic. Bull. Hist. Med. 76, 105–115.
Keremidis, H., Appel, B., Menrath, A., et al., 2013a. Historical perspective on agroterrorism: lessons learned from 1945 to 2012. Biosecur. Bioterror. 11 (Suppl. 1), S17–S24.
Keremidis, H., Appel, B., Menrath, A., et al., 2013b. Historical perspective on agro terrorism: lessons learned from 1945 to 2012. Biosecur. Bioterror. 11 (Suppl. 1), S17–S24.
Klietmann, W.F., Ruoff, K.L., 2001. Bioterrorism: implications for the clinical microbiologist. Clin. Microbiol. Rev. 14, 364–381.
Kurosaki, Y., Grolla, A., Fukuma, A., Feldmann, H., Yasuda, J., 2010. Development and evaluation of a simple assay for Marburg virus detection using a reverse transcription loop-mediated isothermal amplification method. J. Clin. Microbiol. 48 (7), 2330–2336.
Kurosaki, Y., Magassouba, N., Oloniniyi, O.K., Cherif, M.S., Sakabe, S., Takada, A., et al., 2016. Development and evaluation of reverse transcription-loop-mediated isothermal amplification (RT-LAMP) assay coupled with a portable device for rapid diagnosis of Ebola virus disease in Guinea. PLoS Negl. Trop. Dis. 10 (2), e0004472.
Lawrence, C.M., Dennis, L.K., 2001. Basic considerations in infectious diseases. In: Braunwald, E., Fauci, A.S., Kasper, D.L., et al. (Eds.), Harrison's Principles of Internal Medicine. 15th ed.. vol. 1. McGraw-Hill Professional, pp. 763–764.

Lee, H.W., 1989. Hemorrhagic fever with renal syndrome in Korea. Rev. Infect. Dis. 11 (Suppl. 4), S864–S876.
Leitenberg, M., 2001. Biological weapons in the twentieth century: a review and analysis. Crit. Rev. Microbiol. 27, 267–320.
Lim, D.V., Simpson, J.M., Kearns, E.A., Kramer, M.F., 2005. Current and developing technologies for monitoring agents of bioterrorism and biowarfare. Clin. Microbiol. Rev. 18 (4), 583–607.
Longo, D.L., 2012. Chapter 187: Influenza. In: Harrison's Principles of Internal Medicine. 18th ed.. McGraw-Hill, New York.
Lucas, M., Karrer, U., Lucas, A.D., et al., 2001. Viral escape mechanisms—escapology taught by viruses. Int. J. Exp. Pathol. 82 (5), 269–286.
Ludovici, G.M., Gabbarini, V., Cenciarelli, O., Malizia, A., Tamburrini, A., Pietropaoli, S., Carestia, M., Gelfusa, M., Sassolini, A., Di Giovanni, D., Palombi, L., 2015. A review of techniques for the detection of biological warfare agents. Defence S&T Tech. Bull. 8 (1), 17–26.
Madjid, M., Lillibridge, S., Mirhaji, P., et al., 2003. Influenza as a bioweapon. J. R. Soc. Med. 96 (7), 345–346.
Mayor, A., 2019. Chemical and biological warfare in antiquity. In: History of Toxicology and Environment Health In Toxicology in Antiquity. second ed.. pp. 243–255.
McCaughey, C., Hart, C.A., 2000. Hantaviruses. J. Med. Microbiol. 49, 587–599.
Morea, D., Poggi, L.A., Tranquilli, V., 2018. Economic impact of biological incidents: a literature review. In: Enhancing CBRNE Safety & Security: Proceedings of the SICC 2017 Conference. Springer, pp. 291–297.
Morse, S.A., Meyer, R.F., 2017. Viruses and Bioterrorism. Centers for Disease Control and Prevention.
Ndayimirije, N., Kindhauser, M.K., 2005. Marburg hemorrhagic fever in Angola—fighting fear and a lethal pathogen. N. Engl. J. Med. 352 (21), 2155–2157.
Olson, K.B., 1999. Aum Shinrikyo: once and future threat? Emerg. Infect. Dis. 5, 513–516.
Pimentel, D., Pimentel, M., 2006. Bioweapon impacts on public health and the environment. William Mary Environ. Law Policy Rev. 30 (3), 625–656.
Preston, R., 1999. West Nile mystery. The New Yorker 90–91. October 18, 1999.
Robenshtok, E., Laster, M., Katz, L., et al., 2002. Viral hemorrhagic fever as a biological weapon. Harefuah 141, 96–99.
Roossinck, M.J., 2015. Move over, bacteria! Viruses make their mark as mutualistic microbial symbionts. J. Virol. 89 (13), 6532–6535.
Saijo, M., Niikura, M., Morikawa, S., Ksiazek, T.G., Meyer, R.F., Peters, C.J., et al., 2001. Enzyme-linked immunosorbent assays for detection of antibodies to Ebola and Marburg viruses using recombinant nucleoproteins. J. Clin. Microbiol. 39 (1), 1–7.
Salvaggio, M.R., Baddley, J.W., 2004. Other viral bioweapons: Ebola and Marburg hemorrhagic fever. Dermatol. Clin. 22 (3), 291–302.
Schwind, V., 2016. Viral hemorrhagic fever attack: Flaviviruses. In: Ciottone's Disaster Medicine. second ed. Elsevier, pp. 763–765.
Shoham, D., Wolfson, Z., 2004. The Russian biological weapons program: vanished or disappeared? Crit. Rev. Microbiol. 30, 241–261.
Smart, J.K., 1997. History of chemical and biological warfare: an American perspective. In: Sidell, F.R., Takafuji, E.T., Franz, D.R. (Eds.), Medical Aspects of Chemical and Biological Warfare. Borden Institute, Walter Reed Army Medical Center, Washington, DC.
Song, L., Ahn, S., Walt, D.R., 2005. Detecting biological warfare agents. Emerg. Infect. Dis. 11 (10), 1629.
Taubenberger, J.K., Baltimore, D., Doherty, P.C., et al., 2012. Reconstruction of the 1918 influenza virus: unexpected rewards from the past. MBio 3 (5). e00201-12.
Thavaselvam, D., Flora, S.J.S., 2014. Chemical and biological warfare agents. In: Biomarkers in Toxicology. Elsevier, pp. 521–538.
Thavaselvam, D., Vijayaraghavan, R., 2010. Biological warfare agents. J. Pharm. Bioallied Sci. 2 (3), 179.
Treadwell, T.A., Koo, D., Kuker, K., Khan, A.S., 2003. Epidemiologic clues to bioterrorism. Public Health Rep. 118 (2), 92.

Trombley, A.R., Wachter, L., Garrison, J., Buckley-Beason, V.A., Jahrling, J., Hensley, L.E., et al., 2010. Comprehensive panel of real-time TaqMan polymerase chain reaction assays for detection and absolute quantification of filoviruses, arena viruses, and New World hantaviruses. Am. J. Trop. Med. Hyg. 82 (5), 954–960.
Wheelis, M., 2004. A short history of biological warfare and weapons. In: Chevrier, M.I., Chomiczewski, K., Garrigue, H., Granasztoi, G., Dando, M.R., Pearson, G.S. (Eds.), The Implementation of Legally Binding Measures to Strengthen the Biological and Toxin Weapons Convention. NATO Science Series Ⅱ: Mathematics, Physics and Chemistryvol. 150. Springer, Dordrecht, pp. 15–31.
Wheelis, M., Rozsa, L., Dando, M., 2006. Deadly Cultures: Biological Weapons Since 1945. Harvard University Press. pp. 284–293, 301–303.
Zilinskas, R.A., 1999. Cuban allegations of biological warfare by the United States: assessing the evidence. Crit. Rev. Microbiol. 25, 173–227.

延伸阅读

Alibek, K., Handelman, S., 1999. Biohazard: The Chilling True Story of the Largest Covert Biological Weapons Program in the World—Told From Inside by the Man Who Ran It. Random House, New York.
Cenciarelli, O., Pietropaoli, S., Gabbarini, V., et al., 2014. Use of non-pathogenic biological agents as biological warfare simulants for the development of a stand-off detection system. J. Microb. Biochem. Technol. 6, 375–380.
Centers for Disease Control and Prevention (CDC), 2015b. History Timeline Transcript. https://www.cdc.gov/travel-training/local/HistoryEpidemiologyandVaccination/HistoryTimelineTranscript.pdf.

第 5 章

特定生物恐怖战剂的先进检测技术

M. M. Parida[1], Paban Kumar Dash[1], Jyoti Shukla[1]

杨永昌　陈雨晗　戴广海　李　琳　王征旭　译

5.1 概述

生物战剂是一类对所有生物多样性都构成威胁的独特武器，它对未来的威胁与现代生物技术的科技进步直接相关（Prockop，2006；Atlas，2002）。军队和大众不断受到各种微生物的威胁。这些微生物可被用作杀伤性武器（Christophe et al.，1997）。先进的生物战剂将对制定医疗对策构成最大的挑战。因此，应对这一挑战需要有效的生物防御战略，即强大的生物防御计划，提供先进生物武器的诊断技术、有效的药物和疫苗以应对 21 世纪先进生物武器的打击。

生物武器的特点是能见度低、有效性高、易获取性强、便于转运（Klietmann and Ruoff，2001）。生物恐怖指的是故意利用细菌、病毒、真菌和毒素等使人类、牲畜或作物患病和死亡的行为（Eneh，2012）。生物战剂可以被自然风、昆虫或鸟类携带，它们可以不受限制进入不同国家。因此，检测生物战剂或确定感染者是否被战剂感染变得非常困难（Noah et al.，2002；Riedel，2004）。生物恐怖包括个人或小团体使用小规模杀伤战剂进行的恶作剧和国家支持的利用典型的生物战剂（BW）进行大规模袭击，从而造成大规模伤亡（CDC，1999）。这种情形将给患者的治疗和接触者的预防带来巨大挑战。此外，由生物武器导致的环境污染可能造成持续的威胁。随着极端或非法组织等非国家行为者的参与，尼帕病

[1] Division of Virology，Defence Research and Development Establishment（DRDE），Defence Research and Development Organization，Ministry of Defence，Gwalior，India.

毒、埃博拉病毒、炭疽杆菌、鼠疫菌等生物战剂的有害性或危险性（威胁）显著增加。他们不仅利用生物武器制造大规模伤亡，而且要达到从战略到战术控制的目的，从而导致巨大的经济损失和整个社会的混乱（Szinicz，2005；Etizen，2001）。全世界范围内，公众对日益增长的生物恐怖威胁的认识正在增强。因此，整体防范的需求不断增加，以应对与新发生的和重新出现的恶意制造的传染性疾病的诊断、治疗和预防相关的挑战（Snowden，2008；Grundmann，2014）。反生物恐怖的措施依赖于对环境生物的快速监测，这也是应急预案的部分内容（Parnell et al.，2010）。

5.2 生物检测技术

使用化学和生物武器袭击军事和民用目标成为各国日益关注的问题。目前，世界范围内正在开发在自然环境中检测这些战剂的技术。目前虽然有几种技术显示出作为广谱检测的巨大前景，但从灵敏度和特异性上讲，还没有一种万全之策能检测出所有生物战剂。

为了保护战场上的部队和面临极端或非法组织袭击的平民，需要快速准确地检测和识别多种生物战剂。因此，生物防御的重点是开发快速、灵敏、自动化的技术，从而可以以高选择性、高敏感度和高特异性检测和识别生物战剂（Lim et al.，2005）。检测技术的开发集中在物质表面特性、基因组特征、蛋白质组谱图等。理想情况下，检测平台应便于携带、易于使用，并能够同时检测多个试剂。集成化样品处理平台应具有降低操作复杂性的能力。样品处理方法应适用于所有样品类型和目标分析物。此外，多种技术和仪器平台被广泛用于检测不适用于基于DNA分析的毒素。目前可用于检测生物分析物的系统主要依靠两种技术：抗体偶联荧光信号的报告分子技术和放大可疑目标DNA分子的PCR技术。这两个技术都是识别生物武器所需要的技术（Huang et al.，2012；Martin et al.，2003）。

在面对生物威胁时快速、早期和准确的检测是减轻生命损失和预防流行病进一步传播的基础。从准备的角度来看，早期发现威胁并采取措施对于最大限度地减少潜在威胁影响至关重要（Bravata et al.，2004）。检测临床和环境样本中的生物恐怖战剂成分、诊断与生物恐怖相关疾病是应对个人恶作剧和实际生物恐怖事件的重要手段。快速识别针对平民的生物恐怖战剂需要具有高敏感度、高特异性、高性价比、高通量和易使用性的诊断工具（Peruski and Peruski，2003；Rotz and Hughes，2004）。同时，这些检测方法还应可用于评估抗菌耐药性的可能性、扩大集中验证性试验范围（包括对基因图谱阳性样本和生物工程特性的常规评估），并与数据中心互联。设计和研发此类检测方法的理论和实践能力已经具备，例如，基于微芯片的平台，应包含数千种基于核酸或蛋白质的微生物特征图谱，为潜在生物样品的验证和比较提供标准（Lilleho j et al.，2010；Ewalt et al.，2001）。本章旨在对生物恐怖战剂检测领域的技术发展进行最新的全面回顾。

对微生物战剂的培养鉴定长期以来一直被认为是诊断的金标准。然而，由于其受到包括成本、时间、专业知识和隔离设施在内的多种因素的限制，目前人们正在探索替代培养的独立方法。这些方法提供了更好的灵敏度，并且能够同时检测多种病原体，甚至是新型病原体。此外，特别是在生物威胁情况下，独立培养分析的快速性对于决策至关重要。(Doggett et al.，2016；Hong et al.，2013)。

5.3 免疫学检测

基于酶联免疫吸附试验（ELISA）的系统通常被广泛用于单一微生物感染的诊断。Luminex xMAP 技术的最新进展提供了多重功能选择（Reslova et al.，2017)。基于 ELISA 原理的 MagPix 分析系统以顺磁性微球技术为核心，可以将 ELISA 转换成更灵敏、更一致的系统，并增加了多通道复合型功能。它采用带有共价偶联抗体的荧光磁性微球作为类似 ELISA 三明治式免疫分析的固体载体。电荷耦合器件（CCD）摄像机用于检测由发光二极管激发的每个微球的荧光，测量每个样品的平均荧光强度（MFI)。然后将 MFI 用作样品分析的基础（Yan et al.，2017；Andreotti et al.，2003)。

5.3.1 免疫层析试验（ICT）

该检测系统基于侧流/穿流原理，采用胶体金作为指示剂。ICT 系统通过在患者床旁提供易于执行的检测，在 5～10min 内提供结果，彻底改变了免疫诊断的时效性。

免疫层析试验也称为横向流动试验。自 20 世纪 80 年代后期推出以来，一直是快速测试的最常用平台。

ICT 用于许多分析物的定性或半定量检测，包括抗原、抗体，甚至核酸扩增试验的产物。可以在同一分析试纸上同时检测多种分析物。尿液、唾液、血清、血浆或全血可用作检测样本。患者渗出液或体液的提取物已作为样本被成功检测。侧流免疫层析法（LFIA）操作简单、快速，但灵敏度不高，产生的假阳性结果较多。尽管原则上，任何阳性结果必须通过其他检测方法（如 PCR）进行确认但它仍然有助于快速初步筛选样本中是否存在生物战剂。许多公司已经为大量生物战剂开发了侧流装置，如炭疽杆菌、土拉热弗朗西斯菌、鼠疫杆菌、肉毒杆菌、蓖麻毒素、葡萄球菌肠毒素 B（Cox et al.，2015；Li et al.，2015；Gessler et al.，2007)。

5.3.2 斑点渗滤试验

其测试原理为含有分析物的流体流过多孔膜并进入吸收垫，第二层或子膜可抑制流体的立即回流，以防止影响结果判读。此试验可用于检测抗体和抗原。为了检测抗体和抗原，相应的分析物以点或线的形式结合或固定在膜上。当分析物流经膜时，信号试剂“捕获”分析物。进行测试时首先将样品加到膜上并通过毛细管作用使其通过。然后，依次进行洗涤步骤，加入信号试剂，再进行第二次洗涤以清除膜上的非特异结合。最近斑点渗滤测试成功地应用于彩色乳胶颗粒或胶体金。这是一个非常快速的测试过程（3～5min)。这种方法的移动方式并不像横向流动试验那样，而是采用纵向流动方式。检测灵敏度与血清学分析相似，但抗原检测通常不如横向流动试验或酶免疫分析（EIA）方法敏感（Fan，1991）。

由于2001年的炭疽病例，人们对基于抗体的手持式快速检测方法产生了极大的兴趣，如敏感膜抗原快速检测系统（SMART）和基于抗体的横向流动实用性识别标签系统（Bravata et al.，2004）。SMART和ALERT两个系统使用抗体识别毒素、抗原或相关细胞上的特定目标。其局限性包括抗体的非特异性结合（可能导致假阳性结果）和抗体随时间的降解（可能导致假阴性结果）。此外，这些测试也会受到抗体可及性的限制。

5.4 分子检测

分子检测方法依赖于生物战剂独特的核酸（DNA/RNA）特征。这些方法往往比基于抗体的检测方法更敏感，但实时PCR检测方法仅能够检测不超过10种的微生物（Drosten et al.，2002）。

PCR的主要局限性是无法区分活体和非活体，且目前实时PCR仅限于同时检测4～6个靶标的复合检测。使用Luminex系统的终点PCR方法可以实现多种复合检测，但灵敏度、定量动态范围和特异性会降低。许多基于等温和非等温的测定形式都是可用的，目前广泛用于基因扩增。

5.4.1 聚合酶链式反应（PCR）

PCR仍然是目前最流行和应用最广泛的技术。该系统基于核酸的独特性，其主要优点来源于生命系统中基因组的特异性。通过仔细设计的引物和探针可实现对生物体的特异性检测。通过对基因组特征序列的指数级放大使其具备最高的检测灵敏度。在PCR检测过程中，生物威胁因子的一小段基因组（DNA/RNA）被扩增，在短时间内产生数百万份DNA拷贝（Towner et al.，2004；Mourya et al.，2012）。现在已经有许多商业化的PCR系统进入市场，包括含有消耗性试剂的一次性检测盒、集成了基因扩增所需的热组件仪器，以及定量扩增产物所需的光学组件（通常用荧光标记染料）。此外，阳性和阴性对照作为分析的重要部分，常用以排除反应失败、验证分析结果和仪器性能。样品制备仍然是现场核酸扩增系统的关键之一。PCR的结果因样品中抑制剂的存在而大不相同，尤其是对于需要样品处理的复杂环境基质。研究者对传统PCR进行了不同方式的优化，使其能够同时检测多种威胁因子，多重PCR能够同时检测多种威胁因子，大大降低了成本、减少了时间消耗（Nazarenko et al.，2002）。例如现在通过DNA检测来判断样品是否被毒素污染。

5.4.2 实时PCR（RT-PCR）

实时PCR可以检测和量化任何样本中的核酸。RT-PCR测量荧光强度的变化，而该变化与扩增子的拷贝数增加成正比。RT-PCR 主要有两种类型：特异性和非特异性。在非特异性 RT-PCR 中，使用一种通用的 DNA 相互作用染料，如内嵌染料 SYBR Green，当其与 DNA 结合时会发出荧光。此外，在扩增后进行熔解曲线分析，该分析基于扩增子的长度和成分的特异性。由于只需要引物，这种形式更易于执行且成本低廉。特异性检测依赖于使用独特的目标基因组特异性荧光标记探针。荧光的增加表明探针与目标 DNA 杂交，导致荧光团与猝灭剂的物理分离（Liu et al.，2012）。与非特异性 SYBR Green 相比，基于探针的分析通过使用不同的荧光染料提供多重功能。TaqMan 探针已成功用于检测多种生物恐怖战剂，包括炭疽杆菌、鼠疫杆菌、贝氏柯克斯体、A 类生物恐怖病毒剂（包括天花病毒、埃博拉病毒和其他出血性病毒）（Buzard et al.，2012）。

5.4.3 等温基因扩增分析

与 RT-PCR 相比，等温基因扩增分析（简称等温扩增）具有周转时间短的优点。等温环扩增（LAMP）是一种新型高效基因扩增技术，广泛应用于包括生物恐怖病原体在内的多种微生物战剂的早期检测和鉴定。等温扩增的特性使该分析简单、快速，整个扩增过程可在 1h 内完成。它采用一组六个专门设计的引物，跨越目标基因的八个不同序列，因此该检测具有极高的特异性。基因扩增产物可以通过琼脂糖凝胶电泳或在经济型浊度计中实时监测来检测。该分析适用于现场应用，因为当荧光双链 DNA 插入染料如 SYBR Green I 时，扩增产物可以通过肉眼观察到浊度或颜色变化（Parida et al.，2011；Kurosaki et al.，2007）。

解旋酶扩增（HDA）是一种等温基因扩增技术，它与 PCR 非常相似。然而，由于使用能够解开 DNA 双链的螺旋酶，它只能在等温条件下工作。近来，一种新的等温实时检测方法（HDA-TaqMan）结合了 HDA 和 TaqMan 分析的优点，被报道可用于生物恐怖战剂如霍乱弧菌和炭疽杆菌的检测。在该技术中，DNA 解旋、引物退火、聚合、探针杂交和随后的聚合酶水解的反应均可以在单一温度下协调和同步进行（Barreda Garcia et al.，2016）。

基于核酸序列的扩增技术（NASBA）是另一种流行的等温基因扩增技术，用于在临床和环境基质中使用 mRNA 作为模板检测活生物体。在这种方法中，引物与 RNA 靶序列结合，这是基于逆转录酶的一种技术。亲本 RNA 随后被核糖核酸酶降解。第二个引物与反向转录的 cDNA 结合，并合成双链 cDNA。最后，在扩增过程中使用 T7 RNA 聚合酶合成 RNA 转录本。该方法已用于检测多种病原体，包括病毒、细菌、真菌和原生生物（Khaled et al.，2005；Birgit et al.，2002）。

了解新出现和反复出现感染的动态信息对于努力降低此类感染的发病率和死亡率、制定与防范传染病威胁的相关政策以及决定在何处部署有限的预防控制感染的战略资源至关重要。因此，有必要为造成自然流行病的特定病毒病原体建立一个基因组数据库，以供参考和了解信息。这将有助于自然流行病与目标性生物战攻击的区分以及生物体的溯源。此外，这也将有助于更新引物数据库和疫苗设计。

5.5 第二代测序（NGS）技术

NGS技术有可能彻底改变分子检测技术领域的现状。该技术能够对临床或环境样本的完整基因组进行测序，从而创建宏基因组。该宏基因组不仅能够识别已知的生物恐怖战剂，而且可以在很短的时间内识别出迄今为止未知的战剂。NGS通过对分离株的全基因组测序来确定疾病暴发特征、准确识别罕见新型传染性病原体。通过与分子检测平台兼容的合适的样品提取技术，NGS可以在复杂环境基质中快速检测战剂。这项技术使大量新的非可培养微生物和病毒战剂的鉴定成为现实。NGS的主要局限性在于仪器成本高和数据解释复杂两个方面（Karlsson et al.，2013；Gilcrist et al.，2015）。

第二代测序技术的重点是开发一种微阵列芯片，该芯片包含一系列与生物战剂基因组反应的工程分子。微阵列芯片被嵌入一个便携式、自动化的平台中，可对环境进行直接采样。用于鉴定炭疽菌的微阵列芯片平台正在测试阶段，用于鉴定其他有害细菌和病毒的微阵列芯片正在研制中。

5.6 生物检测

生物防御策略最重要的步骤是快速检测和识别病原体。检测的意义在于观察特定环境中微生物浓度的非特异性增加，而识别是对检测到的微生物的物种确定。由于生物体的固有特性，生物武器战剂的攻击很难被检测到。在疑似使用生物武器战剂的情况下，快速检测和识别传染源对于早期实施对策至关重要。因此，生物武器战剂的检测系统应具有快速性、可靠性、敏感性和特异性，以便在疾病大规模传播之前从复杂的环境样本中快速找到正确的病原体（Lim et al.，2005）。

考虑到环境样品（空气、水、土壤和食品）的性质，适用于在实验室检测和鉴定的测试系统不能直接应用于生物武器战剂。环境样品高度复杂，因此难以分析。此外，与现有测试系统的灵敏度或检测限相比，微生物的浓度可能非常低。必须从环境样品中浓缩微生物，以便样品在分析前达到可检测的浓度。

5.7 气溶胶探测技术

实时探测环境中的生物战剂是一项艰巨的任务。环境中存在无数微生物，每种微生物都有自己的特征。大多数检测方案是针对特定生物战剂的。检测技术根据其与生物战剂物理接触的要求进行分类。根据需要，检测系统构造和所涉及的传感器会有所不同。对于生物事件的早期预警，防区外检测系统可能就足够了。对于预警系统，需要确定是否存在活的生物战剂，探测系统的灵敏度并不重要。

采集空气中的微生物样本与采集其他颗粒物的原则基本相同；然而，这些生物的生存能力使采集更为复杂。空气采样的主要目的是使生物体保持生存能力，处于可存活状态，使后续的鉴定步骤更容易。Mary 等的项目旨在开发更简单和适用的系统，用于气溶胶/环境中的生物战剂的空气采样、分析和检测（Mary et al.，2003）。

5.8 传感器技术

5.8.1 基于 DNA 芯片的传感器

DNA 矩阵列类探测器依赖于将样本中微生物的 DNA 与已知生物战剂的 DNA 进行比较。近年来，研究人员一直在使用常见的基因测序方法对一系列潜在战剂的 DNA 进行测序（ESpehar Deleze et al.，2015）。

5.8.2 基于蛋白质芯片的传感器

未来将开发蛋白质液体芯片以同时检测一种以上的战剂。该系统使用串联磁珠悬浮阵列技术，每个磁珠内部都用两种不同的荧光染料进行染色，每组磁珠可以与不同的捕获分子结合。然后将磁珠与样品在微孔板中混合并孵育，使其与特定分析物充分反应。捕获的分子可以是酶底物、DNA、抗原或抗体。磁珠阵列系统可用于同时检测多种战剂（Birgit and Ehricht，2006）。

5.8.3 免疫传感器

尽管抗体技术在过去五年中稳步发展，抗体生物传感器体积变得越来越小，但这种技术仍然不具有真正的便携性和可及性。建议开发用于环境气溶胶监测、基于抗体的生物传感器。这项技术最核心的设计在于利用吸附在胶体金颗粒表面的抗体直观判定结果（Karlsson et al.，1991）。

5.8.4 基于组织的生物传感器

基于 DNA 和抗体检测方法的一个缺点是要求待测生物战剂已知。然而，许多未知毒素会在活细胞中引发反应，难以被检测。基于组织的生物传感器可以对这些反应进行检测和区分，组织生物传感器由固定的活细胞构建，将这些细胞接种到反应盒中，并在暴露后测量反应结果。这是一个全新的工作领域，目前研究人员尝试在这个新领域开展研究（Wijesuriya，1993）。

5.8.5 基于分子印迹的传感器

分子印迹是一种用于制备仿生聚合物识别位点或可塑性抗体/受体的技术，这项技术引起相关研究者越来越多的兴趣。利用该技术可以制备出具有较高底物选择性和特异性的识别矩阵。且这项技术具有很好的应用前景，可以将印迹材料替换为自然识别元素。因此，分子印迹材料已被用作免疫分析模型中的抗体/受体结合模拟物、酶模拟催化和生物传感器中的识别基质。分子印迹传感器将被用以开发针对选定毒素的敏感检测系统（Selvolini and Giovanna，2017）。

5.8.6 纳米材料生物传感器

纳米材料能够有效地解决现有传感器的许多问题，包括速度、成本、移动性和样品处理的严格要求。它们体积小，易于处理，是现场传感器的理想选择。作为基质，它们在平台上提供高表面积，可以分散在分析样品中，并且通常在不到 1min 的时间内提供反馈。磁性纳米材料有助于从复杂基质中浓缩分析物，甚至纳米材料生物传感器在不透明溶液中也能提供反馈。纳米半导体材料的量子限制效应具有光物理特性，可用于标记分析物和参与能量转移，而它们的物理特性使它们比染料更耐用，更适合非实验室环境。纳米材料与不同检测形式结合有助于创建性能更为优越的传感器（Clare et al.，2016）。

5.9 仪器技术

5.9.1 质谱分析法

细胞脂肪酸谱的检测可以有效地用于识别生物体。脂肪酸检测更客观、更容易避免人为错误。相比于大多数基于 DNA 的检测方法，脂肪酸检测可以确定菌株水平和物种水平。建议首先开发 GC-FID 生成的文库，包括脂肪酸谱，然后生成可用生物体的指纹识别程序文库，生成的数据将用于确定环境样本中的潜在毒素和生物战剂，这些可用作数据初步分析。用于生成毒素和生物战剂“指纹”的仪器技术包括气相色谱质谱联用技术（GC-MS）、液相色谱质谱联用技术（LC-MS）和飞行时间质谱（MALDI-TOF）(Boyer et al.，2015)。

随着离子化技术［基质辅助激光解析离子化技术（MALDI）和电喷雾离子化技术（ESI）］的发展以及质谱技术（MS）（高分辨率、精确的质谱仪器、新型分析仪、混合动力配置）的持续发展，质谱分析法的应用已被广泛报道。利用这些技术成功地实现了复合毒素检测、新标志物的发现和新分子靶点的鉴定。目前已经有成功使用质谱联用法模拟生物威胁后生物战剂回收（Wang et al.，2014；Alam et al.，2012)。

毒素是最可怕的生物恐怖战剂之一。由于毒素的蛋白质性质，基因扩增分析对它的效用非常有限。毒素的检测主要依靠免疫学方法。然而，基于质谱的蛋白质组学方法灵敏、快速，并且允许绝对定量和多元分析。据报道，基于 LC-MS/MSA 的靶向分析可用于多种毒素的特异性检测和定量，即蓖麻毒素、产气荚膜梭菌 ε 毒素（ETX)、金黄色葡萄球菌肠毒素（SEA、SEB 和 SED）、来自于痢疾志贺菌以及复杂食品基质中的肠出血性大肠杆菌菌株的志贺毒素（STX1 和 STX2）。然而，高仪器成本和复杂服务合同条款，限制了大型诊断实验室在发展中国家使用。病原微生物快速鉴定系统（PLEX-ID）是一种高新技术，它结合了 PCR 和质谱的强大功能（Murillo et al.，2013）。PLEX-ID 可以对细菌、病毒、真菌等进行快速鉴定和基因分型。最初对从样品中提取的核酸进行单链特异引物或多重引物 PCR。经过对扩增子进行电喷雾电离和飞行时间质谱分析，可以非常精准地确定两条链的分子大小和质量。通过与参考数据库进行比较，可以对样本进行唯一识别。目前有许多集成性检测板（针对呼吸道病毒、广谱细菌、广谱病毒等）。这种技术的优点包括极高的多路径复合检测能力（可对数千种战剂进行检测）和极大的检测容量。这些功能使得 PLEX-ID 成为分析未知来源样品的绝佳设备。

5.9.2 拉曼化学成像

结合分子光谱和数字成像的化学成像技术已被证明是对复杂基质中的生物威胁战剂进行快速分子分析的有力工具。化学成像显微镜以亚微米空间分辨率、非接触性、非侵入性、无试剂检测模式提供分子组成和结构信息、无须使用染料或染色剂等特点著称。用于样本检测的光学技术包括拉曼散射和荧光发射（Kathryn et al.，2007；Gregory et al.，2012）。

5.10 生物探测器

生物探测器是将生物系统的精密度和选择性与微电子系统的处理能力相结合的分析设备。它在医学、环境诊断、食品工业、法医分析和反恐中起着强大的作用。一个典型的生物检测器是免疫传感器，它使用抗体作为生物识别系统。除了酶和抗体，识别系统还包括核酸、细菌、单细胞生物，甚至高等生物的组织。目标分子或分析物与识别层中的检测试剂之间的相互作用产生可检测的物理化学变化，然后可通过检测器进行测量。根据测量参数，检测系统可以采取多种形式。电化学生物传感器是一种很有前景的平台，可以实现对生物战剂的快速、高灵敏度和选择性现场检测（Qian and Bau，2004；Berchebru et al.，2014）。

5.11 商用生物探测器

商业公司开发了大量的检测系统用于现场检测生物恐怖战剂。这些检测系统基于分子或免疫学检测平台，非常适合第一现场使用（图 5-1、图 5-2）。免疫分析基于色谱测试，速度快，结果既可以在现场实时解析，也可以经传输用于非现场解析。分子检测平台基于恒温 PCR 和实时定量 PCR。它们为检测平台提供了高精度、高灵敏度和多路径复合检测能力。表 5-1 和表 5-2 中提供了基于分子和免疫学检测平台的先进技术列表。

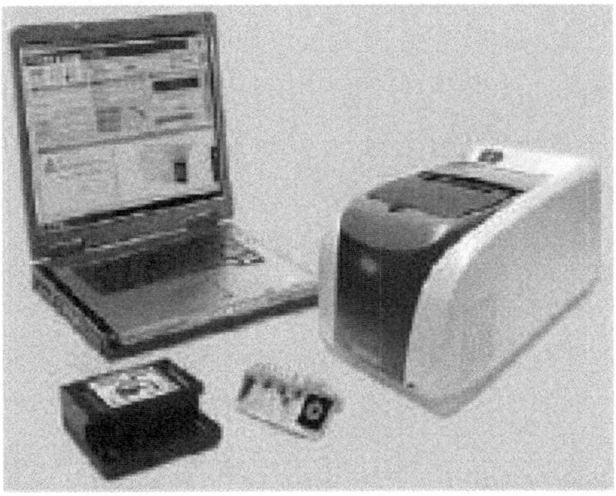

BioFire Defense, LLC：FilmArray
(BioFire Diagnostics股份有限公司/法国生物梅里埃公司)

Bio-Seeq PLUS
(BioFire Diagnostics股份有限公司/法国生物梅里埃公司)

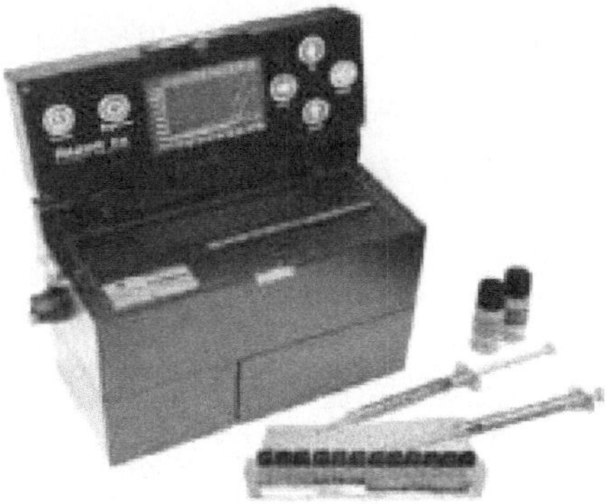

RAZOR EX
(BioFire Defense有限责任公司)

T-COR 8
(美国Tetracore股份有限公司)

POCKIT
(中国台湾GeneReach Biotechnology公司)

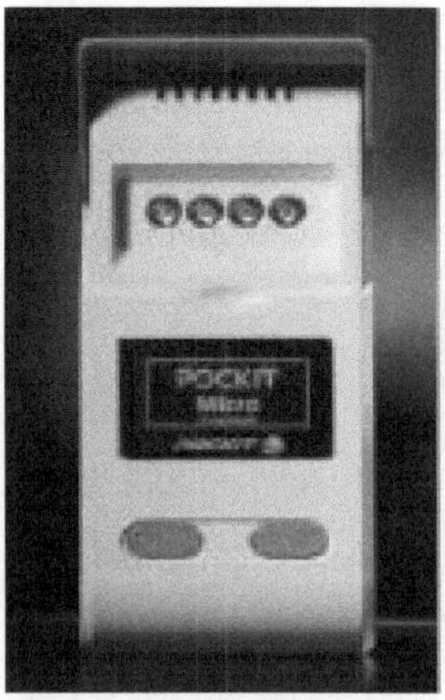

POCKIT微量核酸分析仪
(中国台湾GeneReach Biotechnology公司)

图 5-1　商用分子检测平台

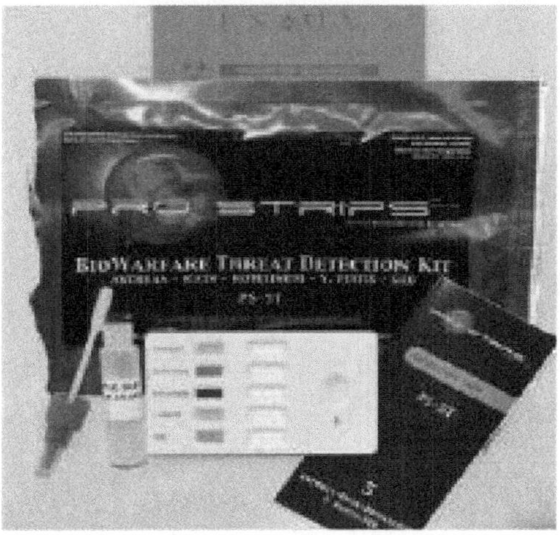

Pro分析试纸
(AdVnt Biotechnologies有限责任公司)

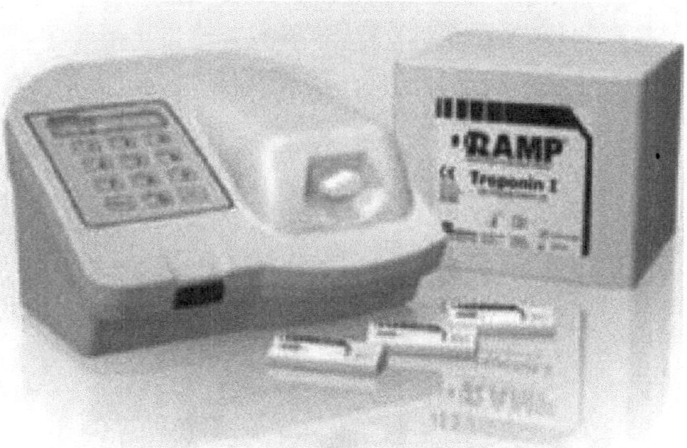

RAMP
(Response Biomedical公司)

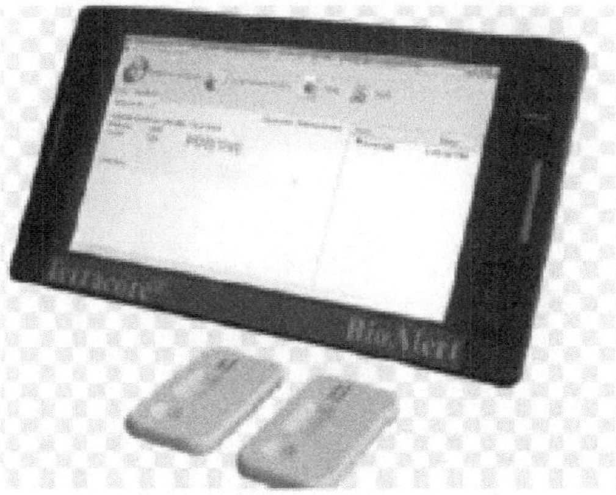

BioThreat报警仪
(Tetracore股份有限公司)

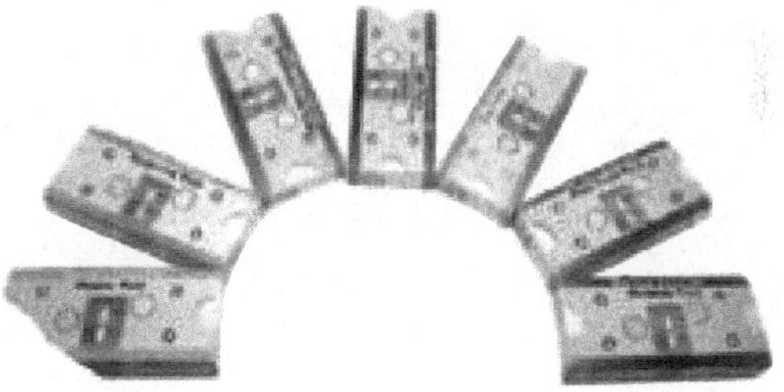

ENVI分析仪
(Environics股份有限公司)

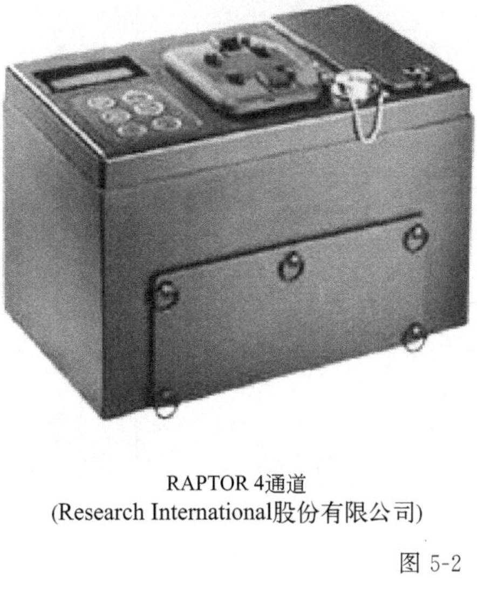

RAPTOR 4通道
(Research International股份有限公司)

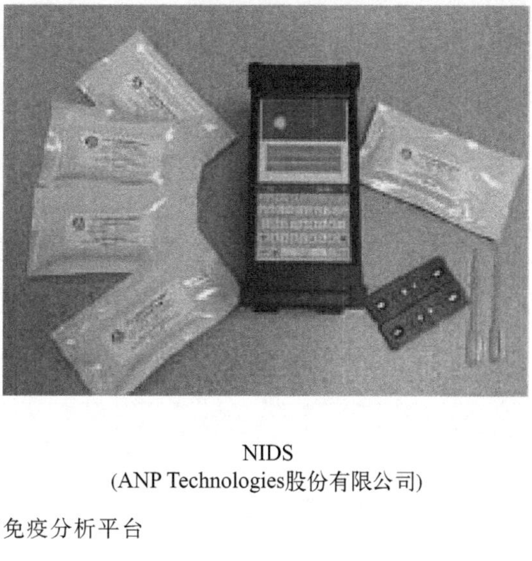

NIDS
(ANP Technologies股份有限公司)

图 5-2 商用免疫分析平台

表 5-1　基于 PCR 的生物恐怖战剂检测部分产品清单

序号	产品名称	制造商	原理	用时/min	样品制备	自动结果显示	是否冷冻干燥	战剂列表	仪器成本/美元	分析成本	检出限	重量	LCCD	分析能力	分析有效期
1	BioFire Defense，LLC：FilmArray	BioFire Diagnostics/法国生物梅里埃	多重 PCR	60	少量	是	是	①,②,③,④,⑤,⑥,⑦,⑧,⑨,⑪,⑫,⑬,⑭,⑮	39 500	1110 美元/6 包	随战剂的不同而不同	20 磅	1000	27 个目标物	6 个月
2	Bio-Seeq PLUS	BioFire Diagnostics/法国生物梅里埃	LATE-PCR	60	少量	是	是	①,⑤,⑧,⑩,②,⑰,③,⑱,⑨,⑯	35 000	46 199.18 美元	100 个有机体	6.6 磅	20 000	同时处理 6 种战剂	—
3	RAZOR EX	BioFire Defense	RT-PCR	30	少量	是	是	①,⑤,⑧,⑩,②,⑰,③,⑱,⑨,⑯	38 500	768 美元/64 个反应	100CFU/mL	10 磅	1000	单一样本	6 个月
4	one3	美国 Biomeme	PCR	60	少量	否	是	①,⑨,⑲,⑯,⑳,③,②,⑤,⑧,⑬,⑪,⑦,㉑,⑥,㉒,⑫,㉓,㉔	4 950	760 美元/试剂盒	随战剂的不同而不同	1 磅	100	单一样本	5 年
5	POCKIT	中国台湾 GeneReach Biotechnology	PCR	60	中等	是	是	①,⑰,⑤（⑤-1、⑤-2),⑨,㉕,㉗	8 000	380 美元/48 个反应	随战剂的不同而不同	4.6 磅	2000	8 个样本	24 个月
6	POCKIT 微量核酸分析仪	中国台湾 GeneReach Biotechnology	对流 PCR	30	中等	是	是	①,⑰,⑤,(⑤-1、⑤-2),⑨	900	380 美元/48 个反应	随战剂的不同而不同	0.84 磅	10	8 个样本	24 个月
7	T-COR 8	美国 Tetracore	多重 PCR	20～45	少量	是	是	⑲,⑨,①,⑪,⑯,⑥,⑳,⑤,③,②	28 500	768 美元/64 个反应	1～100 PFU/mL	10 磅	2000	4 个样本	12 个月
8	FilmArray	BioFire	多重巢式 PCR	60	少量	是	是	㉘,㉙,㉚,㉛,⑰	39 500	3 870 美元	1×10^4CFU/mL	20 磅	675	单一样本	12 个月

注：LATE-PCR，线性指数聚合酶链式反应技术。1 磅≈0.454kg。LCCD 为持续检测到的最低值。

①—炭疽杆菌；②—土拉热弗朗西斯菌；③—鼠疫杆菌；④—肉毒梭菌；⑤—布鲁氏菌；⑤-1—羊布鲁氏菌、⑤-2—流产布鲁氏菌；⑥—马鼻疽伯克霍尔德氏菌/类鼻疽伯克霍尔德氏菌；⑧—贝氏柯克斯体；⑨—蓖麻毒素；⑩—大肠杆菌 157：H7；⑪—天花病毒；⑫—普氏立克次氏体；⑬—委内瑞拉马脑炎病毒；⑭—东部马脑炎病毒；⑮—西部马脑炎病毒；⑯—鼠疫杆菌；⑰—沙门氏菌；⑱—天花（战剂也可以指疾病）；⑲—相思子毒素（非洲相思子）；⑳—葡萄球菌肠毒素 B（SEB）；㉑—ε 毒素（产气荚膜梭菌）；㉒—鹦鹉热衣原体；㉓—霍乱弧菌；㉔—微小隐孢子虫；㉕—登革热病毒；㉖—中东呼吸综合征冠状病毒；㉗—裂谷热病毒；㉘—轮状病毒；㉙—曲状杆菌；㉚—难辨梭状芽孢杆菌；㉛—诺沃克病毒。表 5-2 中生物战剂序号的对应关系同。

表 5-2 用于检测生物恐怖战剂的免疫分析产品列表

序号	产品名称	制造商	用时/min	样品制备	自动结果显示	战剂清单	分析有效期	分析成本	分析能力	鉴定标准
1	BADD	AdVnt Biotechnologies	约 15	少量	是	①,④,⑯,⑨,⑳,②	自分析之日起 24 个月	257 美元/10 包	单一样本	DHS 的标准
2	Pro 分析试纸	AdVnt Biotechnologies	约 15	少量	是	①,④,⑯,⑨,⑳	自分析之日起 24 个月	735 美元/10 包	多样本	DHS 的标准
3	RAID 分析试纸	Alexeter Technologies	约 15	少量	是	①,⑯,②,⑱,④,⑨,⑳,⑤	自分析之日起 18 个月	995 美元/10 包	多样本	—
4	NIDS	ANP Technologies	约 15	少量	是	①,⑯,㊲,②,⑱,④,⑨,⑳,⑤,㉝,㉓	自分析之日起 24 个月	9000 美元/试剂盒	多样本	—
5	IMASS 分析仪	BBI Detection	约 15	不需	是	①,⑯,②,⑨,⑳,⑤,㉞	12 个月	1270 美元/10 包	多样本	ISO 9001：2008
6	ENVI 分析仪	Environics	约 15	少量	是	①,④,⑨,⑳	12～24 个月	400～650 美元/10 包	单一样本	ISO 9001：2008
7	PR21800	Meso Scale Defense	15～60	中等	是	①,⑯,㊲,②,⑱,④,⑨,⑲,⑳,㉜,㊳,㊴,⑦-1,⑦-2,⑦-3,㉟	12 个月	1～4 美元/反应		—
8	Smart Ⅱ CANARY Zephyr	PathSensors	约 15	少量	是	①,⑯,㊲,④,⑨,⑳	12 个月	575 美元/25 包	单一样本	—
9	RAPTOR 自动检测系统	Multianalyte Bioassay	约 15	少量	是	①,⑯,②,⑱,④,⑨,⑳,⑤,㉓,㊱		2000 美元/10 包	4 种战剂	—
10	RAMP	Response Biomedical	约 20	少量	是	①,⑱,④,⑨	12 个月	675 美元/25 包	单一样本	—
11	BioThreat 报警仪	Tetracore	约 15	少量	是	①,⑯,②,④,⑨,⑲,⑳,⑤	2 年	605 美元/25 包	单一样本	—

注：表 5-2 中①～㉛所指示生物战剂同表 5-1。⑦-1—埃博拉病毒、⑦-2—马尔堡病毒、⑦-3—拉沙病毒；㉜—志贺毒素；㉝—病毒性脑炎（战剂也可以指疾病，余同）；㉞—马鼻疽；㉟—疟疾；㊱—原虫感染；㊲—Q 热；㊳—T2 毒素；㊴—石房蛤毒素。

5.12 结论

生物战剂的检测是一项具有挑战性的任务，尤其是在室外环境。在当前已出现生物恐怖袭击的情况下，发展快速和灵敏的检测技术至关重要。世界各地的研究人员采取了许多不同的途径制备生物传感器。大多数研究报告都是为了概念验证，少有现场可靠分析结果的描述。国家生物防御战略的成功实施需要政府机构、生物科学研究机构和医疗/公共卫生社区各方面的努力。

参考文献

Alam, S.I., Kumar, B., Kamboj, D.V., 2012. Multiplex detection of protein toxins using MALDI-TOF-TOF tandem mass spectrometry: application in unambiguous toxin detection from bioaerosol. Anal. Chem. (23), 10500–105017.

Andreotti, P.E., Ludwig, G.V., Peruski, A.H., Tuite, J.J., Morse, S.S., Peruski, L.F., 2003. Immunoassay of infectious agents. Biotechnology 35, 850–859.

Atlas, R.M., 2002. Bioterrorism: from threat to reality. Annu. Rev. Microbiol. 56, 85–167.

Barreda-Garcia, S., Miranda-Castro, R.N., Lobo-Castanon, M.J., 2016. Comparison of isothermal helicase-dependent amplification and PCR for the detection of *Mycobacterium tuberculosis* by an electrochemical genomagnetic assay. Anal. Bioanal. Chem. 408, 8603–8610.

Berchebru, L., Rameil, P., Gaudin, J.C., Gausson, S., Larigauderie, G., Pujol, C., Morel, Y., Ramisse, V., 2014. Normalization of test and evaluation of biothreat detection systems: overcoming microbial air content fluctuations by using a standardized reagent bacterial mixture. J. Microbiol. Methods 105, 141–149.

Birgit, H., Ehricht, R., 2006. A simple and rapid protein array based method for the simultaneous detection of biowarfare agents. Proteomics 6, 2972–2981.

Birgit, D., Aarle, P., Sillekens, P., 2002. Characteristics and applications of nucleic acid sequence-based amplification (NASBA). Mol. Biotechnol. 20, 163–179.

Boyer, A.E., Gallegos-Candela, M., Quinn, C.P., Woolfitt, A.R., Brumlow, J.O., Isbell, K., Hoffmaster, A.R., 2015. High-sensitivity MALDI-TOF MS quantification of *Anthrax* lethal toxin for diagnostics and evaluation of medical countermeasures. Anal. Bioanal. Chem. 10, 2847–2858.

Bravata, D.M., Sundaram, V., McDonald, K.M., Smith, W.M., Szeto, H., Schleinitz, M.D., Owens, D.K., 2004. Evaluating detection and diagnostic decision support systems for bioterrorism response. Emerg. Infect. Dis. (1), 100–108.

Buzard, G.S., Baker, D., Wolcott, M.J., Norwood, D.A., Dauphin, L.A., 2012. Multi-platform comparison of ten commercial master mixes for probe-based real-time polymerase chain reaction detection of bioterrorism threat agents for surge preparedness. Forensic Sci. Int. 223, 292–297.

Centers for Disease Control and Prevention, 1999. Bioterrorism alleging use of anthrax and interim guidelines for management United States. MMWR 48, 69–74.

Christophe, G., Cieslak, T., Pavlin, J., Eitzen, E., 1997. Biological warfare: a historical perspective. JAMA 278, 77–412.

Clare, E.R., Carl, B., James, B., 2016. Nanomaterial based sensors for detection of biological threat agents. Mater. Today 19, 464–477.

Cox, C.R., Jensen, K.R., Mondesire, R.R., Voorhees, K.J., 2015. Rapid detection of *Bacillus-anthracis* by y phage amplification and lateral flow immunochromatography. J. Microbiol. Methods 118, 6–51.

Doggett, N.A., Mukundan, H., Lefkowitz, E.J., Slezak, T.R., Chain, P.S., Morse, S., Anderson, K., Hodge, D.R., Pillai, S., 2016. Culture independent diagnostics for health security. Health Secur. (3), 122–142.

Drosten, C., Gottig, S., Schilling, S., Asper, M., Panning, M., Schmitz, H., Gunther, S., 2002. Rapid detection and quantification of RNA of *Ebola* and viruses, *Lassa* virus, *Crimean-Congo hemorrhagic fever* virus, *Rift Valley fever* virus, *dengue* virus, and *yellow fever* virus by real-time reverse transcription-PCR. J. Clin. Microbiol. (7), 2323–2330.

Eitzen, E.M., 2001. Reducing the bioweapons threat: international collaboration efforts. Public Health Rep. 116, 17–18.

Eneh, O.C., 2012. Biological weapons agents for life and environmental destruction. Res. J. Environ. Toxicol. 6, 65–87.

ESpehar-Délèze, A.M., Gransee, R., Martinez-Montequin, S., Bejarano, N., Dulay, D., 2015. Electrochemiluminescence DNA sensor array for multiplex detection of biowarfare agents. Anal. Bioanal. Chem. 407, 6657–6667.

Ewalt, K.L., Haigis, R.W., Rooney, R., Ackley, D., Krihak, M., 2001. Detection of biological-toxins on an active electronic microchip. Anal. Biochem. 289, 162–172.

Fan, E., 1991. Immunochromatographic assay and method of using same. International Patent: WO 91/12336.

Gessler, F., Wieder, S., Avondet, M.A., Bohnel, H., 2007. Evaluation of lateral flow assays for the detection of *botulinum* neurotoxin type A and their application in laboratory diagnosis of botulism. Diagn. Microbiol. Infect. Dis. 57, 243–249.

Gilchrist, C.A., Turner, S.D., Riley, M.F., Petri Jr., W.A., Hewlett, E.L., 2015. Whole-genome sequencing in outbreak analysis. Clin. Microbiol. Rev. 283, 541–563.

Gregory, M., Borland, L., Brickhouse, M., 2012. Raman spectroscopy for homeland security applications. Int. Spectrosc. 21, 2121–2134.

Grundmann, O., 2014. The current state of bioterrorist attack surveillance and preparedness in the US. Risk Manag. Health Care Policy 9, 177–187.

Hong, W.S., Young, E.W., Tepp, W.H., Johnson, E.A., Beebe, D.J., 2013. A microscale neuron and Schwann cell coculture model for increasing detection sensitivity of *botulinum* neurotoxin type a. Toxicol. Sci. (1), 64–72.

Huang, Y., Wei, H., Shi, Y.Z., Raoul, H., Yuan, Z., 2012. Rapid detection of filoviruses by real-time TaqMan polymerase chain reaction assays. Virol. Sin. 27, 273–812.

Karlsson, R., Michaelsson, A., Mattsson, L., 1991. Kinetic analysis of monoclonal antibody-antigen interactions with a new biosensor based analytical system. Immunol. Methods 145, 229–240.

Karlsson, O.E., Hansen, T., Knutsson, R., Lofstrom, C., Granberg, F., Berg, M., 2013. Metagenomic detection methods in biopreparedness outbreak scenarios. Biosecur. Bioterror. 11 (Suppl), 46–57.

Kathryn, S.K., Ted, H., April, A., Shea, F., Victor, K., Matthew, P., Nelson, N., Patrick, J.T., 2007. Raman chemical imaging spectroscopy reagentless detection and identification of pathogens: signature development and evaluation. Anal. Chem. 79, 2658–2673.

Khaled, H., Abd, M.E., Galil, A., Sokkary, E., Kheira, S.M., Andre, M., Yates, M.V., Chen, W., Mulchandani, A., 2005. Real-time nucleic acid sequence-based amplification assay for detection of *hepatitis* A virus. Appl. Environ. Microbiol. 71, 7113–7116.

Klietmann, W.F., Ruoff, K.L., 2001. Bioterrorism: implications for the clinical microbiologist. Clin. Microbiol. Rev. 14, 364–381.

Kurosaki, Y., Takada, A., Ebihara, H., Grolla, A., Kamo, N., Feldmann, K., Yasuda, J., Kurosaki, Y., 2007. Rapid and simple detection of Ebola virus by reverse transcription-loop-mediated isothermal amplification. J. Virol. Methods 141, 78–83.

Li, C., Zhang, P., Wang, X., Liu, X., Zhao, Y., Sun, C., Wang, C., Yang, R., Zhou, L., Zhonghua, Y., Fang, Y., Xue, Z.Z., 2015. Development and comparative evaluation of up-converting phosphor technology based lateral flow assay for rapid detection of *Yersinia pestis, Bacillus anthracis* spore and *Brucella* spp. PLoS ONE 49, 3–8.

Lillehoj, P.B., Weib, F., Ho, C., 2010. A self-pumping lab-on-a-chip for rapid detection of

botulinum toxin. Lab Chip 10, 2265–2270.
Lim, D.V., Simpson, J.M., Kearns, E.A., Kramer, M.F., 2005. Current and developing technologies for monitoring agents of bioterrorism and biowarfare. Clin. Microbiol. 18, 583.
Liu, Y., ZX, S., Ma, Y.K., Wang, H.T., Wang, Z.Y., Shao, D.H., Wang, J.C., Liu, X.H., 2012. Development of SYBR green I real-time RT-PCR for the detection of *Ebola* virus. Bing Du Xue Bao 28, 567–571.
Martin, K., Steinberg, T.H., Cooley, L.A., Gee, K.R., Beechem, J.M., et al., 2003. Quantitative analysis of protein phosphorylation status and protein kinase activity on microarrays using a novel fluorescent phosphorylation sensor dye. Proteomics 3, 1244–1255.
Mary, T., Don, M.B., Masquelier, B., Hindson, J., Makarewicz, A., Keith, B., Thomas, M., Richard, G., Langlois, K., Wing, T., Colston, B.W., 2003. Autonomous detection of aerosolized Bacillus anthracis and Yersinia pestis. Anal. Chem. 75, 5293–5299.
Mourya, D.T., Yadav, P.D., Mehla, R., Barde, P.V., Yergolkar, P.N., Kumar, S.R., 2012. Diagnosis of Kyasanur forest disease by nested RT-PCR, real-time RT-PCR and IgM capture ELISA. J. Virol. Methods (2), 49–54.
Murillo, L., Hardick, J., Jeng, K., Gaydos, C.A., 2013. Evaluation of the Pan Influenza detection kit utilizing the PLEX-ID and influenza samples from the 2011 respiratory season. J. Virol. Methods 193, 173–176.
Nazarenko, I., Lowe, B., Darfler, M., Ikonomi, P., Schuster, D., Rashtchian, A., 2002. Multiplex quantitative PCR using self-quenched primers labelled with a single fluorophore. Nucleic Acids Res. 9, 1–7.
Noah, D.L., Huebner, K.D., Darling, R.G., Waeckerle, J.F., 2002. The history and threat of biological warfare and terrorism. Emerg. Med. Clin. North Am. 20, 255–271.
Parida, M.M., Shukla, J., Sharma, S., Ranghia, S., Ravi, V., Mani, R.M., Thomas, S., Khare, A., Rai, R.K., Mishra, B., Rao, P.V.L., Vijayaraghavan, R., 2011. Development and evaluation of reverse transcription loop-mediated isothermal amplification assay for rapid and real-time detection of the swine-origin influenza a H1N1 virus. J. Mol. Diagn. 13, 100–107.
Parnell, G.S., Smith, C.M., Moxley, F.I., 2010. Intelligent adversary risk analysis: a bioterrorism risk management model. Risk Anal. 30, 32–48.
Peruski, L., Peruski, A.H., 2003. Rapid diagnostic assays in the genomic biology era: detection and identification of infectious disease and biological weapon agents. BioTechniques (4), 840–846.
Prockop, L.D., 2006. Weapons of mass destruction: overview of the CBRNEs (chemical, biological, radiological, nuclear, and explosives). J. Neurol. Sci. 249, 4–50.
Qian, S., Bau, H.H., 2004. Analysis of lateral flow biodetectors: competitive format. Anal. Biochem. 62, 211–224.
Reslova, N., Michna, V., Kasny, M., Mikel, P., Kralik, P., 2017. xMAP technology: applications in detection of pathogens. Front. Microbiol. 8, 55–62.
Riedel, S.M., 2004. Biological warfare and bioterrorism: a historical review. BUMC Proc. 17, 400–406.
Rotz, L.D., Hughes, J.M., 2004. Advances in detecting and responding to threats from bioterrorism and emerging infectious disease. Nat. Med. 12, 130–136.
Selvolini, G., Giovanna, M., 2017. MIP based sensors: promising new tools for cancer biomarker determination. Sensors 4, 718–812.
Snowden, F.M., 2008. Emerging and re-emerging diseases: a historical perspective. Immunol. Rev. 225, 9–26.
Szinicz, L., 2005. History of chemical and biological warfare agents. Toxicology 214, 167–181.
Towner, J.S., Rollin, P.E., Bausch, D.G., Sanchez, A., Ksiazek, T.G., Lukwiya, M., Kaducu, R., Nichol, S., 2004. Rapid diagnosis of Ebola hemorrhagic fever by reverse transcription-PCR in an outbreak setting and assessment of patient viral load as a predictor of outcome. J. Virol. 78, 4330–4341.

Wang, D., Baudys, J., Krilich, J., Smith, T.J., Barr, J.R., Kalb, S.R., 2014. A two-stage multiplex method for quantitative analysis of *botulinum* neurotoxins type A, B, E, and F by MALDI-TOF mass spectrometry. Anal. Chem. (21), 10847–10854.
Wijesuriya, D.C., 1993. Biosensors based on plants and animal tissues. Biosens. Bioelectron. 8, 155–160.
Yan, Y., Luo, J.Y., Chen, Y., Wang, H.H., Zhu, G.Y., He, P.Y., Guo, J.L., Lei, Y.L., Chen, Z.W., 2017. A multiplex liquid-chip assay based on Luminex xMAP technology for simultaneous detection of six common respiratory viruses. Oncotarget 57, 96913–96923.

第6章

微流控技术在生物战剂检测中的应用

Bhairab Mondal[1], N. Bhavanashri[1], S. P. Mounika[1], Deepika Tuteja[1], Kunti Tandi[1], H. Soniya[1]

林艳丽　吴晓洁　王友亮　译

6.1 概述

生物恐怖袭击指有目的地释放病毒、细菌、毒素或其他有害物质，造成人、动物或植物的患病或死亡。生物武器的特点是费用低廉，易于生产与传播，可以引起实际物理伤害以外的极大恐慌与恐惧（Zhu et al.，2013）。用作生物战剂的病原体通常存在于自然界中，经常发生变异，致病能力强，易对现有药物产生耐药性，在环境中传播能力强。生物战剂可以通过空气、水或食物传播。生物战剂极难被发现，并且感染者在几个小时到几天内不会出现明显症状，因此恐怖分子倾向于使用生物战剂（Haes and Van Duyne，2002）。

军方领导人已经认识到，作为军事计划，生物恐怖有一定的局限性，例如，使用生物武器很难做到只影响敌人而不影响友军。恐怖分子喜欢使用生物武器，主要是因为可以制造大规模恐慌甚至破坏整个国家。技术专家警告说，基因工程在未来可能会助力恐怖分子。生物恐怖很难预测或预防，因此，建立可靠的生物战剂快速检测和识别平台非常重要，可最大限度地减少这些战剂的传播和广泛使用，以保护公众健康。应对生物恐怖的挑战，需要不同机构［情报局、陆军、边境安全部队（BSF）、边界巡逻队（SSB）、执法机构、卫生部门和民政管理部门］众志成城，共同努力。打击生物恐怖的最佳方法是快速检测和治疗患者。用作生物武器的病原体通常具有剧毒性，这就要求检测方法必须快速、准确，可以痕量检测。检

[1] Shankaranarayana Life Sciences，Bengaluru，India.

测平台必须能够从复杂的样本中特异、灵敏、准确地检测出各种病原体（包括人工改造的病原体或新发病原体）。假阳性可能会导致资源调动不当或浪费。当前公众对生物恐怖威胁的讨论是评估我们能力和评价薄弱环节、劣势的机会。

已有多种基于生物化学、免疫学、核酸和生物发光方法的商业化检测系统可用于识别生物威胁因子。最近开发了基于 DNA 适配体、生物芯片、悬臂梁、活细胞和其他创新技术识别生物恐怖战剂的检测系统。本章介绍了已有的和开发中的反生物恐怖技术以及快速准确检测生物恐怖战剂所面临的挑战。虽然还没有理想的检测平台，但已证明许多技术对检测和识别生物恐怖战剂很有价值。

本章综述了基于微流控技术的民用和军用防御生物威胁战剂的监测、检测和表征技术的研究现状和发展趋势。本章还包括微量样品制备方法；基于免疫分析的集成芯片实验室系统；蛋白质组学；聚合酶链式反应（PCR）、定量 PCR（qPCR）、其他核酸扩增方法以及 DNA 微阵列。

6.2 生物武器

生物武器可以直接被释放到空气和水中，或者通过孢子传播。通常在患者出现症状前不能确认这些病原体的存在。病原体具有传染性，如果不能及时发现、隔离和治疗患者，这些个体可能成为传播疾病的新媒介。

微型或微流控分析系统，也称为微型全分析系统或芯片实验室（LOC），已变得越来越流行。微流控系统无需熟练操作人员，可高效、快速地对少量复杂流体进行测量，这也是 LOC 技术得到广泛应用的原因。此外，便携式 LOC 设备涉及复杂的自动化诊断程序，通常放在中央实验室，即使在最偏远的地方，也能够为医护人员和门诊患者提供重要的健康信息。以患者为中心的家庭检测方法和 LOC 技术等便携式医疗诊断方法对发达国家和发展中国家都非常重要，因为这些国家半数以上的死亡归因于传染病。

6.3 与生物恐怖有关的病原体

细菌、真菌和病毒病原体已经或可能被用作生物恐怖武器，这在历史上已有记载。无论是作为大规模杀伤性武器，还是用于有限的恐怖袭击，这些病原体相对易于获得和传播。由于这些病原体都具有通过气溶胶传播的潜力，大量人群易感，而且在当时几乎没有很好的治疗手段或可接种的疫苗。1954 年，美国首次将 B 类病原体猪布鲁氏菌武器化。CDC 已将多种病毒制剂归类为潜在的大规模杀伤性武器。天花、病毒性出血热病毒和脑炎病毒等具有高度传染性。相对容易生产的病原体尤其令人关注。15 世纪，欧洲士兵将天花用作生物武器，将天花污染的衣服和毯子送到南美土著人手中。在法印战争期间，英国士兵利用天花病毒引发天花暴发。

20世纪80年代早期已停止接种常规天花疫苗，若现在故意释放天花也可能造成毁灭性灾难。

CDC将可能用作生物武器的病原体和疾病分为三类：

① A类生物战剂：易扩散性、传染性强、致死性高、易引起公众恐慌和社会混乱。

② B类生物战剂：与A类生物战剂相比，扩散性、发病率和死亡率低。

③ C类生物战剂：容易获得、易生产和传播，具有高发病率和死亡率，可引起大规模传播。（表6-1和表6-2）。

表6-1　美国CDC的生物战剂举例

A类生物战剂	B类生物战剂	C类生物战剂
• 炭疽杆菌（炭疽） • 肉毒梭菌毒素（肉毒杆菌中毒） • 土拉热弗朗西斯菌（兔热病） • 重型天花（天花） • 鼠疫杆菌（鼠疫） • 丝状病毒： 埃博拉病毒（埃博拉出血热） 马尔堡病毒（马尔堡出血热） • 沙粒病毒： 胡宁病毒（阿根廷出血热）及相关病毒拉沙病毒（拉沙热）	• α病毒 • 东部马脑炎病毒（EEE）与西部马脑炎病毒（WEE） • 委内瑞拉马脑炎病毒（VEE） • 布鲁氏菌（布鲁氏菌病） • 马鼻疽伯克霍尔德氏菌（马鼻疽） • 贝氏柯克斯体（Q热） • 产气荚膜梭菌ε毒素 • 蓖麻毒素 • 葡萄球菌肠毒素 B类生物战剂的子集包括食源性或水源性病原体。这些病原体包括但不限于： • 微小隐孢子虫 • 大肠杆菌O157∶H7 • 沙门菌属 • 痢疾志贺菌 • 霍乱弧菌	• 汉坦病毒 • 多重耐药结核菌 • 尼帕病毒 • 蜱传脑炎病毒 • 蜱传出血热病毒 • 黄热病毒

表6-2　生物恐怖战剂分类及特点

A类生物战剂	B类生物战剂	C类生物战剂
最高优先级的病原体包括对国家安全构成威胁的生物体，因为它们： • 易扩散； • 高致死率； • 造成公众恐慌和社会混乱； • 需要公共卫生系统准备采取特别行动	第二高优先级的病原体特点包括： • 较易于传播； • 发病率中等； • 需要加强疾病监测和公共卫生诊断能力	第三高优先级的病原体包括： • 可引起大规模传播； • 导致高发病率、高死亡率和严重的健康问题

由于生物恐怖威胁，对快速准确识别传染源生物传感器的需求增加。大多数快速生物传感器检测器中的分子探针与靶标相互作用时，可产生检测信号。靶标可以是整个细菌、真菌、病毒颗粒，也可以是传染源产生的化学物质、蛋白质毒素等特定分子。肽和核酸具有多种多样的三级结构，是生物传感器中最常用的探针。可通过石英晶体微天平、表面声波、表面等离子体共振、电流测量和磁弹性等多种传感器平台检测探针和靶标之间的相互作用。生物传感器领域正向着开发具有更高灵敏度和特异性、低成本、小巧便携式的设备不断拓展。本章介绍了生物传感器在快速检测生物恐怖主义武器方面的最新进展。尽管生物传感器开发增长率达到两位数，仍需克服许多挑战，包括：

① 新研究的重点是创新应用研究，而不是基础研究。

② 开发具有多用途诊断能力的单一生物传感器平台限制了生物传感器的应用。

③ 在生物传感器成功商业化过程中遇到的许多问题使开发策略保守化。

④ 来自非生物传感器技术的竞争阻碍了生物传感器收入增长。

⑤ 技术转让率低和发展水平低阻碍了新型生物传感器的发展。

6.4 计划和响应

防御涉及生物识别系统的开发。之前，大多数生物防御战略都是为了保护战场上的士兵，而非城市居民。同时，财政预算削减限制了对疾病暴发的跟踪。例如大肠杆菌或沙门氏菌引起的食物中毒暴发事件，可能是自然发生的，也可能是人为的。

恐怖分子能较容易地获取生物战剂使得生物制剂更具威胁性。已有实验室开始研制先进的检测系统，以便为受污染地区和高危人群提供早期预警，并促进及时治疗。大城市已建立了预测城市中使用了生物制剂的方法以及评估与生物攻击有关的危险区域的方法。此外，相关的法医技术也在被研发中，以便确定生物制剂、其地理来源、其初始来源。所做的努力包括使用去污染技术来恢复设施，而不会引起额外的环境问题。早发现和快速应对生物恐怖有赖于管理部门之间的密切合作，但目前尚缺乏这种合作，若地方和州官员没有使用国家检测装备和疫苗储备的机会，那么这些装备和疫苗储备将没有用处。

与生物威胁检测相关的挑战包括：

① 高灵敏度——检测极少量的病原体、毒素；

② 高选择性——区分靶标和其他材料；

③ 大规模平行检测多种病原体，最大限度地减少假阳性，反应迅速，无需样品制备；

④ 可移动或手持，坚固耐用，操作简单；

⑤ 价格便宜；

⑥ 适应新的生物威胁，可以检测单分子的集成化学生物传感器。

要达到的目标是：

① 单个 RNA 分子检测；

② 在单分子水平实时监测 RNA 杂交；

③ 在单分子水平上实时监测蛋白质与适配体的结合；

④ 合成靶 DNA 与抗炭疽抗体的杂交；

⑤ 蛋白质选择性检测，如抗凝血酶适配体检测人类凝血酶。

6.5 现有的生物恐怖检测系统

生物恐怖战剂的快速检测和鉴定是临床和食源性病原体检测领域迫切要解决的问题。众所周知，医疗系统可以从快速、准确的诊断中降低医疗成本。发达国家的靶标病原体诊断流程包括病原体培养、酶免疫分析和聚合酶链式反应（PCR），通常需要 2～4d。这些检测系统不仅具有较好的灵敏度和特异性，而且能够准确检测各种病原体，包括直接从复杂样品基质中提取的改构制剂。目前，已有基于生物化学、免疫学、核酸、生物发光适体、微阵列、悬臂梁、活细胞和其他创新技术的多种商业化检测系统被用于识别生物威胁因子（Lim et al.，2005）。本节综述了当前和发展中的这些技术，并讨论了快速、准确检测生物恐怖剂所面临的挑战。虽然许多技术对于生物恐怖战剂的检测和鉴定是十分有效的，但是事实证明目前还没有一个完全理想的检测系统。能够提供病原体信息的、结实耐用的便携式诊断设备将有助于降低死亡率和住院率以及人员感染病原体后的及时隔离。虽已开发了多种不同的生物传感器，但仍需研发一些微型化、低成本的一次性生物传感器，以便快速检测和准确识别各种病原体。

6.5.1 免疫分析

用于检测生物安全威胁的常用免疫分析包括：免疫色谱侧向流动装置、酶联免疫吸附测定（ELISA）、电化学发光（ECL）和磁力分析。

① 侧向流动检测能与便携式应用程序兼容。将含有待测样品的缓冲液滴加到含胶体金或标记其他标签的抗体的样品垫中，如果存在抗体和抗原的结合，抗体和抗原的复合物在样品垫中横向流动，停止在含有拦截胶体金标记抗体复合物的检测线上。由于是二价抗体，胶体金复合物会聚集并产生一条肉眼可见的线（Koczula and Gallotta，2016）。

② ELISA 是最常用的免疫分析方法。利用结合到固相载体（如微量滴定板）的抗体从液体中捕获分析物。洗去未结合的物质后，添加酶（例如辣根过氧化物酶）标记/偶联的二抗，进行可视化检测（Joos et al.，2002）。

③ ECL 分析通常用钌标记，进行电化学还原反应时会发光。在 ECL 检测中，三丙胺在电极阵列的表面被氧化，进而还原钌，钌随后发光。将丝网印在微孔板上制造微电极，使 ECL 检测得到进一步发展（Liu et al.，2015）。

④ 磁力分析基于分子间相互作用的强度可以通过破坏靶标与磁珠连接所需的力来测量。在磁珠上作标记，可以通过微芯片上的微型磁阻传感器检测。磁力可耐受不同类型的分析物，该技术可同时测量多个靶标和多个样品（Gijs et al.，2009）。

6.5.2 蛋白质组学方法

应用于生物防御的蛋白质组学方法是通过鉴定蛋白质和肽来评估和表征潜在的生物威胁因子，主要包括质谱分析蛋白质和肽、双向凝胶分析和蛋白质阵列（Pizarro et al.，2007）。NIAID 资助的中心建立了蛋白质组学相关的基础设施，并将其应用于生物防御。表面上含有不同表位抗体或不同蛋白质的蛋白质阵列已应用于生物威胁的表征和分类。目前，已经成功开发了一种用于阵列管平台的蛋白质芯片，该芯片使用微管集成蛋白质芯片来完成经典三明治法分析和辣根过氧化物酶比色的检测（Huelseweh et al.，2006）。

6.5.3 核酸扩增和检测方法

目前，最常用的 DNA 扩增方法是聚合酶链式反应（PCR）。PCR 的热循环仪利用热稳定的 DNA 聚合酶以指数方式扩增 DNA。每一个扩增周期都会使模板的数量加倍，从而使靶标的数量成倍增加，扩增的引物决定了扩增的特异性。PCR 已成为核酸检测和生物防御中标准的临床和研究技术。目前，已开发出多种新型 PCR 技术，包括 qPCR、巢式 PCR、多重 PCR 和单核苷酸多态性 PCR（Wiedbrauk，2009）。

6.6 生物战剂监测

有两种基本的生物战剂监测系统：监测-预警和监测-治疗。监测-预警系统旨在快速识别生物威胁，提供充分的预警，防止人员暴露在威胁中。监测-治疗系统旨在诊断鉴定病原体，从而指导医护人员尽快进行最有效的治疗。低误报率（FAR）、可承受的购置和运营成本对于系统的广泛使用至关重要（Hasan et al.，2005）。

6.7 民用生物防御

民用生物防御可监控和检测生物威胁战剂、预警和指导受影响人群治疗的反应以及制定对策。邮寄毒素或细菌、在重大活动中释放气溶胶等生物恐怖事件可能会伤害个人或更大的群体，并对食品供应造成攻击。生物盾计划（BioShield）是美国制定的一个为期 10 年、耗资 56 亿美元的应对生化危机的防御计划（Larsen and Disbrow，2017）。该收购计划用以对抗炭疽杆菌（炭疽）、天花病毒（天花）、肉毒毒素和放射性/核制剂。

已实施的民用生物防御检测项目包括分拣中心筛查所有邮件、Bio Watch（生物观察项目）、地铁和其他密闭场所进行的局部筛查以及实验室响应网络（LRN）。当前部署的系统主要使用全体积或中体积流控分析。公众需要更先进的检测预警生物恐怖，由于集成整个过程的复杂性，这些系统在很大程度上仍未开发。最大的监测项目是生物观察项目，该项目是美国国土安全部（DHS）、CDC 和美国环境保护局（EPA）共同努力的结果（Shea et al.，2003）。

6.8 军事生物防御

美国军事生物防御计划旨在检测和鉴定敌方可能使用的生物战剂，这些战剂会导致部队规模变小和基地污染，并引起整个指挥和控制系统的混乱。例如，Portal Shield 用于保护设施，联合生物制剂识别和诊断系统（JBAIDS）用于检测、诊断环境样本与临床样本，联合生物点探测系统（JBPDS）用于现场探测和预警（Carrico，1998）。

Portal Shield 是一种传感器阵列，为空军基地和港口设施等关键场所提供生物攻击的早期预警。Portal Shield 能在 25min 内同时检测和识别威胁，可设定为连续测量、随机执行或定向采样程序。该系统完全模块化，能自给自足，可以检测八种不同的病原体。使用阵列系统时，误报率会降低至零。

JBAIDS 是美国国防部第一个用于识别和确认生物制剂暴露或感染的通用平台。JBAIDS Block I 是一种实时 PCR 仪器，由 FDA 批准使用。存在需要手动制备样品、操作程序复杂、可能会产生人为错误、运营成本高等缺点。

JBPDS 可在现场环境中进行离散点检测，可识别和警告多达 24 种生物战剂的存在（Fitch et al.，2003）。未来将减少 JBPDS 耗材的使用，而微型微流控组件的使用将使检测系统的重量和尺寸、微流体系统中反应体积的急剧减少。通常微流控一旦加载样本用户将无法干预，需要“免提”操作，在“免提”操作中的所有处理和分析还存在相当多的问题。

6.9 微流控

微流控学是一门研究流体通过微通道行为的科学，是制造包含流体流动的腔室和通道的微型设备的技术（Gluckstad，2004）。该系统能处理非常少量的流体，对于检测混合物中低浓度的小分子和溶质、毒理学研究、药物发现、诊断、反生物恐怖至关重要。微流控系统主要靠使用泵和芯片工作，芯片内部有微通道，可以使液体混合、发生化学或物理反应等。微流控技术通常被称为“芯片上的实验室”或“芯片上的器官技术”（图 6-1）。

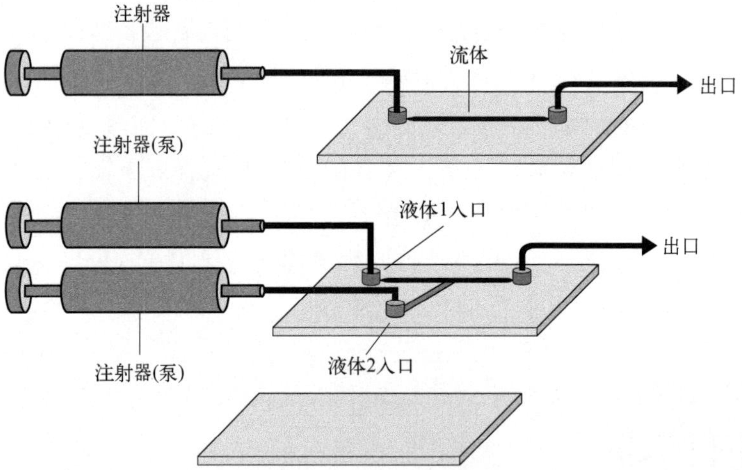

图 6-1　微流控工作原理

生物芯片是一种将生物体直接连接到工程系统的小型设备，含有微型内置传感器，能分析生物体内的细胞、血液、皮肤等。生物芯片利用了微流控、微阵列、光学或电子学等很多先进技术。微流控芯片是一种能够处理微量液体或显示其状态的装置。芯片通常是透明的，其长度或宽度从 1cm 到 10cm 不等。芯片厚度范围约 0.5～5mm。微流控芯片内部具有毛细微通道，这些微通道通过芯片上的入口或出口与外部相连。微流控芯片由丙烯酸、玻璃、透明硅橡胶（PDMS）等热塑性塑料制成。微流控芯片通常是在第一层表面制作细槽或小孔，在第二层制作微通道或腔室。根据选择的材料，通过软光刻、热压、注塑、微加工或蚀刻制成通道。3D 打印可用于生产微流控芯片，但是在最小线宽、表面粗糙度、透光性、材料选择方面还存在严重局限性。微流控还可通过制作芯片上的实验室设备来小型化或集成传统实验室，以节省成本或缩短时间（Castillo Leon，2015）。微流控在分子和细胞生物学、遗传学、流体动力学、微混合、医疗点诊断、组织工程、药物输送、生育测试和辅助生殖、化学品或蛋白质的合成、疾病诊断和基因测序等许多实验科学和工程领域中都有广泛的应用（Nguyen et al.，2019）（图 6-2）。微流控技术正在成为快速、高效诊断病毒感染的工具。微流控设备已用于免疫分析、核酸扩增和流式细胞术等技术以进行有选择性和高灵敏度的检测。目前，微流控为多个研究领域，尤其是生物分析提供了有效的工具，它具有以下优势：

① 为用户集成和简化整个生物过程；

② 高通量、多元和高标准的并行检测；

③ 反应和/或分离时间更短，因此分析速度更快；

④ 医疗点使用的便携式设备；

⑤ 试剂消耗少；

⑥ 每次分析的成本低；

⑦ 精确测量。

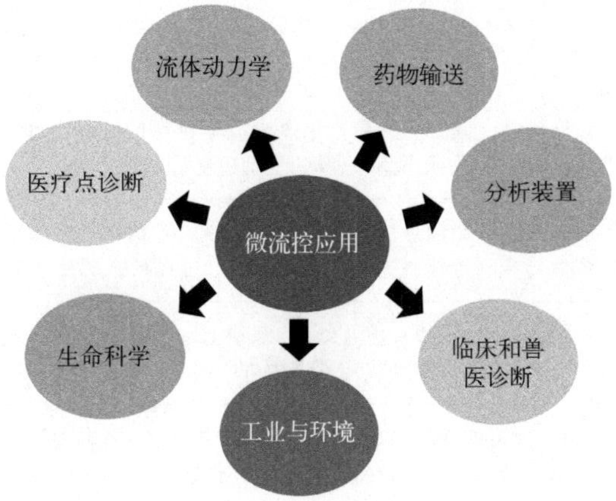

图 6-2 微流控应用

6.9.1 微流控类型

基于液体推进原理分类的微流控平台有多种类型，如侧向流动检测、压力驱动层流装置、线性驱动装置、分段流微流控、大规模集成微流控、离心式微流控、电润湿微流控、电动力学微流控、表面声波微流控、用于大规模并行分析的专用微流控系统（Mark et al.，2010）。以下列出了各种类型的微流控平台及其各自的特性（图 6-3，表 6-3）。还可将微流控分为连续流动式微流控、液滴微流控和数字微流控（表 6-4）。

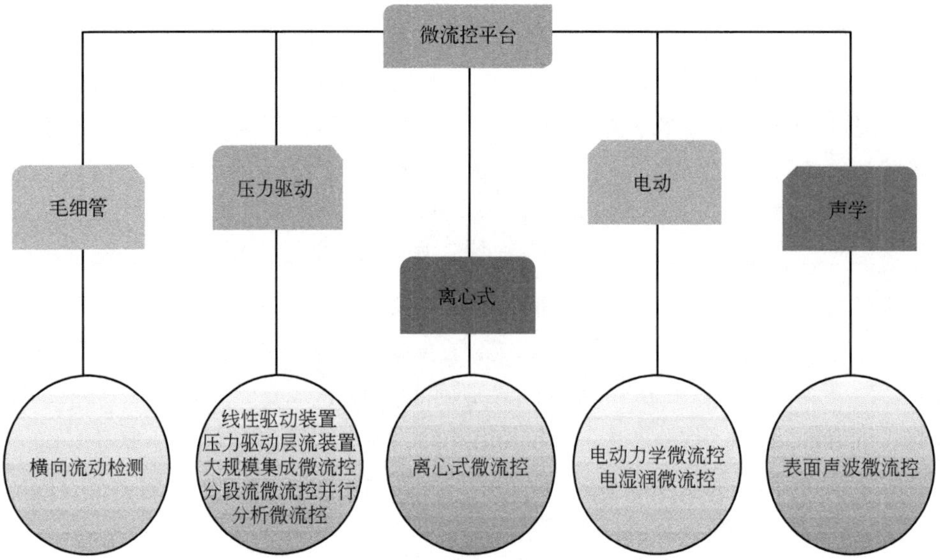

图 6-3 各种微流控平台

表 6-3 基于液体推进原理分类的微流控平台（Mark et al.，2010）

微流控平台	特征
侧向流动检测	侧向流动测试也称为测试条。液体运动受多孔或微结构基质的润湿性和特征尺寸控制，其中液体由毛细管力驱动。测试的读数通过光学完成，并且以比色检测来实现
线性驱动装置	通过液体的机械位移方法，线性驱动装置控制液体运动，如柱塞。液体控制主要限于线性方式的一维液体流动
压力驱动层流装置	基于压力梯度输送液体。通常会导致微通道中流体稳定的层流分布。压力有多种不同的实现方式，例如使用气体膨胀、注射器、泵或微型泵、膜的气动位移等
大规模集成微流控	基于液体引导层和气动控制通道层之间的柔性膜芯片集成的微阀微流控电路。微阀关闭或打开取决于微泵、混合器、多路转换器等控制通道的气动压力。可在单个芯片上集成数百个单元
分段流微流控	使用小液塞和/或液滴浸泡在不互溶连续相（气体或液体）中作为封闭微流控通道内的稳定微通道。它们可以靠压力梯度传输，可以在微流控通道中进行混合、分离、分选和处理，而无需任何分散
离心式微流控	在离心式微流控中，所有操作都由旋转微结构基质的频率控制。液体输送动力是离心力、欧拉力、科里奥利力和毛细管力。从径向向内位置到径向向外位置排列的一系列液体操作实现测定过程
电动力学微流控	微流控单元的操作由作用于电荷的电场或作用于电偶极子的电场梯度控制。根据缓冲液和样品不同，存在多种电动效应，例如电渗、电泳、介电泳和极化
电润湿微流控	电润湿平台使用浸入第二个不互溶连续相（气体或液体）中的液滴作为稳定的微限制。液滴与液滴下方电极之间的电压决定了其润湿行为。通过改变相邻电极之间的电压，液滴可以生成、传输、分裂、混合和消除
表面声波微流控	表面声波平台基于气体环境（空气）中疏水表面上的液滴。微流控单元的操作主要由在固相载体表面传播的声冲击波控制。大多数单元操作，如液滴生成、输送液体、混合等，均可自由编程
用于大规模并行分析的专用微流控系统	在用于大规模并行分析的专用微流控系统类别中，我们讨论了不符合我们对通用微流控平台定义的特定平台。这些平台的特性不是通过流体功能实现，而是通过并行处理多达数百万次检测的具体方法确定的

表 6-4　三种微流控的比较

	连续流动式微流控	液滴微流控	数字微流控
操作方法	连续流体在微通道中的运动	液滴在微通道中的运动	离散液滴在平面电极阵列上的运动
流量驱动	机械泵(注射器),气压,电泳	机械泵(注射器),气压	电润湿、介电泳
优点	易于制造和操作,适用于需要较高采样量的连续流动,并与大多数筛选装置和传感器兼容	易于制造和操作,适用于需要避免交叉污染等场合	样品消耗量少、可扩展性、好定位、可重构性和可移植性
缺点	与其他微流控系统相比,样品体积消耗大,可能存在污染,由于物理限制等而无法扩展	无法控制单个液滴,难以实现稳定的气液系统	制造程序复杂,会发生生物吸附和蒸发

6.9.2　连续流动式微流控

在不破坏连续性的情况下，通过预制微通道操纵液体流动称为连续流动式微流控。流体流动由外部的微型泵等或内部的电、磁等控制。可用于微型和纳米颗粒分离器、粒子聚焦、化学分离以及简单的生化分析。两个主要且相反的流体处理任务是混合和分离（Chen et al.，2007a，b）。

需要混合反应物以引发蛋白质折叠和酶反应等相互作用。在大多数芯片平台中，进行生物和化学分析都需要进行样品制备（Mark et al.，2010）。基于扩散的混合技术无法满足当前对快速混合的需求。一种提高混合效率的策略是利用外部能源产生干扰，如声、磁或静电（Nguyen et al.，2017）。利用外部驱动来提高混合效率可能既昂贵又极具挑战性。

分离在分析化学和生物样品制备中也起着重要作用。在过去二十年中，连续流动式微流控在分离上的应用取得了重大进展（Kang et al，2008）。通过连续进样和采集样品，可以实现高通量分离。颗粒和细胞的分离可以利用各种外力，如电泳、磁泳等（Lenshof et al.，2017）。

6.9.3　数字微流控

已开发出乳液科学、单个液滴操作与微流控相结合的数字微流控技术（DMF）。该技术能操作小而离散的液滴，体积范围通常为微升及以下（Gokmen et al.，2009）。DMF 的主要任务包括分配液滴、移动液滴、合并液滴或在液滴内混合内容物（Choi et al.，2012）。目前已经开发了许多相关技术。

① 基于液滴的 DMF 技术

DMF 装置一般为开放式平面形式，其中平板的设计是为放置在固体平面上的液滴提供能量梯度，以驱动液滴（Li et al.，2016）。为了便于控制夹在中间的液滴，在某些情况下会添加顶板。通过适当的设计液滴可以在二维平面上移动，也可以通过在板之间构建通道来使液滴在一维空间中移动（Zhu et al.，2013）。

② 介质上的电润湿技术

介质上的电润湿技术（EWOD）是 DMF 中最流行的技术之一，在 DMF 中，将液滴放置在两个板之间，其中一块板包含电介质层，液滴因为电压差而产生不对称的液滴接触角，从而产生驱动力（Shen et al.，2014）。可以通过及时调节电压差移动液滴。光电润湿是 EWOD 技术的改进版本，电压调节是通过光学方式完成的（Pamula et al.，2009）。

③ 介电泳技术

介电泳技术基于静电力，液滴本身充当了电介质。该设备将机械输入转化为静电能，用于移动悬浮在液体中的液滴（Nguyen et al.，2017）。

④ 基于磁场的技术

通过磁润湿而不是电场施加磁场来移动含有磁铁矿的液滴。磁场在整个液滴中产生体积力。在铁磁流体液滴下移动永磁体会产生不对称的接触角从而移动液滴（Biswas et al.，2016）。

⑤ 其他技术

通过表面声波（SAW）等其他方式也可以操纵液滴。可使用压电元件产生声能并将其传输至液滴（Bordbar et al.，2018）。当 SAW 撞击液滴时，能量会转移到液滴上，从而使其从表面脱离并移动。能量更大的 SAW 甚至会导致液滴雾化。与 EWOD 不同，大多数 SAW 设备只需要一块板（Nguyen et al.，2017）。

DMF 的另一个新兴领域是使用液态弹珠（LM）作为离散平台。LM 是由疏水涂层包裹的小液滴，疏水涂层由多孔颗粒层组成（Jin et al.，2017）。由于液滴与周围环境物理隔离，因此疏水的多孔外壳无需进行表面处理。另外，LM 能够漂浮在液体表面上，且能在低摩擦的情况下滑动（Ooi et al.，2018）。最常用的技术是使用永磁体操纵含有磁铁矿的 LM，也可以利用温度梯度或浓度梯度驱动 LM。

操纵微液滴的最新进展是主要集中在基于 EWOD 的设备。研究人员率先在免疫沉淀过程中使用了 DMF，该想法是利用现有的 DMF 装置结合 EWOD 和液滴的磁操纵来实现的。DMF 还首次用于固相微萃取及高场核磁共振光谱（Nguyen et al.，2017）。纳米结构启动质谱（NIMS）阵列可以集成到 EWOD 设备中进行酶筛选，提高了该过程的吞吐量（Heinemann et al.，2017）。液态弹珠可以容纳几个数量级的液体体积，因此液态弹珠也可以用作微反应器。最近，一种旋转的液体弹珠被用于改善混合效果（Nguyen et al.，2017）。

6.10 各种可用的平台

对于传染病的治疗，早期检测和病原体识别至关重要。已经开发了多个检测平台作为临床诊断、病理学研究、药物发现、临床研究和食品安全等不同领域的基本工具（Foudeh et al.，2012）。几十年来，基于细胞培养、核酸扩增和 ELISA 的常规检测方法已经得以应用，但这些方法通常费时费力，需要几个小时到几天才能完成。在医疗点（POC）应用，检测平台应易于使用、经济实惠、坚固耐用、在各种操作条件（如温度、湿度）下检测结果稳定，最好是便携式和一次性的（Wang et al.，2013）。检测平台还应保证检测的灵敏度和特异性。进行多重测试的能力是下呼吸道感染等病原体检测设备的重要前提条件之一。由于克服了传统方法的局限性，芯片实验室（LOC）和微流控系统正受到关注（Poritz et al.，2011）。即使对较低浓度的样本微流控技术也能提供快速、灵敏的检测，并给出准确的结果。新一代设备将样本处理与病原体检测结合在一个微芯片上。通道的几何形状和尺寸有助于分离和检测病原体（Baker et al.，2009）。具有高表面积与体积比、具备处理少量试剂的能力等优点使微流控平台成为优秀的检测系统。表 6-5 列出了微流控器件中常用的生物识别元件，图 6-4 展示了基于微流控的病原体传感系统（Foudeh et al.，2012）。

表 6-5　微流控器件中常用的生物识别元件

生物识别元件	优点	缺点
酶	对目标高度敏感。 适用于氧化还原反应	固定后有失去活性的可能性。 最适用于小分子分析物，如葡萄糖、尿素和乳酸
抗体	直接免疫分析快速。 适用于基于生物亲和力相互作用的反应，例如抗体-抗原相互作用。 适用于检测大目标，如细菌和病原体	需要对间接免疫分析物进行标记，这可能会增加分析所需的成本和时间。 不适合使用三明治式免疫分析检测小分子目标。 不适用于氧化还原反应
适配体	高敏感度、有选择性。 适用于各种分析物的检测。 长期稳定，合成成本低且合成速度快。可以灵活地使用标签进行修改，而不会失去其性能或特性	毒性高于抗体。 由于体积小，排泄速度更快。 与分析物结合能力较弱

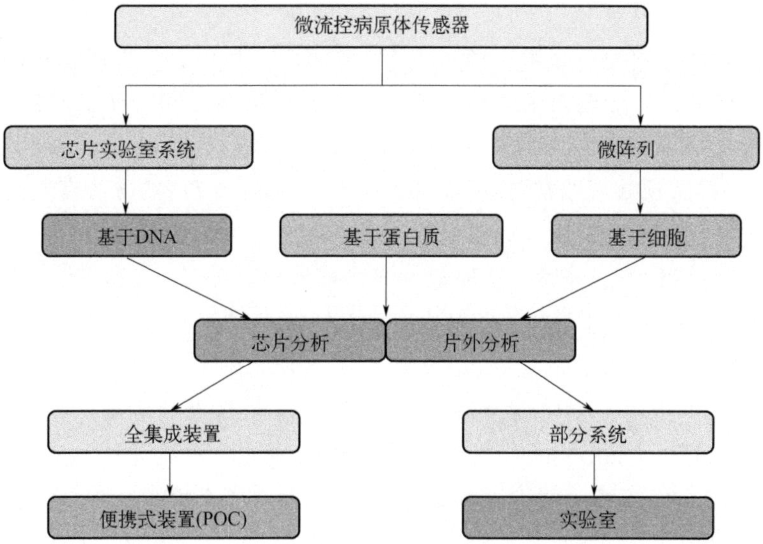

图 6-4　基于微流控的病原体传感系统示意图

图改编自 Mairhofer et al.，2009

6.10.1 基于核酸的病原体检测微流控系统

微阵列由数千个共价连接在固相载体上的 DNA 寡核苷酸探针组成，用于确定靶标中核酸序列的相对丰度（Mairhofer et al.，2009）。核酸的测序和基因分型得益于微通道和毛细管电泳的发展（Medintz et al.，2001）。核酸的完整分析步骤包括细胞浓缩、捕获、细胞裂解、核酸纯化、扩增和最终检测等。微流控集成微阵列已用于鉴定芽孢杆菌、小肠结肠炎耶尔森菌、流感病毒和真菌病原体（Dutse and Yusof，2011）。由于目标扩增和碱基配对的作用，核酸检测具有高度的灵敏度和特异性。基于核酸的高通量病原体检测可通过靶点直接探测或靶点扩增后检测（Iqbal et al.，2000）。与直接目标探测相关的限制的，检测阈值是 10^5 到 10^6 个目标分子，这导致灵敏度低，需要复杂的信号增强技术。基于微珠的方法可减少扩散时间并增强生物识别（Bieecki et al.，2012）。利用能够区分特异性和非特异性的磁力，可以进一步提高灵敏度和特异性（Foudeh et al.，2012）。靶向扩增技术具有高度特异性，可通过聚合酶链式反应（PCR）、连接酶链式反应（LCR）或基于核酸序列的扩增（NASBA）实现。Fluidigm 公司研制了一种基于微流控的商用 PCR 装置（BioMark48.48 动态阵列），每个芯片上可运行多达 2304 个反应，而只需要 96 个液体装载步骤。另一个基于微流控的 PCR 装置是由 Cepheid 公司生产的 GeneXpert® 系统，可检测牛分枝杆菌（Chang et al.，2013）。该系统由一个过滤器组成，从临床样本中捕获生物体，然后进行细胞裂解，通过实时 PCR 检测释放的核酸以识别病原体（Chen et al.，2007a，b）。微型 PCR 芯片可分为三类：①固定室微 PCR 芯片，作为常规热循环的纳升/皮升储液罐；②连续流微 PCR 芯片，在不同的位置建立不同的温度区，样品在各个温度区之间移动以进行循环；③基于液滴的 PCR 系统，针对每个扩增子在油包水液滴中进行扩增反应（Mairhofer et al.，2009）。微通道中存在较大的表面积与体积比，存在非特异性吸附，这是抑制 PCR 反应进行的因素之一。最近尝试了表面修饰、聚合物修饰等多种方法来克服这一局限性（Auroux et al.，2004）。

在许多生物传感应用中，起始检测样品通常是组织、血液、环境或食品样品，由于痕量或低丰度，这些样品需要经过精细的样品制备才能进行灵敏检测。在鉴定食品样品、全血、尿液、废水等中的病原体时，通常需要对样品进行预处理（Haes and Van Duyne，2002）。对于 LOC 装置，样品预处理通常与 DNA/RNA 分离结合。分离的方法有：抗体标记的磁珠捕获病原体、电动捕获细菌细胞（如双电泳捕获疟疾虫寄生细胞）（Rombach，2016）。细胞裂解和 PCR 分析可用化学或光学方法完成。激光辐照磁珠系统（LIMBS）可用于直接细胞裂解和 DNA 捕获。利用纳米颗粒的光热特性将近红外光能转换为热能，可用于病原体裂解（Gorkin Ⅲ，2010）。

核酸分离后，直接进行靶向检测或微型 PCR 扩增，这被视为集成微流控自动分析系统开发的下一步（Dutse and Yusof，2011）。微流控系统中的流体控制和流动稳定性是核酸检测成功的关键。任何液体的引入和操作必须非常小心，以防止在通道或腔室内形成气泡。反转录 PCR、实时反转录 PCR、有限稀释 PCR 和实时 PCR 已成功用于基于核酸的病原体检测微流控系统（Lui，2010）。其他基于扩增技术的方法还包括用固定引物进行细菌 DNA 检测、芯片上的 PCR 结合微阵列荧光检测和用场效应晶体管进行细菌 DNA 的无标记检测。LOC设备中结合了多种分离和扩增方法，虽然DNA检测主要是用荧光，但各种电化学和磁阻传感器也已成功集成到基于微流控的核酸检测设备中（Lisowski and Zarzycki，2013）。

6.10.2 基于细胞的病原体检测微流控系统

临床相关的细胞系统识别、分化和量化可通过基于细胞的系统来完成（Perez and Nolan，2006）。用细胞计数仪对红细胞进行计数可检查HIV感染的情况。化学发光免疫分析法（EIA）（包被捕获抗体的十通道毛细管芯片微流控）能检测多种病原体（Mairhofer et al.，2009）。在该系统中，毛细管和微通道的受控流体流动通过流体动力（如压力、电动能量切换和介电泳实现）。电场也可用于微流控，它能够用于捕获细菌或区分死酵母和活酵母的细胞分离系统。尽管取得了这些进展，人们仍迫切需要微型、低成本和便携式传感器，用以检测和准确识别复杂基质中的细菌（Fang et al.，2018）。微通道中的高表面积与体积比有助于捕获剂选择性地将表面功能化（Zhou et al.，2010）。微流控装置利用在改良/激活的传感器表面上沿流动路径捕获细胞和细胞捕获概率显著增加的优势，允许在短时间内识别少量病原体（Mairhofer et al.，2009）。目前基于抗原-抗体相互作用检测病原体的细胞微流控已经通过化学发光、SPR、阻抗、乐甫声波和导电聚合物实现。在许多情况下，免疫分析需要额外的信号放大（图6-5），可以通过酶促信号放大或预浓缩实现，预浓缩的方法有：细胞的介电泳超声沉积、磁珠富集和膜过滤（Nasseri et al.，2018）。

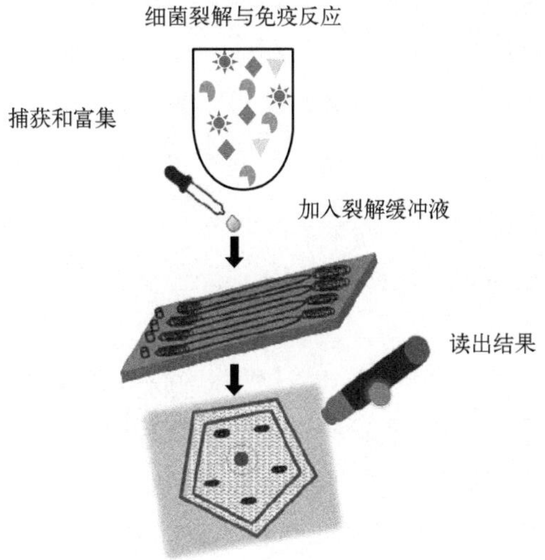

图6-5　在芯片上富集和检测细菌的微流控系统示意图

图改编自 Zhang et al.，2018

6.10.3 基于抗体和抗原的病原体检测微流控系统

基于抗原和抗体相互作用的微流控技术是最常用的病原体检测方法。大多数微流控技术采用电化学、光学标记检测技术、纳米技术检测系统和抗体微阵列系统相结合的方式进行病原体检测（Myers and Lee，2008）。电化学与基于荧光分析的微流控生物传感器相结合已用于检测霍乱毒素 B 亚基（CTB）（Bunyakul et al.，2009）。在这个系统中，CTB 抗体和神经节苷脂 GM1（CTB 的天然靶点）的组合作为特异性识别系统。另一种检测不同种类芽孢杆菌的微流控系统是基于直接电荷转移（DCT）免疫传感器开发的，该系统依赖于抗体识别，抗体与导电聚合物（如聚苯胺）结合，基于抗体-抗原-抗体三明治式相互作用原理和 DCT 生成电阻信号，可检测低至 100 CFU/mL 的浓度（Mairhofer et al.，2009）。在电动微流控和光子计数检测系统中，利用与靶向抗体偶联的量子点条形码也能检测多种病原体（Rivet et al.，2011）。此外，磁珠和射流力辨别（FFD）也已应用到基于抗体的病原体检测中，在蓖麻毒蛋白 A 链（RCA）和葡萄球菌肠毒素 B(SEB) 检测中显示出检测能力（图 6-6）。

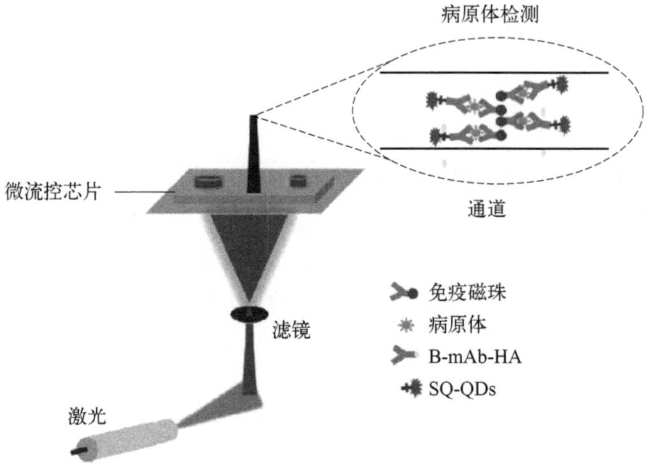

图 6-6　芯片上的磁免疫荧光检测法的工作原理

图改编自 Zhang et al.，2018

微流控设备是非常具有吸引力的免疫分析平台，大大减少了检测时间、降低了操作难度。Biosite 公司开发的分流系统是一种基于 ELISA 的微流控装置，用于检测难辨梭状芽孢杆菌（Mairhofer et al.，2009）。

适配体可以通过体外选择过程生成，该过程称为指数富集的配体系统进化技术（SELEX）（Ye et al.，2012）。制备多克隆或单克隆抗体很耗时、难度大。而适配体是一种很有前途的识别剂替代品。用单壁碳纳米管（SWNT）作为传感器，适配体可以用作生物识别元件，具有明显的优势，如可大规模商业化、可稳定储存。该技术具有保留亲和性和区分度很高的优势，这就为病原体和双分子筛选提供了巨大的潜力（Ye et al.，2012）。适配子的 5′端或 3′端易用硫醇、胺或环氧基进行修饰，这有助于将其固定在微流控腔室上。

6.10.4　基于蛋白质/酶的病原体检测微流控系统

用于病原体检测的其他方法依赖免疫学方法，这些方法包括蛋白质-碳水化合物、蛋白质-蛋白质或蛋白质-DNA 分子间相互作用的特定亲和力（Templin et al.，2003）。其中，基于抗原-抗体相互作用的检测系统应用最为广泛。一种用于检测肠出血性大肠杆菌（EHEC）的便携式抗体集成检测芯片，配置了具有四通道的磁阻免疫传感器（Mairhofer et al.，2009)。基于抗体的检测的难点在于有质量保证的抗体的生产。重组抗体片段(rAbs)具有特异性、生产成本低，可以替代抗体。微流控病原体检测系统中最常用的聚合物材料是聚甲基丙烯酸甲酯(PMMA)、聚碳酸酯(PC)和聚二甲基硅氧烷(PDMS)。传感器表面可通过共价连接多种亲和标签(如多聚氨基酸、生物素和重组融合蛋白)或通过物理吸附实现功能(Gervais et al.，2011)。非特异性可以通过使用双层膜(SBM)来消除。将cDNA固定到玻片上，用哺乳动物网织红细胞翻译靶蛋白，可以实现自组装蛋白的排列。这种检测系统的局限性在于要求蛋白质处于天然构象，这样才能实现最佳的蛋白质-靶标相互作用。如果结合不正确，则会降低灵敏度。添加酶、包裹荧光染料的脂质体或电活性化合物可提高传感器灵敏度。该系统还要求抗原抗体系统能够循环使用。有些聚合物可作为抗体的替代品。此外，酶催化反应具有结合位点自动再生的优点，并且在大量循环中不会出现任何特异性损失。

6.10.5 微流控与质谱法联用

质谱(MS)技术可用于细菌病原体检测，该技术基于与标准菌株的MALDI-TOF质谱库比对匹配或依赖于蛋白质组学策略(Demirev and Fenselau，2008)。MALDI-TOF质谱鉴定细菌的优势在于不需要昂贵的试剂进行基因扩增，且省去了生化实验(Geoghegan and Kelly，2005)。与PCR、LAMP相比，MS可以识别更广泛的细菌类型。微流控芯片可通过多个接口与质谱仪耦合，如MALDI靶标板与微芯片上的液滴收集器连接。Bian等开发了一种能高效捕获和富集空气中细菌的微流控芯片，该芯片与液相色谱-质谱(LC-MS)联用来鉴定单核细胞增多性李斯特菌、副溶血性弧菌和大肠杆菌等多种细菌。Cho等利用MALDI-TOF质谱结合基于磁珠亲和层析的微芯片检测患者血清中丙型肝炎病毒RNA聚合酶。适配体固定在磁珠上以捕获蛋白质的配体，捕获的蛋白质通过紫外线照射进行洗脱，然后通过MALDI-TOF质谱对洗脱的靶蛋白进行分析(Cho et al.，2004)。

6.10.6 微流控与荧光光谱法的结合

光学检测是微流控病原体检测最广泛使用的平台技术。荧光光谱具有高灵敏度、允许单分子检测、荧光标记易于集成在微流控系统中等优点。可以在微流控设备中观察细菌和流体流动。已开发出一种用于检测禽流感病毒(AIV)感染的免疫荧光微型微流控装置，该系统利用结合磁珠的抗体特异性捕获H_9N_2禽流感病毒，通过观察磁珠的荧光来检测抗原抗体相互作用。H_9N_2禽流感病毒的检测限(LOD)低至每升3.7×10^4拷贝，检测仅需2μL样品。Xiang等在2006年开发了一个基于荧光的微流控检测系统，该系统能够在0.3ng/μL的检测下限检测大肠杆菌O157：H7。Floriano等在2005年开发了一种基于膜的免疫分析系统，对球形芽孢杆菌荧光检测的检测限可低至500个孢子。

6.10.7 微流控与电化学的结合

电化学与微流控相结合是检测病原菌最佳的方法之一。在微流控芯片中设置集成电极后，可以在芯片上进行电化学测量，这有助于微生物的高灵敏检测(图6-7)。目前已研制出一种用于检测水样中大肠杆菌的全自动微流控电化学生物传感器，该生物传感器含有8个金电极。通过免疫亲和作用，细菌可以聚集在金电极表面，然后用辣根过氧化物酶（HRP）等标记抗体，与捕获的细菌形成三明治式结构，用于电化学测量 HRP-TMB（3,3′,5,5′-四甲基联苯胺）相互作用。大肠杆菌表面上的特异性抗体与志贺氏菌、沙门氏菌、鼠伤寒沙门氏菌和金黄色葡萄球菌进行杂交，证实了所开发的免疫分析方法具有高度特异性。该系统实现了水中致病性大肠杆菌的检测，LOD 低至 50CFU/mL。Olcer 等在 2015 年开发了一种由金电极阵列和金纳米颗粒组成的实时电流测量传感微系统，用于检测蓝藻基因片段。

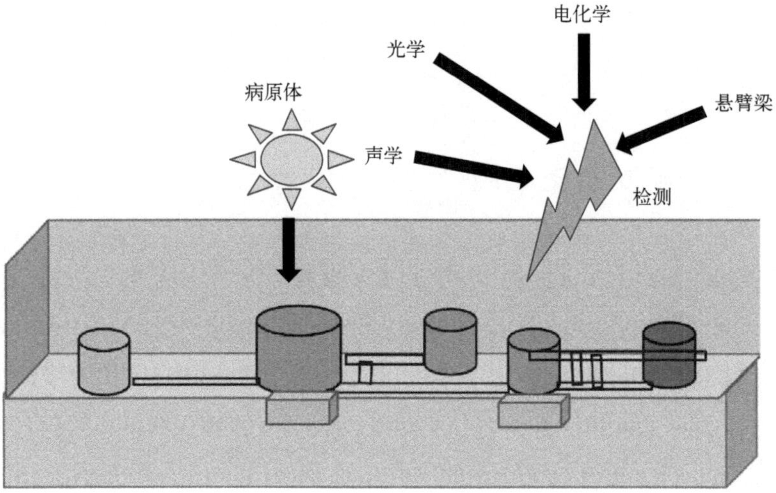

图 6-7　微流控与电化学联用

图改编自 Lin et al.，2014

6.11 结论

生物武器具有极大的破坏性和极高的效率。生物技术的发展也在某种程度上为病原体武器化开辟了新途径。细菌病原体被认为是现代生物攻击最常见的病原体。临床医生应该熟悉这些病原体引起的各种疾病的症状，以便能够早识别、早报告并采取适当的应对。但是故意释放的病原体完全无法预测，本书将重点放在感染这些病原体的所有临床表现上。遗憾的是，潜在可用的病原体可能超出了关键病原体清单的范围，因此必须警惕由已确定的病原体引起的疾病表现。

本章试图对现有的微流控装置和生物恐怖剂检测技术进行综述。因没有足够的公开数据来确定准确性和可靠性，许多技术没有罗列。虽然理想的检测平台还有待开发，但本章介绍的许多系统在快速准确识别生物恐怖战剂方面具有不可估量的价值。虽然生物恐怖的风险仍然存在，但是检测技术将继续被改进，以应对这一威胁的挑战。

参考文献

Auroux, P.A., Koc, Y., Manz, A., Day, P.J.R., 2004. Miniaturised nucleic acid analysis. Lab Chip 4 (6), 534–546.

Baker, C.A., Duong, C.T., Grimley, A., Roper, M.G., 2009. Recent advances in microfluidic detection systems. Bioanalysis 1 (5), 967–975.

Bielecki, Z., Janucki, J., Kawalec, A., Mikotajczyk, J., Palka, N., Pasternak, M., Pustelny, T., Stacewicz, T., Wcjtas, J., 2012. Sensors and systems for the detection of explosive devices-an overview. Metrol. Measur. Syst. 19 (1), 3–28.

Biswas, S., Pomeau, Y., Chaudhury, M.K., 2016. New drop fluidics enabled by magnetic-field-mediated elastocapillary transduction. Langmuir 32 (27), 6860–6870.

Bordbar, A., Taassob, A., Zarnaghsh, A., Kamali, R., 2018. Slug flow in microchannels: numerical simulation and applications. J. Ind. Eng. Chem. 62, 26–39.

Bunyakul, N., Edwards, K.A., Promptmas, C., Baeumner, A.J., 2009. Cholera toxin subunit B detection in microfluidic devices. Anal. Bioanal. Chem. 393 (1), 177–186.

Carrico, J.P., 1998, August. Chemical-biological defense remote sensing: what's happening. In: Electro-Optical Technology for Remote Chemical Detection and Identification III. Vol. 3383. International Society for Optics and Photonics, pp. 45–57.

Castillo-León, J., 2015. Microfluidics and lab-on-a-chip devices: history and challenges. In: Lab-on-a-Chip Devices and Micro-Total Analysis Systems. Springer, Cham, pp. 1–15.

Chang, C.M., Chang, W.H., Wang, C.H., Wang, J.H., Mai, J.D., Lee, G.B., 2013. Nucleic acid amplification using microfluidic systems. Lab Chip 13 (7), 122–1242.

Chen, L., Lee, S., Choo, J., Lee, E.K., 2007a. Continuous dynamic flow micropumps for microfluid manipulation. J. Micromech. Microeng. 18 (1), 013001.

Chen, L., Manz, A., Day, P.J., 2007b. Total nucleic acid analysis integrated on microfluidic devices. Lab Chip 7 (11), 1413–1423.

Cho, S., Lee, S.H., Chung, W.J., Kim, Y.K., Lee, Y.S., Kim, B.G., 2004. Microbead-based affinity chromatography chip using RNA aptamer modified with photocleavable linker. Electrophoresis 25 (21–22), 3730–3739.

Choi, K., Ng, A.H., Fobel, R., Wheeler, A.R., 2012. Digital microfluidics. Annu. Rev. Anal. Chem. 5, 413–440.

Demirev, P.A., Fenselau, C., 2008. Mass spectrometry for rapid characterization of microorganisms. Annu. Rev. Anal. Chem. 1, 71–93.

Dutse, S.W., Yusof, N.A., 2011. Microfluidics-based lab-on-chip systems in DNA-based biosensing: An overview. Sensors 11 (6), 5754–5768.

Fang, X., Zheng, Y., Duan, Y., Liu, Y., Zhong, W., 2018. Recent advances in design of fluorescence-based assays for high-throughput screening. Anal. Chem. 91 (1), 482–504.

Fitch, J.P., Raber, E., Imbro, D.R., 2003. Technology challenges in responding to biological or chemical attacks in the civilian sector. Science 302 (5649), 1350–1354.

Floriano, P.N., Christodoulides, N., Romanovicz, D., Bernard, B., Simmons, G.W., Cavell, M., McDevitt, J.T., 2005. Membrane-based on-line optical analysis system for rapid detection of bacteria and spores. Biosens. Bioelectron. 20 (10), 2079–2088.

Foudeh, A.M., Didar, T.F., Veres, T., Tabrizian, M., 2012. Microfluidic designs and techniques using lab-on-a-chip devices for pathogen detection for point-of-care diagnostics. Lab Chip 12 (18), 3249–3266.

Geoghegan, K.F., Kelly, M.A., 2005. Biochemical applications of mass spectrometry in pharmaceutical drug discovery. Mass Spectrom. Rev. 24 (3), 347–366.

Gervais, L., De Rooij, N., Delamarche, E., 2011. Microfluidic chips for point-of-care immunodiagnostics. Adv. Mater. 23 (24), H151–H176.

Gijs, M.A., Lacharme, F., Lehmann, U., 2009. Microfluidic applications of magnetic particles for biological analysis and catalysis. Chem. Rev. 110 (3), 1518–1563.

Glückstad, J., 2004. Microfluidics: sorting particles with light. Nat. Mater. 3 (1), 9.
Gokmen, M.T., Van Camp, W., Colver, P.J., Bon, S.A., Du Prez, F.E., 2009. Fabrication of porous "clickable" polymer beads and rods through generation of high internal phase emulsion (HIPE) droplets in a simple microfluidic device. Macromolecules 42 (23), 9289–9294.
Gorkin III, R.A., 2010. Enabling Technologies for Nucleic Acid Sample-to-Answer Centrifugal Microfluidics. University of California, Irvine, CA.
Haes, A.J., Van Duyne, R.P., 2002. A nanoscale optical biosensor: sensitivity and selectivity of an approach based on the localized surface plasmon resonance spectroscopy of triangular silver nanoparticles. J. Am. Chem. Soc. 124 (35), 10596–10604.
Hasan, J., Goldbloom-Helzner, D., Ichida, A., Rouse, T., Gibson, M., 2005. Technologies and techniques for early warning systems to monitor and evaluate drinking water quality: A state-of-the-art review. (No. EPA/600/R-05/156). Environmental Protection Agency Washington DC Office of Water.
Heinemann, J., Deng, K., Shih, S.C., Gao, J., Adams, P.D., Singh, A.K., Northen, T.R., 2017. On-chip integration of droplet microfluidics and nanostructure-initiator mass spectrometry for enzyme screening. Lab Chip 17 (2), 323–331.
Huelseweh, B., Ehricht, R., Marschall, H.J., 2006. A simple and rapid protein array based method for the simultaneous detection of biowarfare agents. Proteomics 6 (10), 2972–2981.
Iqbal, S.S., Mayo, M.W., Bruno, J.G., Bronk, B.V., Batt, C.A., Chambers, J.P., 2000. A review of molecular recognition technologies for detection of biological threat agents. Biosens. Bioelectron. 15 (11–12), 549–578.
Jin, J., Ooi, C., Dao, D., Nguyen, N.T., 2017. Coalescence processes of droplets and liquid marbles. Micromachines 8 (11), 336.
Joos, T.O., Stoll, D., Templin, M.F., 2002. Miniaturised multiplexed immunoassays. Curr. Opin. Chem. Biol. 6 (1), 76–80.
Kang, L., Chung, B.G., Langer, R., Khademhosseini, A., 2008. Microfluidics for drug discovery and development: from target selection to product lifecycle management. Drug Discov. Today 13 (1–2), 1–13.
Koczula, K.M., Gallotta, A., 2016. Lateral flow assays. Essays Biochem. 60 (1), 111–120.
Larsen, J.C., Disbrow, G.L., 2017. Project BioShield and the biomedical advanced research development authority: a 10-year progress report on meeting US preparedness objectives for threat agents. Clin. Infect. Dis. 64 (10), 1430–1434.
Lenshof, A., Johannesson, C., Evander, M., Nilsson, J., Laurell, T., 2017. Acoustic cell manipulation. In: Microtechnology for Cell Manipulation and Sorting. Springer, Cham, pp. 129–173.
Li, Y., Baker, R.J., Raad, D., 2016. Improving the performance of electrowetting on dielectric microfluidics using piezoelectric top plate control. Sens. Actuators B 229, 63–74.
Lim, D.V., Simpson, J.M., Kearns, E.A., Kramer, M.F., 2005. Current and developing technologies for monitoring agents of bioterrorism and biowarfare. Clin. Microbiol. Rev. 18 (4), 583–607.
Lin, Y.S., Yang, C.H. and Huang, K.S., 2014. Biomedical devices for pathogen detection using microfluidic chips. Current Proteomics. 11 (2), 116–120.
Lisowski, P., Zarzycki, P.K., 2013. Microfluidic paper-based analytical devices (pPADs) and micro total analysis systems (pTAS): development, applications and future trends. Chromatographia 76 (19–20), 1201–1214.
Liu, Z., Qi, W., Xu, G., 2015. Recent advances in electrochemiluminescence. Chem. Soc. Rev. 44 (10), 3117–3142.
Lui, C., 2010. Integrated Biosensor Systems: Automated Microfluidic Pathogen Detection Platforms and Microcantilever-Based Monitoring of Biological Activity.
Mairhofer, J., Roppert, K., Ertl, P., 2009. Microfluidic systems for pathogen sensing: a review. Sensors 9 (6), 4804–4823.
Mark, D., Haeberle, S., Roth, G., Von Stetten, F., Zengerle, R., 2010. Microfluidic lab-on-a-chip platforms: requirements, characteristics and applications. In: Microfluidics Based Microsystems. Springer, Dordrecht, pp. 305–376.
Medintz, I.L., Paegel, B.M., Blazej, R.G., Emrich, C.A., Berti, L., Scherer, J.R., Mathies,

R.A., 2001. High-performance genetic analysis using microfabricated capillary array electrophoresis microplates. Electrophoresis 22 (18), 3845–3856.

Myers, F.B., Lee, L.P., 2008. Innovations in optical microfluidic technologies for point-of-care diagnostics. Lab Chip 8 (12), 2015–2031.

Nasseri, B., Soleimani, N., Rabiee, N., Kalbasi, A., Karimi, M., Hamblin, M.R., 2018. Point-of-care microfluidic devices for pathogen detection. Biosens. Bioelectron. 117, 112–128.

Nguyen, N.T., Hejazian, M., Ooi, C., Kashaninejad, N., 2017. Recent advances and future perspectives on microfluidic liquid handling. Micromachines 8 (6), 186.

Nguyen, N.T., Wereley, S.T., Shaegh, S.A.M., 2019. Fundamentals and Applications of Microfluidics. Artech House.

Ölcer, Z., Esen, E., Ersoy, A., Budak, S., Kaya, D.S., Gök, M.Y., Barut, S., Üstek, D., Uludag, Y., 2015. Microfluidics and nanoparticles based amperometric biosensor for the detection of cyanobacteria (*Planktothrix agardhii* NIVA-CYA 116) DNA. Biosens. Bioelectron. 70, 426–432.

Ooi, C.H., Jin, J., Sreejith, K.R., Nguyen, A.V., Evans, G.M., Nguyen, N.T., 2018. Manipulation of a floating liquid marble using dielectrophoresis. Lab Chip 18 (24), 3770–3779.

Pamula, V.K., Pollack, M.G., Paik, P.Y., Ren, H., Fair, R.B., Advanced Liquid Logic Inc, 2009. Methods for manipulating droplets by electrowetting-based techniques. U.S. Patent 7,569,129.

Perez, O.D., Nolan, G.P., 2006. Phospho-proteomic immune analysis by flow cytometry: from mechanism to translational medicine at the single-cell level. Immunol. Rev. 210 (1), 208–228.

Pizarro, S.A., Lane, P., Lane, T.W., Cruz, E., Haroldsen, B., VanderNoot, V.A., 2007. Bacterial characterization using protein profiling in a microchip separations platform. Electrophoresis 28 (24), 4697–4704.

Poritz, M.A., Blaschke, A.J., Byington, C.L., Meyers, L., Nilsson, K., Jones, D.E., Thatcher, S.A., Robbins, T., Lingenfelter, B., Amiott, E., Herbener, A., 2011. FilmArray, an automated nested multiplex PCR system for multi-pathogen detection: development and application to respiratory tract infection. PLoS One 6 (10), e26047.

Rivet, C., Lee, H., Hirsch, A., Hamilton, S., Lu, H., 2011. Microfluidics for medical diagnostics and biosensors. Chem. Eng. Sci. 66 (7), 1490–1507.

Rombach, M., 2016. Pre-Storage of Reagents for Nucleic Acid Analysis in Unit-Use Quantities for Integration in Lab-on-a-Chip Test Carriers (Doctoral dissertation). Albert-Ludwigs-Universität Freiburg imBreisgau.

Shea, D.A., Lister, S.A., Foreign Affairs, Defense, and Trade Division and Domestic Social Policy Division, 2003, November. The BioWatch Program: Detection of Bioterrorism. Congressional Research Service [Library of Congress].

Shen, H.H., Fan, S.K., Kim, C.J., Yao, D.J., 2014. EWOD microfluidic systems for biomedical applications. Microfluid. Nanofluid. 16 (5), 965–987.

Templin, M.F., Stoll, D., Schwenk, J.M., Pötz, O., Kramer, S., Joos, T.O., 2003. Protein microarrays: promising tools for proteomic research. Proteomics 3 (11), 2155–2166.

Wang, S., Inci, F., De Libero, G., Singhal, A., Demirci, U., 2013. Point-of-care assays for tuberculosis: role of nanotechnology/microfluidics. Biotechnol. Adv. 31 (4), 438–449.

Wiedbrauk, D.L., 2009. Nucleic acid amplification and detection methods. In: Clinical Virology Manual. fourth ed. American Society of Microbiology, pp. 156–168.

Xiang, Q., Hu, G., Gao, Y., Li, D., 2006. Miniaturized immunoassay microfluidic system with electrokinetic control. Biosens. Bioelectron. 21 (10), 2006–2009.

Ye, M., Hu, J., Peng, M., Liu, J., Liu, J., Liu, H., Zhao, X., Tan, W., 2012. Generating aptamers by cell-SELEX for applications in molecular medicine. Int. J. Mol. Sci. 13 (3), 3341–3353.

Zhang, D., Bi, H., Liu, B. and Qiao, L., 2018. Detection of pathogenic microorganisms by microfluidics based analytical methods, pp 5512–5520.

Zhou, J., Ellis, A.V., Voelcker, N.H., 2010. Recent developments in PDMS surface modification for microfluidic devices. Electrophoresis 31 (1), 2–16.

Zhu, Y., Zhang, Y.X., Cai, L.F., Fang, Q., 2013. Sequential operation droplet array: an automated microfluidic platform for picoliter-scale liquid handling, analysis, and screening. Anal. Chem. 85 (14), 6723–6731.

延伸阅读

Das, S., Kataria, V.K., 2010. Bioterrorism: a public health perspective. Med. J. Armed Forces India 66 (3), 255–260.

Lenshof, A., Laurell, T., 2010. Continuous separation of cells and particles in microfluidic systems. Chem. Soc. Rev. 39 (3), 1203–1217.

Luka, G., Ahmadi, A., Najjaran, H., Alocilja, E., DeRosa, M., Wolthers, K., Malki, A., Aziz, H., Althani, A., Hoorfar, M., 2015. Microfluidics integrated biosensors: A leading technology towards lab-on-a-chip and sensing applications. Sensors 15 (12), 30011–30031.

第7章

场外分析样本的采集、储存和运输

Anju Tripathi[1], Kshirod Sathua[1], Vidhu Pachauri[1], S. J. S. Flora[1]

韩聚强　杜玉国　武立华　王征旭　译

7.1 概述

当前，致灾性传染源已成为生物恐怖分子攻击人类的主要选择，因此对流行病学家、实验室科学家、临床医生和其他卫生保健专业人员来说，溯源社区中传染病暴发的原因是一项具有挑战性的任务。为了找出问题根源所在，使用先进的生物化学和分子生物学技术非常重要（Perera and Weinstein，2000；Rothman et al.，2001）。此外，为了获得准确无误、重复性好的生化或分子生物学检测结果，样品的合理采集、储存和运输同样意义重大。如果攻击地点或疫区缺乏资源/设备，缺乏专业的技术人员/卫生保健人员，对样本进行场外分析非常必要（Bonassi and Au，2002；Vaught and Henderson，2011）。溯源研究设计和流程涉及多种先进的生化/分子生物学诊断知识，因此必须对样品的采集、储存和运输作出明确规定，唯有此才能保证分子流行病学结果的可靠性（Landi and Caporaso，1997）。

样本溯源过程需要采集多种标本，因此样本采集是每一位研究/技术人员需要掌握的关键步骤。此外，样本采集的标准还取决于预期用途和研究目标，通常情况下，应基于国际生物和环境样本库协会（ISBER）和国际癌症研究机构（IARC）指南采集样本，如血液、组织、尿液、唾液/口腔黏膜细胞、支气管肺泡灌洗液、呼出的气体等。有时，为了鉴别、监测和诊断各种毁灭性灾难暴发的原因，还需要采集头发、指甲、精液、粪便以及用于细胞学检测的体液如胸腔积液和滑囊液等（Campbell et al.，2012）。另外，先进的技术和专业的

[1] National Institute of Pharmaceutical Education and Research-Raebareli，Lucknow，India.

技术人员对于质量保证或获得数量充足的样本非常关键。还有，血样采集使用的玻璃或塑料容器应达到无菌、真空的标准。采血成功后，样品是否进行分离取决于下一步的应用目的。对于现代分析技术（如蛋白质和肽阵列）而言，血浆或血清样品应当首选分离处理。因此，抗凝剂的选择非常重要。另外，目前含有特殊蛋白酶抑制剂的即用型采血管完全可以用来进行蛋白质组学分析（Nishad and Ghosh，2016）。表 7-1 列出了试样、添加剂/防腐剂及其用途等。图 7-1 列出了一些血样采集管。

表 7-1　一些常见的用于各种鉴定、检测和分子生物学研究的样本

样本采集	使用的添加剂/防腐剂	应用	局限性
血液(血浆)	抗凝剂(肝素、EDTA)、蛋白酶抑制剂	生化评估、蛋白质组学	DNA 产量低
血液(血清)	无抗凝剂	生化评估、DNA 来源分析、蛋白质组学、多重分析	DNA 产量低
血液(全血)	抗凝剂(肝素、EDTA)、蛋白酶抑制剂	基因组研究、DNA 和 RNA 提取来源	当处理被感染动物组织时皮肤容易受伤
血液(血细胞分层的白膜层)	抗凝剂(肝素、EDTA)	DNA、淋巴细胞、细胞系的来源	如果收集不当，产量有限
血液(血块)	无	DNA 的提取来源	成本效益不佳、提取困难
尿液(全尿)	EDTA 和焦亚硫酸钠作为防腐剂	毒性代谢物的评估	
组织(活检，外科手术，尸检)	蛋白酶抑制剂	法医鉴定	需要高水平技术人员；需要控制温度
(全)唾液/口腔黏膜样本		优质 DNA 来源	
指甲和头发(指甲和头发剪切物)	无	微量金属分析	长期暴露的测量

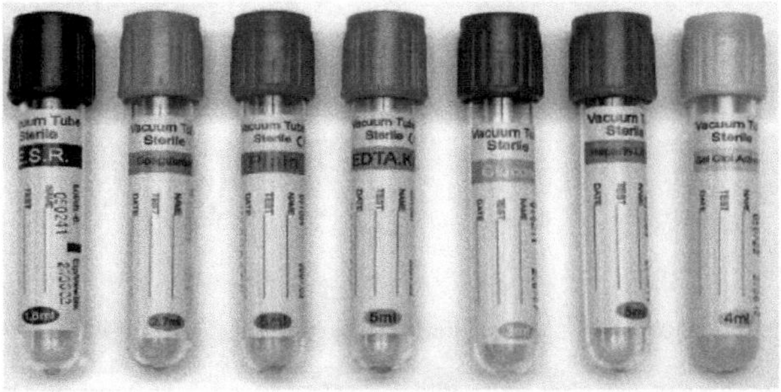

图 7-1　血样采集管示例

不同颜色的血样采集管用适当的标签标明不同的体积。同时，采集管颜色不同也提示管内抗凝剂不同及其预期用途不同

各种生物或化学毒物进入人体后都将经过相应生化反应，最终产生有毒的代谢物，这些代谢物主要通过尿液和粪便排出体外。因此，尿液和粪便被认为是用于各种分析研究的便捷样本（Begou et al.，2019）。为了提高样本采集的成功率，选择合适的防腐剂（如 EDTA

和焦亚硫酸钠）非常重要。除此之外，对于组织样本的收集可通过如穿刺活检、手术和尸检（Mager et al.，2007；van der Linden et al.，2014）等方法均应在 ISBER 和 IARC 严格的伦理法规指导下进行。作为 DNA 的主要来源，唾液/口腔黏膜细胞的采集通常比血液采集更受青睐（Theda et al.，2018）。此外，指甲和头发通常作为金属痕量分析的主要样本来源（Koseoglu et al.，2017）。

对于血浆、血清和细胞等样本，储存温度非常重要。样本采集完成后，通常会根据预期用途进行即时分析或储存以备后续使用，常用的样本长期安全储存的温度为－20℃、－80℃和－196℃（Lloyd et al.，2016；Pegg，2009）。表 7-2 描述了不同样本分析的标准条件。

表 7-2　储存/运输期间样本分析的标准条件

样本	条件
尿液	室温下 1h
粪便	硬便 1h
稀便	自收集起 0.5h 内
脑脊液	室温下 1～2h
血液	1～2d(使用特定颜色的血样采集管)

如果现场不能检测，则须将样品储存起来备用。如果生物恐怖分子使用了新型生物制剂，在袭击地点无法识别，须立即将样本运送到指定实验室进行分析（世界卫生组织，1997）。换而言之，对于场外分析，样本采集后的运输至关重要。为了将样品成功运至指定实验室，运输方式应当安全，包装一定要防漏，同时还应在包装上贴上相应的运输指南标签（Gekas，2017）。

近年，基因测序等技术对于识别不明抗原、致病基因、毒力基因、与耐药性相关的基因（Klemm and Dougan，2016）提供了有力支持，这对于人类预防生物战攻击、新的诊断方法设计和药物研发具有积极意义。同时，建立合适的基因序列数据库及微生物和环境样本库用于记录和跟踪疾病暴发意义重大，这就要求从样本采集、存储和运输到数据分析和数据库维护等各个环节规范管理。另外，生物战引起的恐慌可能会干扰该地区可用医疗设备的运行，进而造成临床设施、病理人员、药品、耗材等短缺。为了改变上述不利局面，样本场外分析显得至关重要。

7.2 场外分析

不管何种原因（如资源/设备不可用、专业人员未到现场或污染扩散）导致在某个时间或地点无法进行现场分析，此时需将样本发送至成熟实验室，此举称为场外分析。生物样本被送往场外分析，并作为标本储存库库存（Vaught and Henderson，2011），有助于进一步建立特定疾病或病原体及其毒性、症状、死亡率、存活率等的数据库。用于场外分析的生物样本可发送至任何有助于转诊、诊断或准备建立数据库的转诊实验室/研究中心。像印度这样的发展中国家，其印度医学委员会（MCI）和印度医学研究委员会（ICMR）下设大约26个研究所/中心、57个现场站和31个基于人口的癌症登记处。此举可使各医疗机构的治疗流程标准化，方便一个地区的每一个人都能使用得起这些医疗设备，因此通常被称为“部落人群最后一英里服务”（Sharma et al.，2013；Sudan et al.，2018）。另外，场外分析扩大了对单一样本研究的范围，例如单个血液样本可用于培养、敏感性、生化、染色/形态学、基因组学等诸多领域研究。

7.3 样本采集

对于进行场外分析的任何一个研究人员/技术人员而言，生物样本的采集是一个关键步骤。样本的采集可能会影响对重大疫情的鉴别、监测和诊断（Perera，2000）。理想的生物样本采集方式应遵循不同管理机构如ISBER、IARC等提供的各种指南（Perera，2000）。

下述类型的样本必须按照指南进行采集，并在能够保持其稳定性状的条件下进行储存，以便将来进行分析。①血液及其相关成分；②肌肉等器官类组织；③尿液；④唾液/口腔细胞；⑤胎盘组织；⑥脐带血；⑦骨髓；⑧支气管肺泡灌洗物；⑨呼出的空气；⑩头发；⑪指甲；⑫精液；⑬粪便；⑭胸腔积液和滑囊液。

7.3.1 样本采集程序

尽管样本的采集程序会根据样本类型和预期分析方法而有所不同，但所有协议和流程都应经过合理设计并做好详细记录。为了验证新的采集协议和方法，预试验必不可少（Holland et al.，2003；Perera，2000）。下一部分将重点介绍一些常见类型样本的采集。

7.3.2 血液样本采集

为了获得质量保证或数量充足的样本，血样采集应由训练有素的技术人员（如采血员）遵循国家或国际组织推荐的标准流程来完成（Vaught，2006）。通常情况下，血样采集使用真空玻璃管或塑料管。为了避免各种交叉污染和/或区分各种添加剂，采集管的管帽常使用不同的颜色（Landi and Caporaso，1997）。

在储存或分析之前，可能需要对血液进行离心，从而分离出各种成分，如：①单核白细胞；②中性粒细胞；③红细胞；④血浆；⑤血清。

在采集含有不同成分的样本时，应保持高度谨慎和耐心，因为每种成分特性不同，出于不同实验目的需要进行特异性处理。例如，外周血单个核细胞（如单核细胞）需要维持存活状态，红细胞用来提取血红蛋白复合物，血浆从抗凝血样中采集，而血清则在不添加抗凝剂的情况下被分离用于进行抗体、营养素和脂蛋白分析。血清和血浆用于分析时存在各自的优点和缺点，根据人类蛋白质组组织（HUPO）的指南，血清和血浆都能用于蛋白质组学分析（Vaught and Henderson，2011）。然而，对于蛋白质和肽的一系列研究，由于在血液凝固过程中可能会损失一些蛋白质和肽，因此血浆被认为是最佳选择。所以，根据预期的分析形式，应将血样收集在抗凝管或促凝管中（Vaught，2006）。抗凝剂的选择与要解决的问题相关且非常重要（Landi and Caporaso，1997）。目前，含有特殊蛋白酶抑制的样本采集管可用于蛋白质组学分析。但在有些情况下，为了保持分析物的生物学性状，补充稳定剂非常必要。因此，血样采集时应特别注意，采血后应尽快加入稳定剂。从血样采集到储存，以及从储存单元取出到后续处理的时间间隔非常重要，因此应根据指南采取特殊的措施，具体措施根据预期分析目标而定。另外，其他一些因素如血液样本的处理温度、反复解冻等同样对获得有效结果起着至关重要的作用。此外，酶降解会显著影响许多生物标志物，特别是 RNA 和蛋白质对此非常敏感，因此在样本处理和采集过程中，保持样本生物学性状的完整性至关重要。目前，核糖核酸酶抑制剂可用于保持 RNA 生物性状的完整性。采用特殊采集系统并根据指南采集血液样本，可以获得最佳的检测结果（Vaught and Henderson，2011）。

7.3.3 尿液样本采集

许多代谢物通过尿液排出，因此尿液是用于各种分析研究的最佳样本（Vaught and Henderson，2011）。根据分析目标，需在以下条件下采集尿液样本（国际生物和环境样本库协会，2008；Hallmans and Vaught，2011）：①于进行实验室化验的当天早上采集样本；②收集随机尿液样本用于细胞学研究；③分析尿液中某种成分以及血液中该物质的浓度时需要采集足量尿液样本；④分析排泄模式时需要定时采集尿样；⑤采集的尿液样本需要在冰上或冰箱中储存。

尿液样本采集容器的尺寸通常比其他液体样本的要大，容量为 50～3 000mL，样本采集量取决于研究目的（图 7-2）。各种类型的防腐剂可用于样品性状维持，因此应根据试验方法和运输条件选择合适的防腐剂。

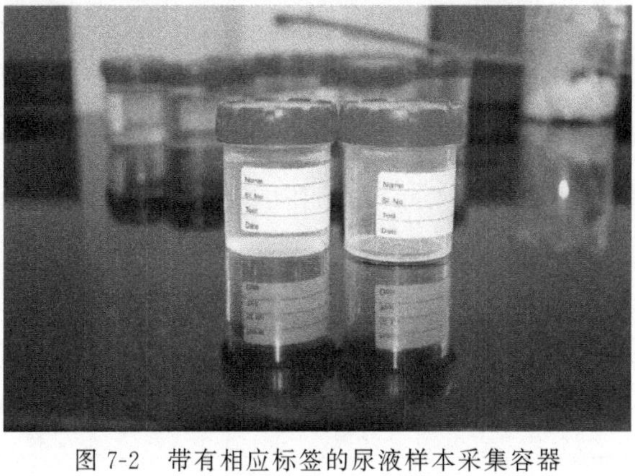

图 7-2　带有相应标签的尿液样本采集容器

7.3.4 组织样本采集

组织样本的采集主要包括三种不同方式：穿刺活检、手术和尸检。根据 ISBER 和 IARC 指南，组织样本的采集必须严格遵循伦理和法律，用于研究的样本采集不得损害样本的完整性。根据ISBER和IARC指南，理想的组织样本采集方式如下（国际生物和环境样本库协会，2008；Campbell et al.，2012）。

① 组织样本应由经过培训的病理学家通过穿刺活检、手术或尸检采集。

② 采集的组织样本应正确标记组织类型、器官类型和采集时间。

③ 成功采集后，应立即将样本置于冰盐水中，然后将其运送至组织储存库，进行进一步处理。

④ 组织样本的采集、运输（冷冻和固定）和处理之间的时间间隔应最小化。保持组织样本生物学性状的最佳方法是在1h或更短时间内保存（Eiseman et al.，2003）。

⑤ 组织样本应直接冷冻或浸泡在冷冻介质中。

⑥ 机构审查委员会（IRB）批准采集的手术组织样本，需按照预期用途，采集后应立即放入液氮瓶或干冰中进行快速冷冻，然后再将样品进行运输或冷冻储存（Leonel et al.，2019）。

⑦ 通过尸体解剖采集的样本，控制好死亡、采集和样本处理之间的时间间隔非常重要。

⑧ 如果没有合适的冷冻或储存设施，可以将组织样本固定在福尔马林或酒精中，随后进行石蜡包埋。

7.3.5 唾液/口腔样本采集

唾液/口腔样本采集通常比血液采集更容易，是获取DNA的极佳来源（Garcia Closas et al.，2001）。该种样本采集包括多种方法，如口腔拭子、细胞刷和漱口，其中，漱口目前已广泛用于唾液/口腔样本的采集，可为基因分析提供高质量和数量充足的DNA。最近，DNA Genotek公司开发了一种新的唾液样本采集方法，该方法含有Oragene，可在室温下保存唾液，非常适用于流行病学研究。近期，一种经过处理的滤纸也被用于从血液和口腔中收集DNA，这有助于遗传学研究，CDC使用其进行新生儿疾病筛查（Mei et al.，2001，2010）。

7.3.6 指甲和头发样本采集

指甲和头发常被用来进行痕量金属分析，并为长期暴露研究提供重要线索。该类样本的采集、储存和运输非常简单。另外，其也可用作DNA来源（国际生物和环境样本库协会，2008；Daniel Ⅲ et al.，2004）。

7.4 采样过程中应采取的预防措施

在样本采集过程中，技术人员应采取以下预防措施：

① 必须由采集样品的技术人员根据《良好临床实验室实践》进行采集。

② 医务人员对采集到的样本应做好保护，对后续事宜也要明确，例如采集后应保持的储存条件。

③ 应正确标记样本的重要数据，如名称、日期、收集地点、待进行的试验、报告/调查结果。

④ 收集到的样本必须附有一份包含以下信息的表格，以便进行场外分析。信息包括：

疾病/尸检/活检结果的简要描述；收集地点、时间；病理学家/医务/法医人员名称；上述工作人员的个人通信地址。

⑤ 每份血液、尿液或痰液样本都应首先在常规实验室进行初步检测。

7.5 临床样本采集的常规指南

① 因为所有生物样本均有传播传染疾病的风险，所以在处理过程中应采取适当预防措施。

② 样本采集时，要求样本量必须达标，因为样本量不足可能会产生假阴性结果。

③ 所有样本必须在无菌环境中采集，采集容器应不含气溶胶。

④ 所有体液样本，如脓液、尿液、痰液或脑脊液，均应直接用注射器取出，并保存在特定的小瓶中。不得用拭子从一个地方转移到另一个地方。

⑤ 如果医生建议收集拭子，则应将拭子保存在合适的液体培养基中，否则样本可能会干掉。

⑥ 应避免样本采集后长时间没有被分析。

⑦ 如果要检测粪便中的滋养体，需要粪便质地柔软，应在 1h 内处理待检标本。如果是液体标本，一般 30min 就能看到培养的滋养体。

⑧ 对于淋病样本，肛门拭子可在无介质的情况下运输 0.5h。如果样本处理延迟或需场外处理，必须使用运输介质。

⑨ 如果采集样本的容器密封不严，应立即弃之不用，避免用来采样。如果在场外收到密封不严的样本，工作人员应要求重复采样。

⑩ 场外实验室应当核查采集表，以便进一步处理。只有在表单填写完整的情况下，才能处理采集的样本。

⑪ 收集需要厌氧培养的微生物样本时，应使用带有针头的无菌注射器进行抽吸，抽吸结束后将注射器加盖后运输，或者将其转移到真空厌氧样本收集器中。

⑫ 对于需要厌氧培养的样本，技术人员必须明确样本的来源，例如是否来自伤口、正常组织/静脉等。

⑬ 一般厌氧培养的样本也要求同时进行需氧培养，例如培养痰中的厌氧微生物，只是两者对样本采集方法要求有所不同。例如，对于厌氧培养，标本采集需要使用吸痰管通过支气管镜辅助抽吸深部分泌物，而需氧培养，标本采集则只需经皮穿刺获得气管分泌物。

⑭ 如果检测厌氧条件下的尿路感染（UTI），则需靠近耻骨上缘经皮穿刺膀胱抽取尿液标本。如果要求对采集的样本进行厌氧培养，技术人员则必须对阴道进行无菌消毒，然后通

过宫颈口放置连接注射器的静脉导管采集样本。

⑮ 如果没有对阴道、宫颈、直肠或表面伤口进行清洁，直接经阴道/宫颈进行厌氧培养，这种样本采集是错误的。

⑯ 必须使用真空采样器采集需要厌氧培养的样本。

⑰ 对于液体样本的采集，应保持注射器和针头直立，排出注射器中截留的空气。

⑱ 鼻咽部样本采集应由训练有素的工作人员非常仔细小心地完成，如果疑似有病毒感染，则应通过鼻拭子采集样本，采集后的样本第一时间放置在生理盐水或 M4 病毒运输介质中并采取冰上低温运输，供场外分析。

7.6 临床样本的包装

临床样本的采集、储存和运输过程，必须遵守世界卫生组织给出的常规包装指南。根据指南，样本应在无菌条件下收集并按以下方式分四层包装：

① 不透水/不透气容器/小瓶。如果同时处理多个样品，则每个容器应单独包装并分开放置，以防止彼此接触。

② 吸水性材料覆盖。必须使用纤维素填塞物、棉球、纸巾或高吸水性包装袋对装有样本的容器进行单独包装。

③ 二次密封容器（防止透水、透气）。这需要体积更大的容器/带有拉链的塑料袋、塑料罐或螺旋盖罐。

④ 最外层包装。该包装要求使用的材料质地坚硬，有一定承受力，如纤维板、木材、金属或塑料等。

7.7 样本存储

样本采集成功后，一般会进行分装并储存在不同条件下，这具体取决于预期的用途。样本储存是关键步骤，错误的储存方式可能会直接影响最终结果。血浆和血清可以安全地储存在－80℃，而其他细胞样本（如淋巴细胞）在－196℃的液氮中储存时间更长（Jang et al.，2017）。图 7-3 显示了几种样本储存冷藏系统。就样本储存而言，使用液氮是最好的选择，因为它花费不高且不会出现温度波动，同时储存时间更长（图 7-4）。此外，如果无法使用上述冷藏系统，另一种候选的样本储存方法是将血样滴在滤纸片上并在室温下储存以供后续分析（Elsener and Reisch，2016；Whitney et al.，2018）。样本储存前需要考虑以下因素：

①在样本快速转移过程中，应遵循标准操作流程并按要求提供文件记录。②应有足够的备用设施，以便在停电期间能够立即连接到发电机系统。③自动冷冻系统更便于样品储存。

④应保证液氮供应充足，冷冻罐要能够承受液氮的低温，冷冻罐的螺旋旋盖要保证严密，谨防液氮泄漏，同时避免交叉污染（Shu et al.，2015），如图 7-4 所示。⑤液氮罐上应安装警报系统，如果液位下降，该系统就会自动报警。⑥应储备足量干冰以防不测。⑦需配有专门的设备来维修储存系统。⑧使用前，所有装备都应验证合格。⑨储存容器必须贴上标签，保证标签上字迹永久清晰可辨。

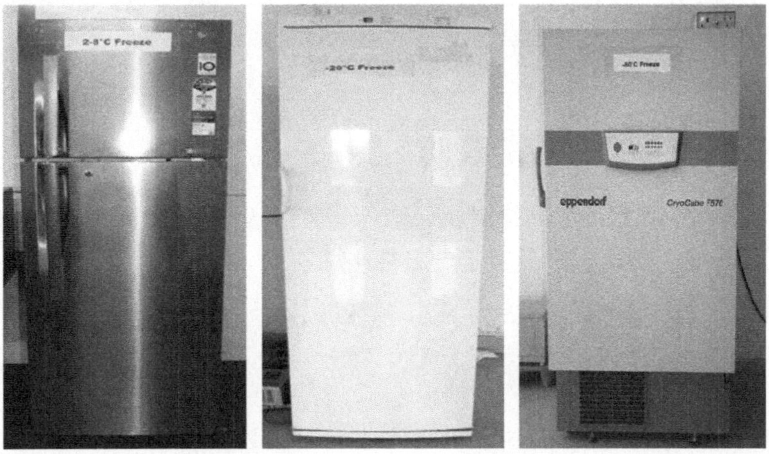

(a) (b) (c)

图 7-3 几种样本储存冷藏系统（温度需求取决于具体预期用途）

（a）2～8℃冰箱；（b）－20℃冰箱；（c）－80℃冰箱

(a) (b)

图 7-4 几种液氮冷冻罐及操作示意

（a）液氮（－196℃）冷冻罐，用于长期储存样本；

（b）在将标本储存在冷冻罐的液氮中时，应做好个人防护，谨防冻伤

7.7.1 储存系统的维护

储存系统的维护非常重要，维护不好可能会导致结果改变的概率增加。因此，为了防止结果不稳定及数据可重复性差，必须对冷冻机及其他储存设备做好校验（Pegg，2009）。此外，生物样本库应制定特定操作流程以确保储存设备工作状态正常（De Souza and Greenspan，2013）。同时，必须遵照特定流程对储存设备完成校验，确保工作状态准确无误。根据 ISBER 关于设备维护的最佳实践经验，任何提供读数、数据或具有仪表的设备都被视为仪器，均需要校准（Vaught et al.，2010；Vaught and Henderson，2011）。为了加强设备维护意识，必须制定定期的预防性维护计划。保证各种储存系统的温度正常是安全储存样本的首要标准。因此，必须连续监测冷冻储藏柜的温度。对于小型的生物样本冷冻储存柜，只需每天进行两次的手动温度记录。然而，对于较大的生物样本冷冻储存柜，应配备自动温度监测系统，以避免出现任何故障。另外，液氮冷冻罐需要监控液面位置和温度。定期监测对于避免样本变质非常重要。

7.7.2 样本存储前须采取的预防措施

样本存储前，须采取以下预防措施：

① 用于收集血液、尿液和痰的容器应无菌且防漏。

② 如果样品容器未贴好标签、包装不严密或没有核实验证，则场外分析人员不应接收样品。

③ 样本采集应在皮肤完整情况下进行。

④ 收集的样本必须保存在无菌并带有螺旋扣盖子的防漏容器中，唯有此才能防止气溶胶的产生。

⑤ 新鲜脓液、体液或组织等样本必须采用无菌抽吸方式采集并储存在无菌容器中。

⑥ 拭子样品必须使用运输介质进行运输，以防样本干掉和失去活性，并且样本必须在 2～8h 内完成运输。

⑦ 所有样品必须装在自封袋中，储存在无菌容器中，以便储存、运输、场外分析。

⑧ 某些特殊样品，如粪便/排泄物，需要在特定时间内保证样品足量，即粪便样品应至少为 50g（固体）、20mL（液体）才能满足现场分析。如果上述样本需要进行场外分析，则应立即将它们转移到带有 Cairy Blair 氏运送培养基的样本瓶中进行运输。

7.8 收集样本的运输

生物战剂的检测对于给感染者提供有效治疗以及清除受攻击地域的污染非常必要（Kamboj et al.，2006）。一般情况下，许多仪器和试剂盒能识别生物战剂，但生物恐怖袭击中如果使用的是新型生物战剂，这些常规的仪器和试剂盒则派不上用场，根本无法对被攻击地点进行污染识别。此时，需要采集样品并将其运送到指定的实验室进行鉴定（Peruski et al.，2002；Thavaselvam and Vijayaraghavan，2010）。必须保证运输车辆中使用的样本携带箱的安全，同时确保样本从始发地能够直接运输到下车地点（Holland et al.，2003）。运输安全原则与国际运输原则相同：即在正常运输条件下，样本不应有任何从包装内逸出的可能性。故应遵守以下做法。

①生物样本必须密封在防水和防漏的容器中。②如果样本容器是一根管子，则必须将其

盖紧并放置在管架中，同时保持其直立位置状态。③样本容器和管架应放置在防漏的塑料或坚固的金属运输箱中，并配有安全、紧密的盖子。④运输箱应固定在运输车中。⑤每个运输箱应贴上明确的标签，并与其箱内物保持一致。⑥每个运输箱应附有样本数据表和识别标识。⑦运输车上应始终配备一个处理泄漏的工具包，其中包含吸收性材料、氯消毒剂、废物处理容器和手套等（世界卫生组织，1997）。

在车辆运输生物样本和环境样本之前，首先要确保样本包装安全（Gonzalez-Gross et al.，2008）。参与运输到目的地的车辆和人员必须符合以下标准：

①车辆必须处于良好状态并装有空调。②驾驶员应为安全责任人，并持有有效的驾照。③责任人必须了解 A 类和 B 类病原体。④如果车辆出现故障，应尽快提供备用车辆。⑤所有运输路线都应提前做好规划。⑥参与运输的特定人员必须了解并遵守特定城市或地区的机动车辆管理法规。⑦在运输样品之前须通知环境健康与安全办公室。

在运输生物样品期间，机动车辆只能用于该目的，不得运送乘客或食品。如果发生机动车事故，运输车应遵循以下原则处理：

①如有需要，呼叫紧急支援。②告知所有紧急救援人员目前运输的生物样本具有潜在危害性。③告知接收者目前的样本状态。④如果参与运输的人员无法到达目的地，请安排备用交通工具（Lippi and Mattiuzzi，2016）。

7.9 结论

当前，我们可以通过使用先进的设备和高通量技术对大量样本进行高效分析。为了获得准确和重复性好的结果，正确处理生物样本至关重要。因此，对流行病学家、实验室科学家、临床医生和其他医疗专业人员来说，生物样品的采集、储存和运输是一项具有挑战性的任务。由经过专业人员采集样本、储存样本以及将样本从事发地区正确运输到指定实验室，并遵循科学指导原则对各种疾病的精确诊断意义重大。

致谢

衷心感谢尊敬的良师益友 S. J. S. Flora 博士，他对本章的顺利完成提供了大力支持。在此期间，我也收获了许多知识。同时，也衷心感谢国家药学教育研究所药理学和毒理学系（NIPER-Raebareli）的大力支持。

参考文献

Begou, O., Deda, O., Agapiou, A., Taitzoglou, I., Gika, H., Theodoridis, G., 2019. Urine and faecal samples targeted metabolomics of carobs treated rats. J. Chromatogr. B 1 (1114–1115), 76–85.

Bonassi, S., Au, W.W., 2002. Biomarkers in molecular epidemiology studies for health risk prediction. Mutat. Res. Rev. Mutat. Res. 511 (1), 73–86.

Campbell, L.D., Betsou, F., Garcia, D.L., Giri, J.G., Pitt, K.E., Pugh, R.S., et al., 2012. Development of the ISBER best practices for repositories: collection, storage, retrieval and distribution of biological materials for research. Biopreserv. Biobanking 10 (2), 232–233.
Daniel III, C.R., Piraccini, B.M., Tosti, A., 2004. The nail and hair in forensic science. J. Am. Acad. Dermatol. 50 (2), 258–261.
De Souza, Y.G., Greenspan, J.S., 2013. Biobanking past, present and future: responsibilities and benefits. AIDS (London, England) 27 (3), 303.
Eiseman, E., Bloom, G., Brower, J., Clancy, N., Olmsted, S.S., 2003. Case Studies of Existing Human Tissue Repositories: "Best Practices" for a Biospecimen Resource for the Genomic and Proteomic Era. Rand Corporation.
Elsener, D., Reisch, D., 2016. Storage Unit and Transfer System for Biological Samples. Google Patents.
García-Closas, M., Egan, K.M., Abruzzo, J., Newcomb, P.A., Titus-Ernstoff, L., Franklin, T., et al., 2001. Collection of genomic DNA from adults in epidemiological studies by buccal cytobrush and mouthwash. Cancer Epidemiol. Biomarkers Prev. 10 (6), 687–696.
Gekas, V., 2017. Transport Phenomena of Foods and Biological Materials. Routledge.
González-Gross, M., Breidenassel, C., Gómez-Martínez, S., Ferrari, M., Beghin, L., Spinneker, A., et al., 2008. Sampling and processing of fresh blood samples within a European multi-center nutritional study: evaluation of biomarker stability during transport and storage. Int. J. Obes. 32 (S5), S66.
Hallmans, G., Vaught, J.B., 2011. Best practices for establishing a biobank. Methods Mol. Biol. 675, 241–260.
Holland, N.T., Smith, M.T., Eskenazi, B., Bastaki, M., 2003. Biological sample collection and processing for molecular epidemiological studies. Mutat. Res., Rev. Mutat. Res. 543 (3), 217–234.
International Society for Biological and Environmental Repositories (ISBER), 2008. Collection, storage, retrieval and distribution of biological materials for research. Cell Preserv. Technol. 6 (1), 3–58.
Jang, T.H., Park, S.C., Yang, J.H., Kim, J.Y., Seok, J.H., Park, U.S., et al., 2017. Cryopreservation and its clinical applications. Integr. Med. Res. 6 (1), 12–18.
Kamboj, D.V., Goel, A.K., Singh, L., 2006. Biological warfare agents. Def. Sci. J. 56 (4), 495–506.
Klemm, E., Dougan, G., 2016. Advances in understanding bacterial pathogenesis gained from whole-genome sequencing and phylogenetics. Cell Host Microbe 19 (5), 599–610.
Koseoglu, E., Koseoglu, R., Kendirci, M., Saraymen, R., Saraymen, B., 2017. Trace metal concentrations in hair and nails from Alzheimer's disease patients: relations with clinical severity. J. Trace Elem. Med. Biol. 39, 124–128.
Landi, M., Caporaso, N., 1997. Sample collection, processing and storage. IARC Sci. Publ. (142)223–236.
Leonel, E.C.R., Lucci, C.M., Amorim, C.A., 2019. Cryopreservation of human ovarian tissue: a review. Transfus. Med. Hemother. 1–9.
Lippi, G., Mattiuzzi, C., 2016. Biological samples transportation by drones: ready for prime time? Ann. Transl. Med. 4 (5).
Lloyd, R.M., Burns, D.A., Huong, J.T., 2016. Methods for Collection, Storage and Transportation of Biological Specimens. Google Patents.
Mager, S., Oomen, M.H., Morente, M.M., Ratcliffe, C., Knox, K., Kerr, D.J., et al., 2007. Standard operating procedure for the collection of fresh frozen tissue samples. Eur. J. Cancer 43 (5), 828–834.
Mei, J.V., Alexander, J.R., Adam, B.W., Hannon, W.H., 2001. Use of filter paper for the collection and analysis of human whole blood specimens. J. Nutr. 131 (5), 1631S–1636S.
Mei, J.V., Zobel, S.D., Hall, E.M., De Jesús, V.R., Adam, B.W., Hannon, W.H., 2010. Performance properties of filter paper devices for whole blood collection. Bioanalysis 2 (8), 1397–1403.
Nishad, S., Ghosh, A., 2016. Dynamic changes in the proteome of human peripheral blood mononuclear cells with low dose ionizing radiation. Mutat. Res., Genet. Toxicol. Environ. Mutagen. 797, 9–20.

Pegg, D.E., 2009. Principles of cryopreservation. In: Preservation of Human Oocytes. CRC Press, pp. 33–45.
Perera, F.P., 2000. Molecular epidemiology: on the path to prevention? J. Natl. Cancer Inst. 92 (8), 602–612.
Perera, F.P., Weinstein, I.B., 2000. Molecular epidemiology: recent advances and future directions. Carcinogenesis 21 (3), 517–524.
Peruski, A.H., Johnson, L.H., Peruski, L.F., 2002. Rapid and sensitive detection of biological warfare agents using time-resolved fluorescence assays. J. Immunol. Methods 263 (1), 35–41.
Rothman, N., Wacholder, S., Caporaso, N., Garcia-Closas, M., Buetow, K., Fraumeni Jr., J., 2001. The use of common genetic polymorphisms to enhance the epidemiologic study of environmental carcinogens. Biochim. Biophys. Acta Rev. Cancer 1471 (2), C1–C10.
Sharma, J.D., Kataki, A.C., Vijay, C., 2013. Population-based incidence and patterns of cancer in Kamrup Urban Cancer Registry, India. Natl. Med. J. India 26 (3), 133–141.
Shu, Z., Gao, D., Pu, L.L., 2015. Update on cryopreservation of adipose tissue and adipose-derived stem cells. Clin. Plast. Surg. 42 (2), 209–218.
Sudan, P., Mehendale, S., Jain, N., Kant, R., 2018. Indian Council of Medical Research: A Beacon of Medical Research in India.
Thavaselvam, D., Vijayaraghavan, R., 2010. Biological warfare agents. J. Pharm. Bioallied Sci. 2 (3), 179–188.
Theda, C., Hwang, S.H., Czajko, A., Loke, Y.J., Leong, P., Craig, J.M., 2018. Quantitation of the cellular content of saliva and buccal swab samples. Sci. Rep. 8 (1), 6944.
van der Linden, A., Blokker, B.M., Kap, M., Weustink, A.C., Riegman, P.H., Oosterhuis, J.W., 2014. Post-mortem tissue biopsies obtained at minimally invasive autopsy: an RNA-quality analysis. PLoS One 9 (12), e115675.
Vaught, J.B., 2006. Blood collection, shipment, processing, and storage. Cancer Epidemiol. Biomarkers Prev. 15 (9), 1582–1584.
Vaught, J.B., Henderson, M.K., 2011. Biological sample collection, processing, storage and information management. IARC Sci. Publ. 163, 23–42.
Vaught, J.B., Caboux, E., Hainaut, P., 2010. International efforts to develop biospecimen best practices. Cancer Epidemiol. Biomarkers Prev. 19 (4), 912–915.
Whitney, S.E., Wilkinson, S., Muller, R., 2018. Compositions for Stabilizing DNA, RNA, and Proteins in Blood and Other Biological Samples During Shipping and Storage at Ambient Temperatures. Google Patents.
World Health Organization, 1997. Guidelines for the Safe Transport of Infectious Substances and Diagnostic Specimens. World Health Organization, Geneva.

第8章

生物战相关疾病的医疗管理

Jayant Patwa[1]，S. J. S. Flora[1]

吴晓洁　林艳丽　王友亮　译

8.1 概述

生物武器不仅对军队，也会对平民构成潜在威胁。生物战剂包括细菌、真菌、病毒和毒素，可被用于生物恐怖活动和生物战中攻击人类以及动植物（Agarwal et al.，2004）。随着生物恐怖事件在世界各地不断出现，生物战剂已成为当今世界关注的焦点。近年来，尽管各种治疗策略被开发出来，但手段尚不完善，不足以达到完全治愈生物战剂所致疾病的效果（Woods，2005）。本章概述了生物战剂感染的治疗策略，包括抗细菌、抗真菌、抗病毒制剂、疫苗和单克隆抗体。由于针对细菌、真菌和病毒感染的治疗手段具有病原体特异性，病原体对抗生素产生耐药性是治疗生物战剂所致疾病的主要障碍。病原体的耐药性分为固有性和获得性。在固有耐药性的情况下，微生物本身没有合适的作用靶点，或具有阻止药物结合其靶点的天然屏障。例如已知的金黄色葡萄球菌对第二代和第三代头孢菌素具有固有耐药性。获得性耐药通常是由频繁/高剂量使用抗生素引起，或由病原体发生的遗传变异所导致（Munita and Arias，2016）。

病原体发生遗传变异可能是导致耐药性产生的主要原因，例如，喹诺酮类抗生素结合靶基因 *gyrA*、*parC* 和 *gyrB* 发生的遗传变异导致多种病原体对该类抗生素表现出耐药性（Lindback et al.，2002）。生物战剂通常采用基因工程改造后的菌株，对多种抗生素具有耐药性。基因工程菌株可以通过基因编辑或体外连续传代筛选获得，例如在体外培养基中不断增加氟喹诺酮的浓度并连续传代，可以在实验室中培养出具有氟喹诺酮类药物耐药性的病菌（Price et al.，2003）。单耐药菌株在生物战剂中很常见，但在有效治疗生物战疾病过程中，

[1] National Institute of Pharmaceutical Education and Research-Raebareli，Lucknow，India.

主要关注的是多耐药菌株。Stepanov 和同事通过导入 pTEC 质粒对俄罗斯 STI-1 菌株进行基因改造，改造后的 STI-AR 菌株对利福平、氯霉素、青霉素、林可酰胺、四环素和大环内酯均产生了耐药性，产生了一种耐多药的炭疽杆菌菌株（Stepanov et al.，1996）。

被动免疫是一种有潜力的针对生物战剂的免疫方法。主动免疫需要向体内注射免疫原以产生适应性免疫反应，机体需要数天或数周才能产生免疫力，但可持续时间长，甚至终生免疫（Casadevall and Relman，2010）。生物战或生物恐怖袭击时，主动免疫未必有用，因为有效的免疫接种，通常需要长时间和多剂量来增强免疫原性反应。主动免疫或许是防御生物战剂的一种有效手段，但它的缺点是，遭受恐怖袭击时，无法对大量人员进行疫苗接种（Saleh et al.，2017）。在生物恐怖袭击或生物战攻击情况下，接种疫苗也会产生一些难以接受的不良反应。此外，不是所有接种者都能产生免疫防护，尤其是免疫缺陷人群。近年来，针对生物战剂开发了某些疫苗和抗体。除了这些疗法外，还开发了单克隆抗体和抗毒素，以对生物制剂诱导的免疫原性反应提供被动免疫（Casadevall，2002）。

治疗流程如下：

①辨别病因；②伤员分类；③紧急医疗救护（EMT）；④去除污染；⑤医疗后送；⑥特异疗法；⑦预防。

8.2 细菌类生物战剂的治疗

对细菌类生物战剂的主要治疗方案进行了总结，如表 8-1 所示。

表 8-1 细菌类生物战剂的主要治疗方案

序号	细菌战剂	主要使用的抗生素	疫苗	单克隆抗体
1	炭疽杆菌	环丙沙星、红霉素、多西环素、万古霉素、青霉素、克林霉素和利福平	BioThrax	raxibacumab，obiltoxaximab
2	鼠疫杆菌	链霉素、四环素、氯霉素、多西环素、庆大霉素	鼠疫疫苗（无商用品）	MAbs7.3 和 F1-04-A-G1
3	布鲁氏菌	利福平类、四环素类和氨基糖苷类抗生素（链霉素和庆大霉素）	RB51（牛用）	无
4	霍乱弧菌	红霉素、复方新诺明、氯霉素、四环素、呋喃唑酮、环丙沙星、阿奇霉素	Dukoral，Shanchol，mORCVAX	无
5	类鼻疽菌	头孢他啶、美罗培南、阿莫西林克拉维酸盐、复方新诺明和多西环素	无	无
6	土拉热弗朗西斯菌	链霉素、庆大霉素、多西环素、酮内酯类和替加环素	无	无

8.2.1 炭疽病

炭疽是由炭疽杆菌引起的，最常见于野生和家养哺乳动物（Pile et al.，1998）。炭疽的感染途径包括三种：皮肤感染、胃肠道感染和吸入感染。当皮肤接触受污染的物品时会导致皮肤感染，食用污染食物会导致胃肠疾病，在处理受污染材料期间吸入雾化的细菌孢子会引起吸入性感染（Bell et al.，2002）。感染后 1～60d 开始出现征兆。特征性症状包括发热/发冷、疲劳/不适、咳嗽、恶心/呕吐、出汗、胸痛、肌痛、意识混乱和头痛（Inglesby，1999）。

（1）传播方式

炭疽孢子很容易通过气溶胶或被污染的食物和水传播（Beeching et al.，2002）。通常，炭疽杆菌孢子可以通过胃肠道（摄入）、皮肤（受损皮肤）或肺（吸入）进入人体，并根据进入部位引起相应的临床症状。炭疽一般不会在人与人间发生传播，但仍应隔离被感染者，以便减少波及他人的可能性（Beyer and Turnbull，2009）。

（2）治疗方案

炭疽感染的治疗方案有三种：抗生素、单克隆抗体和预防性疫苗（Hull et al.，2005）。抗生素是最常用的治疗炭疽感染的方式，包括大剂量口服和静脉注射抗生素，例如氟喹诺酮类（环丙沙星）、红霉素、多西环素、万古霉素或青霉素。治疗成人炭疽病的首选是环丙沙星 400mg 和多西环素 100mg；克林霉素和利福平可以作为补充治疗（Brook，2002）。

（3）疫苗

疫苗是一种生物制剂，完整病原体、DNA、类毒素或亚单位结合物以悬浮形式存在于疫苗中，可针对特定疾病为接种者提供获得性免疫力。疫苗一般分为两类：灭活疫苗和减毒疫苗。1881 年，Louis Pasteur 开发了第一支有效疫苗。20 世纪 30 年代末，苏联研制出第一支针对人类炭疽病的疫苗。随后，在 20 世纪 50 年代，英国和美国也相继研制出炭疽疫苗。当前可用的两种炭疽疫苗包括无细胞疫苗（美国疫苗）和活疫苗（俄罗斯疫苗）（Scorpio et al.，2006；Cybulski et al.，2009）。获得美国 FDA 批准的 BioThrax 最初的接种策略是在第 0 周、2 周、4 周、6 个月、12 个月和 18 个月接种 6 剂，此后每年加强接种 1 剂以延长免疫效力。2008 年，FDA 批准省略第 2 周的接种，最终形成了目前推荐的 5 剂接种方案。目前接种炭疽疫苗会引起较强的局部和全身性反应（包括产生红斑、硬结，疼痛，发热），约 1%的接种者出现严重不良反应（Malkevich et al.，2013）。

（4）单克隆抗体

单克隆抗体是由特定免疫细胞产生的蛋白质，其功能是识别并中和外来病原体，如细菌、病毒及其毒素。raxibacumab（商品名 ABthrax）和 obiltoxaximab 被批准用于中和炭疽芽孢杆菌产生的毒素（Yamamoto et al.，2016）。raxibacumab 是一种以预防和治疗炭疽为目的的人类单克隆抗体。其功效已在猴子和兔子上得到证实，副作用包括产生皮疹、四肢疼痛和瘙痒等（Tsai 和 Morris，2015）。

（5）炭疽治疗案例研究

2001 年美国发生的一起炭疽攻击事件，共分离出了 65 种与此次事件相关的炭疽菌。所有分离出的菌株均对喹诺酮类、四环素类、单菌类抗生素和氨基糖苷类药物敏感。对大环内酯类抗生素敏感性一般，但对超广谱头孢菌素（包括第三代头孢菌素制剂头孢曲松）以及复方新诺明具有耐药性（Bell et al.，2002）。

8.2.2 鼠疫

鼠疫是由鼠疫杆菌（一种革兰氏阴性细菌）引起，现已鉴定出200多种鼠疫杆菌（Whitby et al.，2002）。鼠疫通常有三种：腺鼠疫、败血症型鼠疫和肺鼠疫。腺鼠疫表现为淋巴结肿大，败血症型鼠疫表现为组织中出现黑色素沉积，而肺鼠疫症状则是呼吸困难、咳嗽和胸痛。

（1）传播方式

生物战和生物恐怖事件中，鼠疫可通过空气（气溶胶）、被污染的食物和水传播（Beeching et al.，2002）。最常见的传播途径是被感染的跳蚤叮咬，尤其是东方鼠蚤，即车虱。存在的传播途径有：

① 飞沫接触——对着别人打喷嚏或咳嗽；

② 直接身体接触——与感染者个体接触，包括性接触；

③ 间接接触——一般是接触被污染的土壤或物体表面；

④ 空气传播——长期存在于空气中的病菌；

⑤ 粪口传播——通常来自被污染的食物或水源；

⑥ 媒介传播——由昆虫或其他动物携带。

（2）治疗方案

治疗鼠疫的首选药物是抑制蛋白质合成的抗生素，包括链霉素、四环素和氯霉素（Anisimov and Amoako，2006）。新一代抗生素多西环素和庆大霉素在单独治疗鼠疫时也有成效（Mwenge et al.，2006）。感染鼠疫后，菌株产生抗生素耐药是治疗鼠疫疾病的关键问题。1995年，马达加斯加报道了一例耐药性病例；2014年11月和2017年10月，相关疫情多次暴发（Drancourt and Raoult，2017）。

（3）疫苗

鼠疫疫苗对治疗鼠疫杆菌感染卓有成效。自1980年以来，人们用死细菌作为肺鼠疫疫苗，但效果较差。为解决这一问题，降低鼠疫感染威胁，现已开发了一种减毒活疫苗（Sun et al.，2011）。近年，一些活疫苗、减毒疫苗和亚单位疫苗也被确认为候选疫苗。

（4）单克隆抗体

LcrV抗原或F1抗原已被证明可用于开发鼠疫单克隆抗体，为患者提供被动免疫。早期的临床前研究显示，抗LcrV或F1单克隆抗体都能保护小鼠免受鼠疫菌的攻击。采用气管给药给予小鼠LcrV和F1单克隆抗体（MAbs 7.3和F1-04-A-G1），结果显示对肺鼠疫具有治疗作用（Sun and Singh，2019）。

8.2.3 布鲁氏菌病

布鲁氏菌病通常被称为地中海热、马耳他热和波状热，由革兰氏阴性杆状细菌（球状杆菌）——布鲁氏菌引起（Aparicio，2013）。布鲁氏菌是兼性细胞内寄生菌，在已知的几个菌种中，只有牛布鲁氏菌、犬布鲁氏菌、羊布鲁氏菌、猪布鲁氏菌可以感染人类，致病；其中以羊布鲁氏菌最为危险，具有侵袭性。20 世纪中叶，布鲁氏菌被许多国家武器化。而首次被用作武器的是 1954 年美国使用的猪布鲁氏菌种。布鲁氏菌病具有很强的传染性。有人提出含 10～100 个微生物的喷雾足以致人感染（Pappas et al.，2006）。

(1) 传播方式

在生物战和生物恐怖活动中，布鲁氏菌病可通过气雾传播。布鲁氏菌病是一种人畜共患疾病，通过进食未经高温消毒的牛奶、病畜的生肉，或与病畜分泌物密切接触可造成人畜之间传播。布鲁氏菌病的潜伏期通常为 1～2 个月，但可能在 5～60d 内发病（Vigeant et al.，1995）。

(2) 治疗方案

广谱抗生素如四环素类、利福平类、氨基糖苷类（链霉素和庆大霉素）可有效治疗布鲁氏菌病。但由于细菌寄生于细胞内，建议多种抗生素联用以达到预期疗效。成人治疗的“金标准”方案是肌内注射链霉素 14d，每天 1g，同时口服多西环素，每天两次，每次 100mg，连续 45d。如果链霉素不可用或患者对链霉素过敏，可肌内注射庆大霉素 7d 替代用药，每天 5mg/kg（Roushan et al.，2006）。另一种方案是每天两次服用多西环素和利福平，持续服药 6 周以上，此方案具有口服的优点。在治疗神经性布鲁氏菌病的案例中，使用多西环素、利福平、复方新诺明联合用药。多西环素能够穿过血脑屏障（BBB），而利福平和复方新诺明可避免疾病复发。环丙沙星和复方新诺明联用与疾病复发的高风险有关。然而即使采用理想治疗方案，仍有 5%～10%的患者复发疾病（Solera，2000）。

(3) 疫苗

接种疫苗是预防布鲁氏菌病的可能手段，但目前仅动物疫苗可用，尚无被批准使用的人类疫苗。RB51 疫苗是一种减毒活细菌疫苗，于 1996 年 2 月 23 日获得美国农业部兽医生物制品中心、兽医服务中心、动植物卫生检验服务中心的有限许可，可在美国对牛进行免疫接种（Tittarelli et al.，2008）。研究人员仍在大力研发布鲁氏菌病疫苗。

8.2.4 霍乱

霍乱是由霍乱弧菌引起的一种具有极大破坏性的疾病，可被用于生物恐怖袭击和大规模毁灭性的生物战。症状包括水样腹泻、呕吐或肌肉痉挛；剧烈腹泻会导致脱水和电解质失衡。据估计，全球有 300 万～500 万人受到霍乱的影响，每年约有 28 万～130 万人死于该疾病。2010 年，一些不发达国家将霍乱归类甲级传染病（Harris et al.，2012）。儿童更容易感染霍乱疾病。两次世界大战期间霍乱都被当作生物战剂使用过，许多人丧生于霍乱的常见症状——痢疾（Riedel，2004）。

(1) 传播方式

霍乱仅感染人类，且不需要任何昆虫或动物作为媒介。霍乱的传播通常是因为人们摄入了被感染者粪便或呕吐物直接或间接污染的食物和水（Beeching et al.，2002）。潜伏期为感染后几小时至 5d，一般为 2～3d。目前，霍乱的致病机制已经非常清晰。有人认为，霍乱弧菌会分泌一种毒素，这种毒素与肠道中存在的特定受体结合，从而引起病理变化（Campbell Mcintyre et al.，1979）。

(2) 治疗方案

治疗方案包括补充水分、电解质，并辅以抗生素治疗。由于大量体液流失，导致电解质失衡，需要补充水和电解质。据资料报道，口服补液疗法（ORT）在很多案例中成功改善霍乱引起的病理症状。此方法成效显著、安全且易于实施。补液可从市场上购买。如果无法得到，可以将 1L 开水、1/2 茶匙盐、6 茶匙糖混合，并补充碾碎的香蕉（补充钾以及改善口感）。在合理补水的情况下，即使不使用抗生素也能缓解症状（Guerrant et al.，2003）。世界卫生组织（WHO）只建议对严重脱水的患者使用抗生素。多西环素是治疗霍乱感染的一线药物；但少数霍乱弧菌菌株对其具有耐药性。红霉素、复方新诺明、氯霉素、四环素和呋喃唑酮对杀死霍乱弧菌同样有效。环丙沙星是一种氟喹诺酮类药物，有资料显示其可能对霍乱有效，但部分病菌对其具有耐药性。阿奇霉素和四环素可能比多西环素或环丙沙星更有效（Woods，2005）。

(3) 疫苗

第一批霍乱疫苗是在 19 世纪末制造的，20 世纪 90 年代首次出现口服疫苗。现有的霍乱口服疫苗有效且安全，但偶尔会产生轻微的副作用，部分患者使用疫苗后会出现腹痛和腹泻。目前普遍认为霍乱疫苗对孕妇是安全的。成人疫苗的有效期约为 2 年，但 2～5 岁的儿童疫苗有效期约为 6 个月（Martin et al.，2014）。Dukoral 单价疫苗由瑞典研制，由福尔马林热灭活的 O1 型霍乱弧菌株全菌体及重组的霍乱毒素 B 亚单位构成，1991 年获得许可专门用于旅行者。Shanchol 和 mORCVAX 二价疫苗主要由 O1 型和 O139 型霍乱弧菌组成，1997 年在越南获得使用批准。目前，口服疫苗和注射疫苗均可用。

口服疫苗有两类：灭活疫苗和减毒疫苗。当前可用的两种灭活口服疫苗是 WC-rBS 和 BivWC（Masuet Aumatell et al.，2011）。WC-rBS，商品名 Dukoral，是一种单价灭活疫苗，包含 O1 型霍乱弧菌的灭活全菌体及重组霍乱毒素 B 亚单位。BivWC（以 Shanchol 和 mORCVAX 为名上市）是一种二价灭活疫苗，含有 O1 型霍乱弧菌和 O139 型霍乱弧菌的灭活全细胞（Desai et al.，2016）。2016 年，美国 FDA 批准了一种源自 O1 血清群的经典稻叶毒株的减毒口服疫苗（CVD 103 HgR 或 Vaxchora）。霍乱注射疫苗并不常被使用，但对霍乱发病率较高的地区普遍有效。据报道，单次接种后 2 年内具有保护效果，且 3～4 年内每年加强免疫，接种一年后就可将霍乱致死风险降低 50%（Sinclair et al.，2011）。

8.2.5 类鼻疽病

类鼻疽菌是一种重要的生物战剂，CDC 将其列为 B 类生物战剂。类鼻疽病，也称为怀特莫尔病，是由革兰氏阴性细菌类鼻疽杆菌引起的。主要在澳大利亚、泰国和越南等国家/地区流行。症状包括胸痛、骨痛、关节痛、咳嗽、皮肤感染、肺结节和肺炎。

(1) 传播方式

由于类鼻疽菌很容易形成气溶胶，使其在生物恐怖活动和生物战中的使用备受关注。类鼻疽病的传播途径包括吸入、伤口感染和食用被污染的食物或水。潜伏期为 1～21d。

(2) 治疗方案

类鼻疽的治疗包括两个阶段：初始急性期治疗和根除期治疗。初始急性期治疗方案是每 8 小时静脉滴注一次 50mg/kg 头孢他啶（最多 2g）或每天持续输注 6g。第二种方案是每 8

小时静脉滴注一次 25mg/kg 美罗培南（最多 1g）。没有上述药物的情况下，阿莫西林克拉维酸盐（复方阿莫西林）可能也具备治疗效果。根除期治疗可采用复方新诺明辅以 12～20 周多西环素以降低复发率。为了防止反复感染，不能使用氯霉素。对于不能服用复方新诺明和多西环素的患者（例如孕妇和 12 岁以下的儿童），可以使用复方阿莫西林，但其效果不如前者（Dance，2014）。

（3）疫苗

减毒活疫苗（LAV）因其能够引起强烈的体液免疫和细胞免疫，而被认为能够提供针对抗原的长期保护。一些 DNA 和抗原蛋白等疫苗靶点已经被甄别研究，但截至 2018 年，尚无被批准使用的类鼻疽的疫苗。类鼻疽疫苗候选分子如表 8-2 所示（Warawa and Woods，2002）。

表 8-2　类鼻疽疫苗候选分子

黏附	侵入	内吞逃逸	胞内存活	其他
pilA	irlR	bopA	purM	tssM
boaA	bipD	bsaQ	sodC	wcb
boaB	bopE	bsaZ	katG	operon
bpaC	bipB	bsaU	ahpC	BLF1
fliC	bipC	CHBP	rpoE	

8.2.6　兔热病

据美国 CDC 的资料，土拉热弗朗西斯菌（*Fransisella tularensis*）是一种潜在的生物战剂，且已经成为日本、苏联和美国生物战计划的一部分。土拉热病，也被称为兔热病，感染主要由土拉热弗朗西斯菌引起。据文献报道，1970—2015 年，每年约有 200 例病例。兔热病患者的常见症状是发热、皮肤溃烂和淋巴结肿大，偶尔出现肺炎和咽喉感染（Dennis et al.，2001；Katz et al.，2002）。

（1）传播方式

兔热病成为生物战剂的原因是土拉热弗朗西斯菌容易形成气溶胶。10～50CFU 细菌足以致人感染。与其他的生物战剂相比，它的持久性差，且易被清除。通常由节肢动物作为媒介传播，包括血蜱、花蜱、硬蜱和革蜱，且可以野兔、啮齿动物和兔子为虫媒宿主（Beeching et al.，2002）。

（2）治疗方案

治疗兔热病感染的首选药物通常是氨基糖苷类抗生素，包括链霉素和庆大霉素，早期也曾使用过多西环素，甚至喹诺酮类抗生素也可能有用（Hepburn and Simpson，2008）。

新型抗生素如酮内酯类和替加环素（一种蛋白质合成抑制剂）已在体外试验中显示出对土拉热弗朗西斯菌 B 型全北美区亚种的作用。最近的研究结果表明，抗菌肽 LL-37 对海洋模型中的兔热病感染同样有效（Boisset et al.，2014）。

(3) 疫苗和单克隆抗体

美国 FDA 正在重新评估一种可以保护经常接触土拉热弗朗西斯菌的实验人员的疫苗的免疫效果。近年来，研究者为研制兔热病的单克隆抗体做了一些尝试，如：

① 土拉热弗朗西斯菌脂多糖单克隆抗体；

② 免疫血清；

③ 抗 MPF 的 IgM 和 IgG 抗体。

然而，这些单克隆抗体在体内模型中均未表现出效果（Savitt et al.，2009；Boisset et al.，2014）。

8.3 病毒类生物战剂的治疗

对病毒类生物战剂的主要治疗方案进行总结，如表 8-3 所示。

表 8-3 病毒类生物战剂治疗概述

序号	病毒战剂	主要使用的抗病毒药物	主要使用的疫苗
1	天花病毒	Tecovirimat	Dryvax，ACAM2000
2	CCHF 病毒	利巴韦林、法匹拉韦、CCHF 康复患者血清、MxA 蛋白	CCHF 灭活抗原制剂
3	埃博拉病毒	无	ChAd3-EBO-Z，rVSV-ZEBOV（候选疫苗），mAb114，MB-003，ZMAb，ZMapp，MIL77E（单克隆抗体）
4	VEE 病毒	褪黑素	TC-83，C-84（灭活疫苗，仅为候选）

8.3.1 天花

小天花病毒和大天花病毒属于正痘病毒属、痘病毒科、脊椎动物痘病毒亚科，是导致人类感染天花的两种病毒变种。目前，天花已经被从世界上根除（Mlinaric Galinovic et al.，2003）。感染后出现的症状包括发热和呕吐，随后口腔形成溃疡和皮疹。天花病毒被认为具有高风险，原因如下：

① 1980 年 WHO 停止对普通人群进行天花疫苗接种，但世界上仍有大量人口没有进行过免疫接种。

② 通过气溶胶传播的传染性高。

③ 病毒培养相对容易。

1980 年，世界卫生组织宣布天花已被消灭，同时停止对普通人群的免疫接种。因此，如果通过生物恐怖或任何其他方式传播天花病毒，所有未经免疫的人群都很容易感染天花病毒。

(1) 传播方式

在生物恐怖和生物战事件中，天花通常通过气溶胶传播。据报道，在法印战争期间，英国武装部队向美洲印第安人分发了从天花病人身上获得的被病毒污染的毯子。由此导致天花在北美流行，受影响的印第安部落人的死亡率为50%（Henderson et al.，1999）。天花病毒通常在感染者与易感者密切接触或面对面接触时，通过感染者的唾液飞沫传播（Beeching et al.，2002；Milton，2012）。

(2) 治疗方案

抗病毒药物可能有助于治疗或预防天花恶化。Tecovirimat（TPOXX）是目前唯一获批用于治疗天花感染的药物，该药于2018年7月获得FDA批准。临床前研究结果显示，Tecovirimat对天花感染有效。Tecovirimat的疗效尚未在天花感染者中进行评估，但已在健康人群中进行了试验。调查结果表明，它是相对安全的，只会引起轻微的副作用。西多福韦在上一次大规模天花流行期间显示出有效性，且必须通过静脉途径给药，该药物的不良反应可能是肾毒性（Berhanu et al.，2015；Stower，2018）。

(3) 疫苗

ACAM2000由Acambis开发，是美国FDA批准的唯一的有效预防天花的疫苗（2007年8月31日）。它是从小牛淋巴中制备的减毒活病毒（Kennedy et al.，2009），通过经皮途径给药。此前，Dryvax疫苗在美国获得了治疗天花病的许可，这是一种冻干的小牛淋巴天花疫苗。Dryvax是世界上最古老的天花疫苗，目前已被ACAM2000取代。

8.3.2 克里米亚-刚果出血热

克里米亚-刚果出血热（CCHF）是一种由CCHF病毒引起的致命发热。该病毒属于布尼亚病毒科内罗毕病毒属，对人类具有致病性，致死率为15%～70%（Ergonul et al.，2006）。CCHF病毒属于单链RNA病毒，基因组分为3个部分。CCHF病毒颗粒是球形的，直径约100nm，并且包含脂质包膜。CCHF病毒已在非洲、东欧、亚洲等地区广泛传播（Hawman and Feldmann，2018）。

(1) 传播方式

在生物战和生物恐怖活动中，它可以以气溶胶形式传播。在自然界中，主要的传播媒介是小亚璃眼蜱，其分布在世界各地。CCHF通过蜱叮咬或直接接触血液传播。伊朗、阿联酋、苏丹、阿富汗和巴基斯坦等出现过医院获得性感染CCHF。此外，不同科学家的研究证明，CCHF还可通过黏稠液体传播。但仍需进一步的研究证明CCHF病毒是否存在于细胞内、细胞外液或精液中。同时需要进一步研究CCHF对妊娠妇女和胎儿的影响，证明患CCHF的孕妇体液和母乳中是否存在病毒（Gordon et al.，1993）。

(2) 治疗方案

治疗CCHF的急性感染，应首选利巴韦林。利巴韦林（1-β-D-呋喃核糖基-1H-1，2，4-三氮唑-3-羧酸胺）属于核苷类似物，已证明体外试验中对DNA和RNA病毒的病毒活性有抑制。利巴韦林与INF-*a*联用对于治疗丙型肝炎有效。利巴韦林也用于治疗合胞病毒感染（Fisgin et al.，2009）。日本监管机构已批准法匹拉韦联合其他治疗方法治疗埃博拉病毒和病原性RNA病毒，例如与从CCHF康复患者的血清分离的抗体联用进行免疫治疗。MxA

蛋白可用于治疗某些布尼亚病毒科的病毒，如 CCHF 病毒（Hawman and Feldmann，2018）。

（3）疫苗

自 20 世纪 70 年代以来，世界各地的 CCHF 疫苗接种计划都因为高毒性效应而终止。唯一可用且可能有效的 CCHF 疫苗是一种灭活的抗原制剂，该疫苗曾在保加利亚使用，但迄今为止该疫苗尚未获得 FDA 批准（Dowall et al.，2017）。

（4）当前研究

目前还没有批准用于 CCHF 的特异性疗法。CCHF 唯一可用的治疗药物是利巴韦林，这是一种广谱的治疗药物。它抑制病毒的 RNA 合成，并在小鼠模型中显示出抗病毒活性。2000—2015 年在伊朗开展的临床研究中，它显示出 80%的疗效，目前已被世界卫生组织建议用于治疗 CCHF 感染。CCHF 病毒疫苗的靶点分为大（L）、中（M）和小（S）三个片段，由核蛋白病毒编码。RNA 病毒的结构蛋白包括核蛋白和糖蛋白，它们是 CCHF 病毒抗原疫苗的靶点。最近人们在 CCHF 幸存者体内发现了靶向囊膜蛋白 Gc 的单克隆抗体，这些抗体并不识别囊膜蛋白 Gn（Al-Abri et al.，2017）。

8.3.3 埃博拉出血热

美国 CDC 一直将埃博拉作为 A 类生物战剂。埃博拉出血热（EHF）已经在世界范围内被广泛认知。埃博拉病毒是一种属于丝状病毒科的 RNA 病毒（Bray，2003）。埃博拉病毒是一种致命病原体，感染后死亡率约为 25%～90%。症状和体征一般在接触病毒后 2～21d 开始出现。常见症状包括头痛、发热、肌肉疼痛和喉咙痛。随后出现皮疹、腹泻、呕吐以及肝肾功能异常。该疾病具有巨大的伤亡风险，感染者的死亡率约在 25%～90%，平均为 50%（Moole et al.，2015）。

（1）传播方式

埃博拉病毒可以通过气溶胶方式传播，这一特性极大增加了其被用于生物恐怖活动和生物战的可能性。埃博拉病毒的潜伏期通常为 3～10d，但最初的症状通常在接触病毒后 2d 内就出现。埃博拉病毒主要通过直接接触感染者的体液和器官分泌物传播以及血液传播。埃博拉病毒的传播主要存在于人与人之间。目前认为埃博拉病毒不通过空气传播，被划定为第 4 类生物病原体（Jaax et al.，1995）。

（2）治疗方案

到目前为止，还没有 FDA 批准的抗 EHF 的药物，但患者可以通过服用抗病毒药物改善症状，并可能提高生存率。在感染的早期进行支持性治疗有改善症状和康复的可能性。EHF 可通过以下方法对症治疗：

① 经静脉输液，补充电解质；

② 维持血氧饱和度和血压。

（3）疫苗

黑猩猩 3 型腺病毒埃博拉疫苗（ChAd3-EBO-Z）和重组水泡性口炎病毒埃博拉疫苗（rVSV-ZEBOV）是两种针对埃博拉病毒的潜在候选疫苗。迄今为止，这两种疫苗都表现出足够的安全性和耐受性（Moekotte et al.，2016；Regules et al.，2017）。

(4) 单克隆抗体

2016年，Gonzalez等对埃博拉病毒抗体进行了系统性综述，人们已经识别并鉴定了大约20种单克隆抗体，其中约10种有望在灵长类动物模型中进行试验，包括mAb114、MB-003、ZMAb、ZMapp和MIL77E。2020年，mAb114经FDA批准上市。目前，研究人员正在尝试开发一种DNA疫苗，该疫苗可在宿主细胞中表达核蛋白和包膜蛋白，从而增强接种者的免疫力（Moekotte et al.，2016）。

8.3.4 委内瑞拉马脑炎

冷战期间，美国生物武器计划和苏联生物武器计划都研究了并完成了委内瑞拉马脑炎病毒（VEE）的武器化（Croddy and Perez Armendariz，2002）。委内瑞拉马脑炎病毒属于披膜病毒科甲病毒属，是正义单链RNA病毒，基因组大小为11.5kb。感染者可能会出现流感样症状，如高烧和头痛（Weaver et al.，2004）。

(1) 传播方式

VEE病毒通过蚊子叮咬传播，也可以通过非肠道注射、鼻腔滴注、与破损皮肤直接接触传播，有时还可以通过感染的动物传播，特别是实验室动物。VEE病毒的潜伏期约为1周（被感染蚊子叮咬后），症状可能在24h内出现。目前认为VEE病毒不能在人与人之间传播，但可通过被感染体的叮咬传播。主要是*Photophore*和*Ochlerotatus*属蚊子会传播这种疾病。

(2) 治疗方案

委内瑞拉马脑炎可通过褪黑素（MLT）治疗，目的是提高患者对病毒的免疫力。在一项临床前研究中，用TC-83 VEE减毒疫苗使小鼠产生免疫，并在产生免疫前进行每天褪黑素治疗（2～5mg/kg），持续3d；在产生免疫后不同时间（5d、10d、15d和20d）测定IgM抗体量，并在产生免疫后15d测定IL-10水平。治疗剂量可根据IgM和IL-10水平增加或减少（Kinney et al.，1989）。

(3) 疫苗

1938年，第一种VEE疫苗问世。当时，从小鼠大脑和其他不同器官分离出IAB毒株以制备福尔马林灭活疫苗。该灭活疫苗对不同动物均有效，但残留活病毒的风险较高。自1973年以来，上述灭活疫苗被TC-83减毒活疫苗取代，使IAB亚型VEE病毒消失。目前，在美国销售的马用商业化疫苗包括灭活的TC-83（C-84），通常与其他主要的甲病毒属脑炎病毒疫苗联用，如东部马脑炎病毒和西部马脑炎病毒的疫苗联合使用（Paessler and Weaver，2009）。

(4) 当前研究

目前，正在尝试开发一种VEE病毒减毒活疫苗。此外，研究者正在进行一项临床前试验，以开发一种更安全的新疗法，该疗法将疫苗引起的暴发风险降至最低。需要进行临床前研究以确保疫苗在人体中的安全性。临床前数据表明，对VEE病毒的免疫反应发生在除脑组织外的全身各组织中。最近，一项针对脑炎病毒的研发工作正在进行，有助于消除大脑内的病毒感染（Paessler and Weaver，2009）。

8.4 毒素类生物战剂的治疗

对毒素类生物战剂的主要治疗方案进行总结，如表 8-4 所示。

表 8-4　毒素类生物战剂的治疗

序号	毒素战剂	用于治疗的主要药物/疗法	抗毒素
1	石房蛤毒素	新斯的明和滕喜龙(肌无力)	无
2	肉毒杆菌毒素	无	七价 BAT(肉毒杆菌抗毒素)
3	蓖麻毒素	支持疗法	无

8.4.1 石房蛤毒素

石房蛤毒素是一种海洋生物碱，可在海洋甲藻（亚历山大藻属、裸甲属、鞭毛藻属）和淡水蓝藻（鱼腥藻属、束丝藻属、拟柱胞藻属、鞘丝藻属、浮丝藻属）中合成。它们也可以在实验室合成。美国天然和复合武器项目包括对石房蛤毒素的研究。据报道，美国中央情报局在 20 世纪 50 年代曾使用石房蛤毒素制作自杀胶囊和用于其他秘密用途。它是已知毒性最强的麻痹性贝类毒素（PST），是一种强效的神经毒素，其毒性是沙林的 1000 倍。石房蛤毒素的 LD_{50} 为 5.7μg/kg。这种强效神经毒素的作用原理是通过选择性阻断大脑中负责正常神经元功能的电压门控钠离子通道而产生毒性反应，从而导致中毒和生物瘫痪（Cusick and Sayler，2013）。

（1）传播方式

石房蛤毒素可以通过烟雾分散，这种特性使其在生物恐怖活动中备受关注。此外，石房蛤毒素也可以被混入食品和水中散播。该种毒素被吸收后，到达大脑，选择性地阻断神经元中的钠离子通道导致患者中毒（Anderson，2012）。

（2）治疗方案

目前没有针对石房蛤毒素中毒的特殊治疗方法；支持治疗可能缓解症状。新斯的明和滕喜龙被用于改善河豚毒素中毒后的肌肉无力，而这种中毒症状与石房蛤毒素中毒相似。但尚无临床试验评估这些药物对石房蛤毒素的治疗效果（Bane et al.，2014）。

8.4.2 肉毒杆菌毒素

肉毒杆菌毒素（BTX）是一种由肉毒梭菌及其相关物种分泌的强效神经毒性蛋白。静脉或肌内注射途径的 LD_{50} 为 1.3～2.1ng/kg，吸入途径的 LD_{50} 为 10～13ng/kg。肉毒杆菌毒素已被确认为是生物恐怖分子使用和生物战使用的潜在制剂（Nigam and Nigam，2010）。其可通过呼吸道、黏膜、眼睛或受损皮肤被吸收。肉毒杆菌毒素在神经肌肉接头处发挥作用，阻止神经递质如乙酰胆碱从轴突末端释放，从而导致松弛性瘫痪，其发病特征为复视或视力模糊、眼睑下垂、吞咽困难、口齿不清和呼吸短促（Arnon et al.，2001）。

（1）传播方式

肉毒杆菌毒素可通过气溶胶形式传播，通过注射到人体或通过污染的食物和饮水传播。

（2）治疗方案

七价 BAT（肉毒杆菌抗毒素）可中和肉毒杆菌毒素的毒性。七价 BAT（A、B、C、D、E、F 和 G 型）由 Emergent Bio Solutions 公司制备。它是 CDC 批准的唯一一种可治疗所有七种肉毒杆菌神经毒素（A、B、C、D、E、F 和 G 型）的抗毒素（Arnon et al.，2001）。中毒早期服用七价 BAT 至关重要，因为抗毒素只能中和循环中的毒素，而不能中和与神经末梢结合的毒素。它对会威胁生命的肉毒杆菌中毒（食品加工中）和用于生物恐怖袭击的肉毒杆菌毒素都有效。2010 年，CDC 批准 BAT 使用；2013 年，FDA 批准其可用于商业目的（Hill et al.，2013）。

8.4.3 蓖麻毒素

本质上，蓖麻毒素是一种凝集素，是一种从蓖麻籽中提取的结合蛋白。它是一种高效毒素，通过吸入、摄入、注射途径传播，LD_{50} 约为 22μg/kg；胃部的酸性环境可使其失活，因此不能通过口服途径传播。在第一次世界大战期间，蓖麻毒素首次被美国用于军事目的。当时，它被用作有毒粉尘或子弹涂层（Moshiri et al.，2016）。

（1）传播方式

蓖麻毒素通常通过吸入、摄入和注射传播。如吸入气溶胶、粉尘，摄入被污染的食物、水等。

（2）治疗方案

蓖麻毒素中毒没有解毒剂，只能进行支持疗法等对症治疗，以最大限度地减少感染者的中毒症状。可提供的支持性护理基本上取决于感染者中毒的途径（如中毒可通过摄入、吸入、眼睛或皮肤接触发生）。护理包括帮助通气，通过静脉输液和药物（改善低血压和癫痫等不良症状），摄入蓖麻毒素后短时间内用活性炭冲洗（可能会帮助减轻中毒症状，活性炭可以帮助从胃中去除蓖麻毒素并防止进一步吸收），如果患者出现眼部刺激症状，则可以用清水冲洗眼睛（Zhang et al.，2015）。

8.5 结论

虽然有多种抗生素和抗病毒药物可用，但目前缺乏针对生物战剂的理想治疗方法。工程化毒株的发展也带来了严峻的抗生素耐药问题，抗微生物治疗面临许多挑战。近年来，尽管已经研发出了多种疫苗和单克隆抗体，并被证明能有效应对生物战剂，但还远远不够。未来的有效治疗策略中应包括新型抗微生物药、疫苗和单克隆抗体。

参考文献

Agarwal, R., Shukla, S.K., Dharmani, S., Gandhi, A., 2004. Biological warfare—an emerging threat. J. Assoc. Physicians India 52, 733–738.

Al-Abri, S.S., Al Abaidani, I., Fazlalipour, M., Mostafavi, E., Leblebicioglu, H., Pshenichnaya, N., et al., 2017. Current status of Crimean-Congo haemorrhagic fever in the World Health Organization eastern Mediterranean region: issues, challenges, and future directions. Int. J. Infect. Dis. 58, 82–89.

Anderson, P.D., 2012. Bioterrorism: toxins as weapons. J. Pharm. Pract. 25 (2), 121–129.

Anisimov, A.P., Amoako, K.K., 2006. Treatment of plague: promising alternatives to antibiotics. J. Med. Microbiol. 55, 1461–1475. Pt 11.

Aparicio, E.D., 2013. Epidemiology of brucellosis in domestic animals caused by Brucella melitensis, Brucella suis and Brucella abortus. Rev. Sci. Tech. 32 (1), 53–60.

Arnon, S.S., Schechter, R., Inglesby, T.V., Henderson, D.A., Bartlett, J.G., Ascher, M.S., et al., 2001. Botulinum toxin as a biological weapon: medical and public health management. JAMA 285 (8), 1059–1070.

Bane, V., Lehane, M., Dikshit, M., O'Riordan, A., Furey, A., 2014. Tetrodotoxin: chemistry, toxicity, source, distribution and detection. Toxins 6 (2), 693–755.

Beeching, N.J., Dance, D.A.B., Miller, A.R.O., Spencer, R.C., 2002. Biological warfare and bioterrorism. BMJ 324 (7333), 336–339. (Clinical research ed.).

Bell, D.M., Kozarsky, P.E., Stephens, D.S., 2002. Clinical issues in the prophylaxis, diagnosis, and treatment of anthrax. Emerg. Infect. Dis. 8 (2), 222–225.

Berhanu, A., Prigge, J.T., Silvera, P.M., Honeychurch, K.M., Hruby, D.E., Grosenbach, D.W., 2015. Treatment with the smallpox antiviral tecovirimat (ST-246) alone or in combination with ACAM2000 vaccination is effective as a postsymptomatic therapy for monkeypox virus infection. Antimicrob. Agents Chemother. 59 (7), 4296–4300.

Beyer, W., Turnbull, P., 2009. Anthrax in animals. Mol. Asp. Med. 30 (6), 481–489.

Boisset, S., Caspar, Y., Sutera, V., Maurin, M., 2014. New therapeutic approaches for treatment of tularaemia: a review. Front. Cell. Infect. Microbiol. 4, 40.

Bray, M., 2003. Defense against filoviruses used as biological weapons. Antivir. Res. 57 (1–2), 53–60.

Brook, I., 2002. The prophylaxis and treatment of anthrax. Int. J. Antimicrob. Agents 20 (5), 320–325.

Campbell Mcintyre, R., Tira, T., Flood, T., Blake, P., 1979. Modes of transmission of cholera in a newly infected population on an atoll: implications for control measures. Lancet 313 (8111), 311–314.

Casadevall, A., 2002. Passive antibody administration (immediate immunity) as a specific defense against biological weapons. Emerg. Infect. Dis. 8 (8), 833–841.

Casadevall, A., Relman, D.A., 2010. Microbial threat lists: obstacles in the quest for biosecurity? Nat. Rev. Microbiol. 8 (2), 149–154.

Croddy, E., Perez-Armendariz, C., 2002. Chemical and Biological Warfare: A Comprehensive Survey for the Concerned Citizen. Springer Science & Business Media.

Cusick, K.D., Sayler, G.S., 2013. An overview on the marine neurotoxin, saxitoxin: genetics, molecular targets, methods of detection and ecological functions. Marine Drugs 11 (4), 991–1018.

Cybulski Jr., R.J., Sanz, P., O'Brien, A.D., 2009. Anthrax vaccination strategies. Mol. Asp. Med. 30 (6), 490–502.

Dance, D., 2014. Treatment and prophylaxis of melioidosis. Int. J. Antimicrob. Agents 43 (4), 310–318.

Dennis, D.T., Inglesby, T.V., Henderson, D.A., Bartlett, J.G., Ascher, M.S., Eitzen, E., et al., 2001. Tularemia as a biological weapon: medical and public health management. JAMA 285 (21), 2763–2773.

Desai, S.N., Pezzoli, L., Alberti, K.P., Martin, S., Costa, A., Perea, W., et al., 2016. Achievements and challenges for the use of killed oral cholera vaccines in the global stockpile era. Hum. Vaccin. Immunother. 13 (3), 579–587.

Dowall, S.D., Carroll, M.W., Hewson, R., 2017. Development of vaccines against Crimean-Congo haemorrhagic fever virus. Vaccine 35 (44), 6015–6023.

Drancourt, M., Raoult, D., 2017. Investigation of pneumonic plague, Madagascar. Emerg. Infect. Dis. 24 (1), 183.

Ergonul, O., Tuncbilek, S., Baykam, N., Celikbas, A., Dokuzoguz, B., 2006. Evaluation of serum levels of interleukin (IL)–6, IL-10, and tumor necrosis factor–α in patients with Crimean-Congo hemorrhagic fever. J. Infect. Dis. 193 (7), 941–944.

Fisgin, N.T., Ergonul, O., Doganci, L., Tulek, N., 2009. The role of ribavirin in the therapy of Crimean-Congo hemorrhagic fever: early use is promising. Eur. J. Clin. Microbiol. Infect. Dis. 28 (8), 929–933.

Gordon, S.W., Linthicum, K.J., Moulton, J., 1993. Transmission of Crimean-Congo hemorrhagic fever virus in two species of Hyalomma ticks from infected adults to cofeeding immature forms. Am. J. Trop. Med. Hyg. 48 (4), 576–580.

Guerrant, R.L., Carneiro-Filho, B.A., Dillingham, R.A., 2003. Cholera, diarrhea, and oral rehydration therapy: triumph and indictment. Clin. Infect. Dis. 37 (3), 398–405.

Harris, J.B., LaRocque, R.C., Qadri, F., Ryan, E.T., Calderwood, S.B., 2012. Cholera. Lancet (Lond., Engl.) 379 (9835), 2466–2476.

Hawman, D.W., Feldmann, H., 2018. Recent advances in understanding Crimean-Congo hemorrhagic fever virus. F1000Res. 7, . (F1000 Faculty Rev-1715).

Henderson, D.A., Inglesby, T.V., Bartlett, J.G., Ascher, M.S., Eitzen, E., Jahrling, P.B., et al., 1999. Smallpox as a biological weapon: medical and public health management. Working Group on Civilian Biodefense. JAMA 281 (22), 2127–2137.

Hepburn, M.J., Simpson, A.J., 2008. Tularemia: current diagnosis and treatment options. Expert Rev. Anti-Infect. Ther. 6 (2), 231–240.

Hill, S.E., Iqbal, R., Cadiz, C.L., Le, J., 2013. Foodborne botulism treated with heptavalent botulism antitoxin. Ann. Pharmacother. 47 (2), e12.

Hull, A.K., Criscuolo, C.J., Mett, V., Groen, H., Steeman, W., Westra, H., et al., 2005. Human-derived, plant-produced monoclonal antibody for the treatment of anthrax. Vaccine 23 (17–18), 2082–2086.

Inglesby, T.V., 1999. Anthrax: a possible case history. Emerg. Infect. Dis. 5 (4), 556–560.

Inglesby, T.V., Dennis, D.T., Henderson, D.A., Bartlett, J.G., Ascher, M.S., Eitzen, E., et al., 2000. Plague as a biological weapon: medical and public health management. JAMA 283 (17), 2281–2290.

Jaax, N., Jahrling, P., Geisbert, T., Geisbert, J., Steele, K., McKee, K., et al., 1995. Transmission of Ebola virus (Zaire strain) to uninfected control monkeys in a biocontainment laboratory. Lancet 346 (8991–8992), 1669–1671.

Katz, L., Orr-Urteger, A., Brenner, B., Hourvitz, A., 2002. Tularemia as a biological weapon. Harefuah 141, 120. Spec No: 78-83.

Kennedy, R.B., Ovsyannikova, I., Poland, G.A., 2009. Smallpox vaccines for biodefense. Vaccine 27 (Suppl 4), D73–D79.

Kinney, R.M., Johnson, B.J., Welch, J.B., Tsuchiya, K.R., Trent, D.W., 1989. The full-length nucleotide sequences of the virulent Trinidad donkey strain of Venezuelan equine encephalitis virus and its attenuated vaccine derivative, strain TC-83. Virology 170 (1), 19–30.

Lindback, E., Rahman, M., Jalal, S., Wretlind, B., 2002. Mutations in gyrA, gyrB, parC, and parE in quinolone-resistant strains of Neisseria gonorrhoeae. APMIS 110 (9), 651–657.

Malkevich, N.V., Basu, S., Rudge Jr., T.L., Clement, K.H., Chakrabarti, A.C., Aimes, R.T., et al., 2013. Effect of anthrax immune globulin on response to BioThrax (anthrax vaccine adsorbed) in New Zealand white rabbits. Antimicrob. Agents Chemother. 57 (11), 5693–5696.

Martin, S., Lopez, A.L., Bellos, A., Deen, J., Ali, M., Alberti, K., et al., 2014. Post-licensure deployment of oral cholera vaccines: A systematic review. Bull. World Health Organ. 92 (12), 881–893.

Masuet Aumatell, C., Ramon Torrell, J.M., Zuckerman, J.N., 2011. Review of oral cholera vaccines: efficacy in young children. Infect. Drug Resist. 4, 155–160.

Milton, D.K., 2012. What was the primary mode of smallpox transmission? Implications for biodefense. Front. Cell. Infect. Microbiol. 2, 150.

Mlinaric-Galinovic, G., Turkovic, B., Brudnjak, Z., Gjenero-Margan, I., 2003. The variola virus as a biological weapon. Lijec. Vjesn. 125 (1–2), 16–23.

Moekotte, A.L., Huson, M.A., van der Ende, A.J., Agnandji, S.T., Huizenga, E., Goorhuis, A., et al., 2016. Monoclonal antibodies for the treatment of Ebola virus disease. Expert Opin. Investig. Drugs 25 (11), 1325–1335.

Moole, H., Chitta, S., Victor, D., Kandula, M., Moole, V., Ghadiam, H., et al., 2015. Association of clinical signs and symptoms of Ebola viral disease with case fatality: a systematic review and meta-analysis. J. Comm. Hosp. Int. Med. Perspect. 5 (4), 28406.

Moshiri, M., Hamid, F., Etemad, L., 2016. Ricin toxicity: clinical and molecular aspects. Rep. Biochem. Mol. Biol. 4 (2), 60–65.

Munita, J.M., Arias, C.A., 2016. Mechanisms of antibiotic resistance. Microbiol. Spectr. 4 (2), https://doi.org/10.1128/microbiolspec.VMBF-0016-2015.

Mwengee, W., Butler, T., Mgema, S., Mhina, G., Almasi, Y., Bradley, C., et al., 2006. Treatment of plague with gentamicin or doxycycline in a randomized clinical trial in Tanzania. Clin. Infect. Dis. 42 (5), 614–621.

Nigam, P.K., Nigam, A., 2010. Botulinum toxin. Indian J. Dermatol. 55 (1), 8–14.

Paessler, S., Weaver, S.C., 2009. Vaccines for Venezuelan equine encephalitis. Vaccine 27, D80–D85.

Pappas, G., Panagopoulou, P., Christou, L., Akritidis, N., 2006. Brucella as a biological weapon. Cell. Mol. Life Sci. 63 (19–20), 2229–2236.

Pile, J.C., Malone, J.D., Eitzen, E.M., Friedlander, A.M., 1998. Anthrax as a potential biological warfare agent. Arch. Intern. Med. 158 (5), 429–434.

Price, L.B., Vogler, A., Pearson, T., Busch, J.D., Schupp, J.M., Keim, P., 2003. In vitro selection and characterization of Bacillus anthracis mutants with high-level resistance to ciprofloxacin. Antimicrob. Agents Chemother. 47 (7), 2362–2365.

Regules, J.A., Beigel, J.H., Paolino, K.M., Voell, J., Castellano, A.R., Hu, Z., et al., 2017. A recombinant vesicular stomatitis virus Ebola vaccine. N. Engl. J. Med. 376 (4), 330–341.

Riedel, S., 2004. Biological warfare and bioterrorism: a historical review. Proc. (Baylor Univ. Med. Cent.) 17 (4), 400–406.

Roushan, M.R.H., Mohraz, M., Hajiahmadi, M., Ramzani, A., Valayati, A.A., 2006. Efficacy of gentamicin plus doxycycline versus streptomycin plus doxycycline in the treatment of brucellosis in humans. Clin. Infect. Dis. 42 (8), 1075–1080.

Saleh, E., Swamy, G.K., Moody, M.A., Walter, E.B., 2017. Parental approach to the prevention and management of fever and pain following childhood immunizations: a survey study. Clin. Pediatr. 56 (5), 435–442.

Savitt, A.G., Mena-Taboada, P., Monsalve, G., Benach, J.L., 2009. Francisella tularensis infection-derived monoclonal antibodies provide detection, protection, and therapy. Clin. Vaccine Immunol. 16 (3), 414–422.

Scorpio, A., Blank, T.E., Day, W.A., Chabot, D.J., 2006. Anthrax vaccines: Pasteur to the present. Cell. Mol. Life Sci. 63 (19–20), 2237–2248.

Sinclair, D., Abba, K., Zaman, K., Qadri, F., Graves, P.M., 2011. Oral vaccines for preventing cholera. Cochrane Database Syst. Rev. (3)Cd008603.

Solera, J., 2000. Treatment of human brucellosis. J. Med. Liban. 48 (4), 255–263.

Stepanov, A.V., Marinin, L.I., Pomerantsev, A.P., Staritsin, N.A., 1996. Development of novel vaccines against anthrax in man. J. Biotechnol. 44 (1–3), 155–160.

Stower, H., 2018. An antiviral for smallpox. Nat. Med. 24 (8), 1088.

Sun, W., Singh, A.K., 2019. Plague vaccine: recent progress and prospects. npj Vaccines 4 (1), 11.

Sun, W., Roland, K.L., Curtiss 3rd, R., 2011. Developing live vaccines against plague. J. Infect. Dev. Ctries. 5 (9), 614–627.

Tittarelli, M., Bonfini, B., De Massis, F., Giovannini, A., Di Ventura, M., Nannini, D., et al., 2008. Brucella abortus strain RB51 vaccine: immune response after calfhood vaccination and field investigation in Italian cattle population. Clin. Dev. Immunol. 2008, 584624.

Tsai, C.-W., Morris, S., 2015. Approval of Raxibacumab for the treatment of inhalation anthrax under the US Food and Drug Administration "animal rule". Front. Microbiol. 6, 1320.

Vigeant, P., Mendelson, J., Miller, M.A., 1995. Human to human transmission of Brucella melitensis. Can. J. Infect. Dis. 6 (3), 153–155.
Warawa, J., Woods, D.E., 2002. Melioidosis vaccines. Expert Rev. Vaccines 1 (4), 477–482.
Weaver, S.C., Ferro, C., Barrera, R., Boshell, J., Navarro, J.-C., 2004. Venezuelan equine encephalitis. Annu. Rev. Entomol. 49 (1), 141–174.
Whitby, M., Ruff, T.A., Street, A.C., Fenner, F., 2002. Biological agents as weapons 2: anthrax and plague. Med. J. Aust. 176 (12), 605–608.
Whitley, R.J., 2003. Smallpox: a potential agent of bioterrorism. Antivir. Res. 57 (1–2), 7–12.
Woods, J.B., 2005. Antimicrobials for biological warfare agents. In: Biological Weapons Defense. Springer, pp. 285–315.
Yamamoto, B.J., Shadiack, A.M., Carpenter, S., Sanford, D., Henning, L.N., O'Connor, E., et al., 2016. Efficacy projection of Obiltoxaximab for treatment of inhalational anthrax across a range of disease severity. Antimicrob. Agents Chemother. 60 (10), 5787–5795.
Zhang, T., Yang, H., Kang, L., Gao, S., Xin, W., Yao, W., et al., 2015. Strong protection against ricin challenge induced by a novel modified ricin A-chain protein in mouse model. Hum. Vaccin. Immunother. 11 (7), 1779–1787.

第9章

生物战剂防护设备

Virendra V. Singh[1]，Mannan Boopathi[1]，Vikas B. Thakare[1]，Duraipandian Thavaselvam[1]，Beer Singh[1]

韩聚强　杜玉国　曹俊霞　王征旭　译

9.1 概述

随着科学技术进步，设备制造不断创新以及相关知识通过互联网在全世界快速传播，生物战剂（BWA）的生产、储存和传播变得更容易、成本更低、效益更高，攻击也更容易实施［Lederberg，1999；Eitzen and Takafuji，1997；斯德哥尔摩国际和平问题研究所（SPIRI），1971；Kaufmann et al.，1997；Christopher et al.，1997；Poupard and Miller，1992，Atlas，2002］。由于BWA能被用来参与杀戮、使人丧失能力或严重阻碍整个城市和地区发展（Lederberg，1999；Eitzen and Takafuji，1997；SPIRI，1971；Kaufmann et al.，1997；Christopher et al.，1997；Poupard and Miller，1992；Atlas，2002），少量传染性物质就足以引起疾病流行，因此生物战剂被认为是大规模毁灭性武器（Lederberg，1999；Eitzen and Takafuji，1997；SPIRI，1971；Kaufmann et al.，1997；Christopher et al.，1997；Poupard and Miller，1992；Atlas，2002）。一般而言，BWA的影响不是瞬间产生，而是在受累人群出现症状之前经历几个小时到一周的暴露，最终才会导致人体对BWA攻击出现反应（SPIRI，1971；Kaufmann et al.，1997；Christopher et al.，1997）。

采取合理的保护措施来避免BWA的毒性带来的影响非常必要。生物防护是一个需要广泛深入探索的未知领域，目的是将BWA暴露对作战能力的影响降到最低。BWA的暴露机制和入侵机体途径将决定如何为先证者或受累人群提供适当保护。在早期预警系统帮助下，

[1] Defence Research and Development Establishment，DRDO，Gwalior，India.

生物防护系统可以帮助工作人员采取适当的防护，防止 BWA 暴露并因此导致的死亡。

本章介绍了当前可用和正在使用的生物保护技术、技术类型以及相关发展趋势，并着重描述了这一重要领域的机遇和挑战。需要生物防护的场合非常广泛，包括战场、流行性疾病防护、封闭的卫生工作环境以及生物实验室等等。由于威胁的强度和对其感知的不同，个人所需的 BWA 防护设备（IPE）也不尽相同。因此，本章主要讨论适用于军事场合的战场防护，尤其是对战斗人员的个人防护和集体防护。另外，本章也简要讨论了生物防护在其他领域的交叉应用情况。最近的防护研究趋势已转向开发多功能、轻质、含混合材料和纳米涂层、原位自清洁、基于活性材料等的防护装备，这有助于保护战斗人员和公众免受 BWA 伤害。目前，全球研究人员致力于通过给纺织材料赋能使生物防护设备更加智能化。材料研发以及材料科学与纺织科学融合新技术的创新将促进研究成果实现快速转化，尽快被实际国防应用，解决 BWA 不断升级的威胁。

9.2 生物战剂的分类及其症状

自然界中存在大量微生物，但仅有部分会导致人类疾病发生，因此不能将所有微生物都归纳为 BWA。BWA 一般被定义为包括病毒在内的活体生物或其衍生的传染性物质，当用于敌对目的时，可导致人类、动物或植物产生疾病或死亡（Lederberg，1999；Eitzen and Takafuji，1997；SPIRI，1971；Kaufmann et al.，1997；Christopher et al.，1997，1999）。表 9-1 列出了一些潜在的 BWA 及其所致症状（Shah and Wilkins，2003；Crudy，2001；Norris and Fowler，1997；Linsel，2001）。

表 9-1　潜在 BWA 及其所致症状列表

BWA	粒子的空气动力学直径/μm	疾病	制剂类型	可能的传播途径	症状
炭疽杆菌	0.2～10(细菌) 0.5～1.5(细菌孢子)	炭疽病	细菌	气溶胶	气溶胶暴露所致症状：寒战、高烧、呕吐、淋巴结疼痛、头痛、关节疼痛、内外出血病变 经皮接触所致症状：肿胀、出血和组织死亡
鼠疫耶尔森菌	0.2～10(细菌) 0.5～1.5(细菌孢子)	鼠疫	细菌	气溶胶或受感染的跳蚤	腹股沟淋巴结肿大，发热，影响脾脏和肺
土拉热弗朗西斯菌	0.2～10(细菌) 0.5～1.5(细菌孢子)	兔热病	细菌	气溶胶	发热、发冷、头痛、淋巴结肿大
类鼻疽伯克霍尔德氏菌	0.2～10(细菌) 0.5～1.5(细菌孢子)	鼻疽	细菌	食物和水污染物	皮肤损伤、皮肤溃疡、肺炎、肺脓肿等
霍乱弧菌	0.2～10(细菌) 0.5～1.5(细菌孢子)	霍乱	细菌	气溶胶	恶心、呕吐、腹泻、脱水、毒血症和虚脱
重型天花病毒	0.02～0.3	天花	病毒	气溶胶	高烧、头痛等

续表

BWA	粒子的空气动力学直径/μm	疾病	制剂类型	可能的传播途径	症状
埃博拉病毒	0.02～0.3	出血热	病毒	气溶胶	高烧、昏迷、严重的关节疼痛、出血和抽搐，随后死亡
葡萄球菌肠毒素 B	—	食物中毒	毒素	食物和水污染物	突然发冷、发烧、头痛、咳嗽、恶心、呕吐和腹泻
蓖麻毒蛋白	—	蓖麻毒素中毒	毒素	气溶胶	虚弱、发热、咳嗽、肺水肿、严重呼吸窘迫、淋巴结肿大伴器官受累和死亡
肉毒梭菌	—	肉毒毒素中毒	毒素	气溶胶	恶心、腹泻、虚弱、头晕、口干和喉咙干燥、视力模糊和呼吸麻痹
真菌毒素	2～8(真菌孢子)	真菌中毒	真菌	气溶胶	疼痛、红肿和水泡、表皮脱落、喉咙痛、打喷嚏、咳嗽、胸痛等

9.3 接触途径和传播方式

BWA 是非常规武器，按照需求能通过多种方式被使用。无论何种方式，BWA 暴露的主要途径有三种：皮肤（黏膜）、胃肠道和肺部。与其他途径相比，肺部暴露是主要的传播途径（Wheelis，1991；Klietmann and Ruoff，2001；Davis，1999；Meselson et al.，1994；Shah and Wilkins，2003；Crudy，2001；Norris and Fowler，1997；Linsel，2001；Prasad et al.，2008；Sidell et al.，1997a；Noll，2005）。生物武器的传播可隐蔽或明显，目的是扰乱社会稳定或获得国际霸权。BWA 不同于其他常规武器，其少量暴露即可诱发疾病产生，因此破坏威力较大（Wheelis，1991；Klietmann and Ruoff，2001；Davis，1999；Meselson et al.，1994；Shah and Wilkins，2003；Crudy，2001；Norris and Fowler，1997；Linsel，2001；Prasad et al.，2008；Sidell et al.，1997a；Noll，2005）。在传播过程中，BWA 毒性和稳定性之间的平衡面临各种不可预测的挑战，因为受到阳光、雨水、海拔、风速等大气条件的强烈影响，这可能会导致 BWA 在目标区域的传播方式发生改变。潜在的 BWA 可能通过下列形式进行传播：

① 气溶胶：根据空气动力学原理，直径为 1～5μm 的气溶胶颗粒是 BWA 的最有效传播形式，其可以对人群造成最大程度破坏。较大的气溶胶颗粒由于其重量较大，战场上一般不常见，这些颗粒或沉积在环境中，或沉积在上呼吸道黏膜，但沉积在呼吸道黏膜的颗粒可以通过正常的黏液纤毛摆动被清除。但就实际情况而言，大颗粒气溶胶形式更常见于生物恐怖袭击等（Klietmann and Ruoff，2001；Crudy，2001；Norris and Fowler，1997；Linsel，2001）。

② 食物和水传播：这种方式通常会通过摄入导致感染。BWA 一般会导致食品、水或医

疗用品的污染。但就实际情况而言，BWA 作为武器以这种传播方式破坏力有限，因为常规水清洁方法能够清除大多数的 BWA（Klietmann and Ruoff，2001；Crudy，2001；Norris and Fowler，1997；Linsel，2001）。

③ 爆炸物（大炮、导弹和已引爆的炸弹）：这种 BWA 传播模式非常低效，因为爆炸产生的热量会使 BWA 失去毒性（Klietmann and Ruoff，2001；Crudy，2001；Norris and Fowler，1997；Linsel，2001）。

④ 注射/吸收：经皮接种导致的感染。这种传播方式也不高效，因为只有受伤的皮肤才能使 BWA 进入身体，而完整的皮肤能够将大部分的 BWA 隔离在外（Klietmann and Ruoff，2001；Crudy，2001；Norris and Fowler，1997；Linsel，2001）。

9.4 为什么需要防护?

鉴于最近国际上频繁发生生物武器威胁事件，对生物武器的防范已成为一个世界性的安全问题。基于防范 BWA 的实际效果，早期防护对打击恐怖主义非常有利。使用合理的防护装置不只有助于恢复伤员正常工作的能力，更重要的是在及时、高效处理 BWA 暴露所致人员伤亡的事件中发挥关键作用。总的来说，防护在策略上可分为三类，即个人防护、集体防护和医疗防护。个人防护是通过使用罩衣、面罩、帽子、套衫、防护手套等进行防护。无论攻击的类型、浓度或方法如何，对 BWA 最佳防护是第一时间对身体和呼吸防护（Hinds，1999）。在对恐袭进行打击的战场条件下，可呼吸的空气对于战斗人员非常重要，对吸入空气实行安全监控是最具挑战性的要求之一，其能对战斗人员的战斗力产生严重影响（Prasad et al.，2008；Sidell et al.，1997a；Noll，2005；Marzi，1989；Katz，1989；Boopathi et al.，2008；Singh et al.，2016）。在研发防护设备时，需要考虑诸多因素，包括重量、舒适度、防护等级和所需防护时间，而决策层此时的职责是及时、合理地研判，为反恐战斗人员选择合适的防护措施和防护设备。此外，佩戴个人防护装备的目的还在于防止 BWA 从受累者或周围环境向救援人员或医务人员波及（即保护医务人员不受感染）。不同类型的个人防护装备（PPE）的选择取决于危险程度（Prasad et al.，2008；Sidell et al.，1997a；Noll，2005；Marzi，1989；Katz，1989；Boopathi et al.，2008；Singh et al.，2016）。智能纺织品、先进精细加工技术以及防护装备领域先进材料的交叉最终推动了新一代防护套装的出现。

9.5 体表与呼吸系统防护原理

体表和呼吸系统防护的主要目的是限制个人或群体接触 BWA，并在防护区提供合理的医疗援助，避免或减少伤亡。无论是个人防护还是集体防护，物理防护需要满足两个方面要求：建立人工屏障和提供可呼吸空气。

(1) 人工屏障的建立

为了避免各种 BWA 事件的影响，应通过人工屏障将人员与污染区隔离，避免接触 BWA。不管 BWA 源是液体、气溶胶还是气体，理想的屏障应当为个人提供针对所有可能 BWA 源的持久防护。物理防护的可靠性在很大程度上取决于屏障的有效性，而屏障的有效性主要取决于其内在属性，如厚度、成分、耐温性、材料等（Prasad et al.，2008；Boopathi et al.，2008；Singh et al.，2016；Hinds，1999）。对于 IPE，通常使用的屏障是橡胶材质的面罩、手套以及碳涂层织物/聚氨酯泡沫/活性炭布/球形碳涂层织物等，其可抵抗 BWA 的渗透（Prasad et al.，2008；Boopathi et al.，2008；Singh et al.，2016；Hinds，1999；Lakoff，2008；Chemical and Biological Terrorism：Research and Development to Improve Civilian Medical Response，1999；Smisek and Cerny，1970；Gardner，1998；Jansen et al.，2014；Sen，2007）。对于集体保护，通常提供由混凝土墙、金属板、聚合物板等构成的气密性较好的固定屏障进行必要保护（Prasad et al.，2008；Boopathi et al.，2008；Singh et al.，2016；Hinds，1999；Lakoff，2008；Chemical and Biological Terrorism：Research and Development to Improve Civilian Medical Response，1999；Smisek and Cerny，1970；Gardner，1998；Jansen et al.，2014；Sen，2007）。

(2) 可吸入空气的供应

在个人和集体防护的基础上，通过各种方法提供可吸入空气是必要的。在进行个人单独防护时，可通过连接带面罩的滤毒罐或空气瓶直接供应新鲜空气来满足呼吸需求（Prasad et al.，2008；Singh et al.，2016；Gardner，1998）。在进行集体保护时，污染空气应通过由高效微粒气溶胶（HEPA）/超低渗透气溶胶（ULPA）组成的过滤器由鼓风机送入，以确保能够满足群体正常呼吸。

9.6 个人防护

个人防护通常涉及综合防护，即需要各种类型的措施和设备进行防护，以免遭受各种可能的 BWA 暴露。一般而言，个人防护常常基于呼吸防护和皮肤防护两方面进行组合，具体可分为两部分（Boopathi et al.，2008；Singh et al.，2016；Hinds，1999；Lakoff，2008；Chemical and Biological Terrorism：Research and Development to Improve Civilian Medical Response，1999；Gardner，1998）：呼吸系统保护和体表保护。

9.6.1 呼吸系统防护

在 BWA 暴露情况下，最可能的接触途径是气溶胶吸入，因此呼吸系统保护比皮肤保护更为重要。根据可吸入空气的供应情况，呼吸系统防护一般分为两部分：空气净化设备（防毒面具）和供气装置（自给式呼吸器，SCBA）。

防毒面具由与呼吸筒（罐）联结的面罩组成（Prasad et al.，2008；Noll，2005；Gardner，1998)，该装置能够从吸入的空气中去除有毒气体、水蒸气和/或气溶胶，从而达到保护呼吸道的目的。市售的防毒面具有各种尺寸规格可供选择，以满足不同脸型所需。最为重要的是，我们必须清楚该面罩从功能上仅能通过物理过滤污染物来满足可吸入空气的需求，不能补充氧气、改善缺氧状态。附着在呼吸面罩上的滤毒罐主要由高效微粒气溶胶（HEPA）或超低渗透气溶胶（ULPA）和一个气体过滤器等构成（Prasad et al.，2008；Noll，2005；Gardner，1998）。

HEPA和ULPA：滤毒罐带有可滤过气溶胶的HEPA或ULPA过滤介质。HEPA介质由一层直径为0.1～10μm的玻璃纤维组成，纤维间的通气空间大于0.3μm（Hinds，1999；Chemical and Biological Terrorism：Research and Development to Improve Civilian Medical Response，1999；Gardner，1998)。HEPA和ULPA对BWA气溶胶滤过非常有效。来自污染空气中的气溶胶颗粒通过范德华力被捕获在过滤介质的表面上。HEPA去除0.3μm气溶胶颗粒的效率可达到99.7%，以此达到防护细菌BWA的要求。此外，ULPA对于0.12μm或更大的颗粒的过滤效率可达到99.999%，而这种粒径接近病毒大小（Crudy，2001；Norris and Fowler，1997；Prasad et al.，2008；Gardner，1998)。HEPA或ULPA主要通过以下机制捕获空气中的BWA颗粒。

① 拦截：粒子随着空气流动与纤维接触被捕获。

② 沉降：颗粒与纤维接触时在重力作用下发生沉降。

③ 撞击：由于惯性，粒子撞击纤维进而被捕获，而较大的颗粒一般不会跟随空气流动。

④ 扩散：此机制一般适用于直径小于0.1μm的颗粒，该种粒子通过布朗运动扩散穿过纤维表面时被捕获。

通常，气溶胶截留效率取决于过滤介质的纤维直径、气溶胶粒径和通过过滤器的气流速度。

气体过滤器含有一层浸渍碳，其通过吸附来去除污染空气中的有毒气体（Hinds，1999；Lakoff，2008；Chemical and Biological Terrorism：Research and Development to Improve Civilian Medical Response，1999；Smisek and Cerny，1970)。通常，选用比表面积数值高的材料吸附各种气体。

SCBA用于从气缸向战斗人员提供新鲜空气（Eitzen and Takafuji，1997；Gardner，1998；Jansen et al.，2014；Sen，2007)。与滤毒罐相比，该系统不受污染空气的影响，可提供高效保护、降低呼吸阻力。携带SCBA的可移动氧气瓶比固定的系统更实用，但它只能在限定时间内提供空气。

9.6.2 体表防护

体表防护非常重要，其在BWA防御中发挥着不可替代的作用（Prasad et al.，2008；Sidell et al.，1997a；Noll，2005；Marzi，1989；Katz，1989；Boopathi et al.，2008；Gardner，1998；Sen，2007；Truong and Wilusz，2005)。体表防护服也被称为"战斗人员的第二层皮肤"，在战场上用于抵御BWA攻击。质量上乘的核、生物和化学（NBC）防护服主要用于化学战剂防护，但也能提供一定程度的BWA防护（Prasad et al.，2008；Sidell et al.，1997a；Noll，2005；Marzi，1989；Katz，1989；Boopathi et al.，2008；Gardner，1998；Sen，2007；Truong and Wilusz，2005)。生物防护服主要为防止BWA威胁而设计，

它不具备任何化学保护功能。但生物防护服的主要优点是，它与 NBC 防护服相比重量更轻。生物防护服的平均重量约为 500g，而 NBC 防护服为 3kg。在 BWA 暴露情况下，呼吸系统防护比体表防护更重要——这是因为大多数 BWA 不会穿透未破损的皮肤（Gardner，1998；Jansen et al.，2014）。但从另一个角度来讲，在 BWA 暴露情况下应始终进行体表防护以避免身体接触 BWA，这也很重要。

① NBC 防护服

NBC 防护服分为两类：防水服和透气服。

NBC 防水服能够防止空气和细菌气溶胶通过，具有很高的抗 BWA 渗透功能（Marzi，1989；Katz，1989；Boopathi et al.，2008；Gardner，1998；Sen，2007；Truong and Wilusz，2005；Karkalic and Popovic，2004；Rivin and Kendrick，1997）。由于它不透水，因此会在短时间内导致机体出现热衰竭。对于防水服而言，通常使用的材质是丁基橡胶、卤化丁基橡胶、氟橡胶、聚四氟乙烯、聚氯乙烯和氯丁橡胶等聚合物（Marzi，1989；Katz，1989；Boopathi et al.，2008；Gardner，1998；Sen，2007；Truong and Wilusz，2005；Karkalic and Popovic，2004；Rivin and Kendrick，1997）。为了减少该类防水服的热应激，该类防护服通常自带一种制冷装置和 SCBA（Marzi，1989；Boopathi et al.，2008；Gardner，1998；Jansen et al.，2014；Sen，2007；Truong and Wilusz，2005；Karkalic and Popovic，2004；Rivin and Kendrick，1997）。

NBC 透气服：与防水服相比，NBC 透气服更舒适，而正因为透气性好，刚好可以去除汗水，进而缓解热应激。NBC 透气服主要由三层结构组成，外层具有耐油、耐水、抗燃和抗静电性能，中间层包含各种吸附剂组成的过滤物质，如颗粒活性炭（Marzi，1989；Katz，1989；Boopathi et al.，2008；Gardner，1998；Jansen et al.，2014；Sen，2007；Truong and Wilusz，2005；Karkalic and Popovic，2004；Rivin and Kendrick，1997；Gurudatt et al.，1997）、活性炭球（Marzi，1989；Gardner，1998；Jansen et al.，2014；Sen，2007；Truong and Wilusz，2005；Karkalic and Popovic，2004）、活性炭织物（Rivin and Kendrick，1997；Gurudatt et al.，1997；Lee et al.，2014；Sun et al.，2007；Zeng and Pan，2008；Lin and Zhao，2016；Frank et al.，2012）和选择性渗透膜（Figueiredo et al.，2011；Viriyanbanthorn et al.，2006；Kissa，1981；Karkalic，2006；Ellingsen and Karlsen，1983），第三层或内层靠近皮肤，在防止中间层与身体接触的同时尽可能给人带来舒适感（Marzi，1989；Gardner，1998；Jansen et al.，2014；Sen，2007；Truong and Wilusz，2005；Karkalic and Popovic，2004；Rivin and Kendrick，1997；Gurudatt et al.，1997；Lee et al.，2014；Sun et al.，2007；Zeng and Pan，2008；Lin and Zhao，2016；Frank et al.，2012）。

IPE 的新进展：

目前，IPE 是重量大、不透水或可渗透的吸附性防护服，其无法同时满足高舒适性和高保护性的关键需求，并且对环境威胁仅能被动响应。基于此，当前各种 IPE 的研发已在多功能、智能化和更高透气性的先进材料作为过滤物质上进行各种尝试，旨在缓解热应激并增强防护服的功能。高水蒸气传输速率对于降低生物防护服的热应激很重要。

Bui 等人（2016）研制了一种基于两种成分的柔性聚合物膜：一种为高度透气的碳纳米管（CNT）膜，可有效抵御生物威胁；另一种为一层薄薄的响应功能层，覆盖在膜表面上，可根据需要进行开关。由于CNT孔的尺寸特别小，所以其能够有效防止BWA暴露（Bui et al.，2016）。Grandcolas等人（Grandcolas et al.，2011）制备了一种基于三氧化钨（WO_3）改性钛酸盐纳米管的自清洁纺织品，用于光催化销毁大规模杀伤性武器（WMD）的光催化销毁。最近报告表明，可在具有防护性能的纺织品中选用生物活性纤维来保护战斗人员免受致病性生物气溶胶的影响，这将有助于减少或消除流行性疾病发生（Abdou et al.，2008；Gupta et al.，2008；Kenawy et al.，2002；Shin et al.，1999；Tan et al.，2000）。另有研究报道，一种涂有银和金属氧化物纳米颗粒的纺织品也已问世，其具有抗菌或自我清洁能力，完全可以用于防止BWA暴露（Gugliuzza and Drioli，2013；Brewer，2011a）。

针对环境威胁研发的智能透气材料使战斗人员的防护服具备最大限度的舒适性和轻质化（Schreuder-Gibson et al.，2003）。在过去几十年中，醋酸纤维、聚四氟乙烯、聚乙烯醇和聚烯丙基胺等的选择性渗透膜已用于防护纺织品制作，旨在减少生理负担并提供更好的BWA防护（Brewer，2011b；Wu，1994）。仿生膜是良好的热交换器、水冷凝器，也是BWA的屏障，具有自清洁能力，一些研究报道纳米技术和材料科学的融合可以延长BWA战争场景中战斗人员的寿命（Qui et al.，2004；Nicoletta et al.，2012；Kazuhiro et al.，2012；Bohringer et al.，2004）。电纺纳米网膜可防水和水蒸气渗透，这使其成为抵御BWA的潜在屏障（Gibson et al.，1988）。Schreuder-Gibson等人（Schreuder-Gibson et al.，2002）已经制造出了材质为热塑性聚氨酯弹性体橡胶的可拉伸静电纺丝膜，这些聚合物具有较低的透气性和较高的水蒸气通透性、BWA防护的气溶胶过滤效率。

② 一体式面罩

一体式面罩（IHM）可用于BWA防护，其专门用于面部受伤的战斗人员（Prasad et al.，2008；Marzi，1989；Katz，1989；Gardner，1998），由呼吸面罩、滤毒罐和发动机罩组成。风帽由分层织物制成，前面板上有非常合适的接口，用于将其固定在面罩上。

③ BWA防护面罩

BWA防护面罩是一种半防护性面罩，其与普通呼吸面罩相比更舒适，呼吸阻力更低，同时还具有较强的语音传输能力（Prasad et al.，2008；Marzi，1989；Katz，1989；Gardner，1998）。因此，当考虑不需要个人整体防护时，这种面罩显然是最佳选择。面罩由活性炭布过滤器组成，用于过滤低浓度的BWA。

④ 防水靴子

防水靴子用于足部防护，通常套穿在普通鞋子外面，一般由氯丁橡胶、聚氯乙烯（PVC）或丁基橡胶等材料制成。防水靴子在BWA战场上起着关键作用（Norris and Fowler，1997；Linsel，2001；Katz，1989；Gardner，1998）。

⑤ 防水手套

防水手套通常戴在棉手套上，由丁基橡胶制成（Norris and Fowler，1997；Linsel，2001；Katz，1989；Gardner，1998；Jansen et al.，2014；Sen，2007）。该类手套有三种尺寸可供选择，另外手套在手掌部位呈锯齿状，便于抓握。

在从传统防水透气织物到阻隔织物的防护服革新过程中，热塑性弹性体（TPE）聚合物发挥了重要作用。连续TPE膜具有渗透性高、耐磨性强、强度大和生物屏障好的混合特性。大多数透气的BWA防护服由单片薄膜制成（Schledjewski et al.，1997；Zapletalova et al.，

2006)。欧洲相关标准 EN 14216 中定义了防护服对感染因子的防护要求，试验标准涉及 IPE 对液体、气溶胶或固体粉尘颗粒中微生物的防护能力。表 9-2 中列出了生物防护服的类型以及相关标准（BS-EN-14126-2003，2004；Ryan，2016）。

表 9-2 生物防护服的类型

防护服类型	描述	相关标准
1-A 型，1-B 型，1-C 型	气密	EN 943-1
2-B 型	非气密	EN 943
3-B 型	高压液体化学品防护	EN 466
4-B 型	防止液体气溶胶	EN 465
5-B 型	对空气中固体颗粒物的防护	EN ISO 13982
6-B 型	液体化学品防护	EN13034

9.7 集体防护

集体防护主要是指使人群、食物、水和敏感设施免受生物污染的方法和设备（Eitzen and Takafuji，1997；Crudy，2001；Norris and Fowler，1997；Linsel，2001；Prasad et al.，2008；Gardner，1998）。集体防护的目的是为人群提供一个免受污染的环境允许人群执行战斗上的任务。此举的好处是，保护区内的个人，无须佩戴任何 IPE。具体而言，集体防护使战斗人员能够在 BWA 威胁下以接近常态化状态长期安全作战。集体防护在医疗应用中同样发挥着重要作用，保证即使在受污染的环境中也能完成伤员治疗。集体防护在真实战争中意义重大，它能减轻个人防护设备负担，从而允许即使在污染环境中也能进行有效的军事和非军事行动（Eitzen and Takafuji，1997；Crudy，2001；Norris and Fowler，1997；Linsel，2001；Prasad et al.，2008；Gardner，1998）。集体防护包括两大类：独立庇护所和综合庇护所。

9.7.1 独立庇护所

该庇护所是一个独立的建筑，其在设计和建造过程中建立了防护屏障（如混凝土墙）并配备了空气清洁过滤系统，能够形成一个免受 BWA 累及的空间（Eitzen and Takafuji，1997；Crudy，2001；Norris and Fowler，1997；Linsel，2001；Prasad et al.，2008；Gardner，1998）。一般来说，独立庇护所均建造在远离潜在危险的地方，通常会在庇护所中设计带有含 HEPA/ULPA 和活性炭的空气洁净组合系统，空气由鼓风机送入，通过一个气溶胶过滤器和一层活性炭进行过滤（Eitzen and Takafuji，1997；Crudy，2001；Norris and Fowler，1997；Linsel，2001；Prasad et al.，2008；Gardner，1998）。

9.7.2 综合庇护所

综合庇护所可向各种航空飞机、船舶、厢式货车和客运车辆提供正压空气过滤系统，旨在满足 BWA 防护。它是一个特殊设计和建造的空间，位于一个较大的建筑物内（Eitzen and Takafuji，1997；Crudy，2001；Norris and Fowler，1997；Linsel，2001；Prasad et al.，2008；Gardner，1998）。该庇护所主要类型如下 Crudy，2001；Norris and Fowler，1997；Linsel，2001；Prasad et al.，2008；Gardner，1998）。

① 地下防空洞

地下防空洞是一种专门用于超压防护的封闭空间设计，产品包括法国 AMF 80、巴顿 APD 庇护所、美国 ASR-100-AV-NBC 安全单元、美国 NBC 空气过滤系统 ASR-100-AV-NBC-COMP 等。

② 充气式庇护所

该类庇护所非常便携，配备了密封尼龙嵌段共聚物衬垫，帐篷内的空间需进行正压空气过滤，因此通常在帐篷的入口装有一个超压气闸。产品包括 M28、生化防护罩系统、联合移动式集体防护系统、两栖后备式集体防护系统、生化防护棚、Temet NBC 防护系统 LSS-88 等。

③ 材质坚固的地面庇护所

该种庇护所的特点是位置固定，可以抵御各种各样的威胁，产品包括玻璃纤维增强聚合物（GRP）制成的庇护所、钢框架建筑和支撑框架建筑。

9.8 防护水平

各种 BWA 事件所需的防护程度和防护类型取决于暴露程度和预期暴露时间。防护等级有四种（Gardner，1998；Ryan，2016；Chan et al.，2002）。

A 级：大气中 BWA 浓度高，需要最高水平的呼吸系统和体表防护，所需设备包括 BWA 防护服、防护靴、防护手套以及 SCBA。

B 级：除了对皮肤保护外，还需要全面的呼吸系统保护，所需设备包括 BWA 防护服、防护靴、防护手套以及 SCBA。

C 级：当空气中的物质类型已知并且浓度已测时，应选择该等级防护。该级别的污染一般不太可能接触皮肤或眼睛，此时使用空气清洁呼吸器即可，不用 SCBA。

D 级：工作服、靴子和手套。

9.9 BWA 防护服和面罩的性能要求

对 BWA 防护服的选择取决于防护设备拟定的最终用途，常见的防护主要包括患者防护、暴露于血源性病原体和其他病原体的医疗专业人员的防护。而大多数生物危害测试方案和指南对象均集中在防护军事人员。在当前生物威胁下，生物防护对于密切接触、可能接触有害物质的工作人员和公众来说非常重要。经典的生物防护服性能测试方法如表 9-3 所示

(Scott，1999；Kendall et al.，2008)。

表 9-3 生物防护服性能测试方法

序号	测试方法	标准
1	ASTM F1670-03	用于测试防护服对人造血液的渗透性
2	ASTM F1671-03	利用噬菌体测试防护服对血源性病原体的渗透性
3	ASTM F1819-04	使用机械压力技术测试防护服对人造血液的渗透性
4	ASTM F1862-00a	测试面罩对人造血液的渗透性
5	ISO 16604	用于防止血液和体液接触的服装。通过血源性病原体来测定防护服材料的抗渗透能力。使用 Phi-X174 噬菌体的测试方法
6	BS-EN-14126-2003	用于防护服。抗传染性防护服的性能试验
7	ISO 16603	人造血液渗透试验
8	ISO 22610	湿细菌渗透试验
9	ISO 22612	干微生物渗透试验

ASTM—美国材料与试验协会；ISO—国际标准化组织；BS-EN—英国标准-欧盟规范。

9.10 通过疫苗和抗生素提供保护

防护设备和装置可以为战斗人员提供可行的防护，但通过疫苗和抗生素来抵御生物恐怖袭击仍必不可少。BWA 相关的微生物研究工作促进了新一代疫苗的研发（Chemical and Biological Terrorism：Research and Development to Improve Civilian Medical Response，1999；Zajtchtchuk and Bellamy，1997；Pomeratnsev et al.，1997)。在基因工程技术引领下，新型疫苗/抗生素的研发将为抵御潜在的新型生物威胁提供重要保障。表 9-4 列出了一些已研发的 BWA 疫苗和抗生素。

表 9-4 BWA 疫苗和抗生素

疾病	疫苗/抗生素的可用性	参考文献
炭疽病	可用，FDA 许可一些区域使用	Shlyakhov and Rubinstein，1994；Turnbull，1991；Centers for Disease Control and Prevention，1999
瘟疫	可用，FDA 许可	Meyer et al.，1974；Centers for Disease Control and Prevention，1996
兔热病	可用	Sandstrom，1994
Q 热	可用，澳大利亚许可	Marmion et al.，1984
天花	可用，FDA 许可	Centers for Disease Control，1991
鼻疽	不可用	Gilligan，2002
肉毒毒素中毒	不可用，可在一段时间内有效阻止肉毒毒素中毒	Anderson et al.，1981

9.11 用于制造 IPE 的材料

根据 BWA 浓度和防护级别，选用了不同的制造材料。表 9-5 列出了用于制造 IPE 的材料。

表 9-5　用于制造 IPE 的材料

序号	IPE 名称	弹性体/材料	参考文献
1	面具、面罩、逃生面罩、NBC 靴子、NBC 手套	天然橡胶、丁腈橡胶、丁基橡胶、卤化丁基橡胶、聚氨酯	Sidell et al. ,1997b;Organization for the Prohibition of Chemical Weapons(n. d.)
2	面具	聚碳酸酯、聚氨酯、夹层安全玻璃	Gardner,1998;Organization for the Prohibition of Chemical Weapons(n. d.)
3	面罩	外层:聚酯纤维/棉 中间层:聚氨酯泡沫/无纺布聚酯 内层:聚酯纤维	Gardner,1998;Chemical Defence,1988
4	NBC 防护服(防水)	屏障或过滤织物:丁基橡胶、卤化丁基橡胶、氟橡胶、聚四氟乙烯、聚氯乙烯、氯丁橡胶、热黏合高密度聚乙烯、聚偏二氯乙烯、带聚乙烯层的聚酰胺或聚酯	Marzi,1989;Katz,1989;Boopathi et al. ,2008;Gardner, 1998; Sen, 2007; Truong and Wilusz, 2005;Karkalic and Popovic,2004;Rivin and Kendrick,1997)
5	NBC 防护服(非防水)	外层:更普通的耐撕裂间位芳纶、耐撕裂棉、包芯涤纶棉、棉-涤纶混纺、聚酯棉层压成矿物织物、尼龙等。外层还应进行氟碳化合物或有机硅处理,使其具有防水、防油和阻燃性。具有间位芳纶、对位芳纶、金属氧化物和纳米颗粒(TiO_2、Ag、MgO 等)的自解毒外层,配备耐磨传感器。 中间层或过滤织物:颗粒活性粉末、颗粒活性炭、活性炭球、渗透选择膜(醋酸纤维、聚氨酯、聚四氟乙烯、聚乙烯醇、聚烯丙基胺等)。 内层:针织式编织物、纤维素等	Marzi, 1989; Gardner, 1998; Jansen et al. , 2014; Sen, 2007; Truong and Wilusz, 2005; Karkalic and Popovic,2004;Rivin and Kendrick,1997;Gurudatt et al. ,1997;Lee et al. ,2014;Sun et al. ,2007;Zeng and Pan,2008;Lin and Zhao,2016;Frank et al. ,2012;Figueiredo et al. ,2011;Viriyanbanthorn et al. , 2006; Kissa, 1981; Karkalic,2006;Ellingsen and Karlsen,1983;Bui et al. , 2016; Grandcolas et al. , 2011; Abdou et al. , 2008; Gupta et al. , 2008; Kenawy et al. , 2002;Shin et al. ,1999;Tan et al. ,2000;Gugliuzza and Drioli,2013;Brewer,2011a,b;Schreuder-Gibson et al. , 2003; Wu, 1994; Qui et al. , 2004; Nicoletta et al. , 2012; Kazuhiro et al. , 2012;Bohringer et al. ,2004;Gibson et al. ,1988)
6	NBC 手套	丁基橡胶,卤化丁基橡胶,氯丁橡胶	Linsel,2001;Katz,1989;Gardner,1998
7	NBC 靴子	氯丁橡胶模制鞋底,其上有丁基涂层尼龙织物、丁基橡胶、卤化丁基橡胶	Norris and Fowler,1997;Linsel,2001;Katz,1989; Gardner, 1998; Jansen et al. , 2014; Sen,2007

9.12 可用于保护的最先进产品

在 BWA 环境中需要个人防护设备来避免 BWA 的毒性影响。近年，专家们致力于研发智能防护设备，它不仅可以保护环境，而且可以感知和适应现有环境条件。表 9-6 列出了一些现有商用防护产品的详细信息。

表 9-6 可供防护的产品

序号	IPE 名称	IPE 商用名称	开发国家/开发公司
1	NBC 防护服/生物防护服	M-82 透气性防护服、Saratoga、Swift Responder 3(SR3)CBRN 防护服、Mk 1V 军用 CBRN 防护服、Phoenix 轻型 CBRN 罩袍、Cougar 和 Panther 军用 CBRN 防护服系统、Karcher Safeguard 3002-A1、Karcher Safeguard 2002-HP、Karcher Safeguard 3002-A1、Karcher Safeguard 1001 轻型去污服、Karcher 重型防护服 6002、PROTEC Max、M8 防护服、TYVEK 和 TYCHEM 生物服、Microgard 防护服、EUROLITE NBC 防护服 R110	中国，Blucher(德国)，Remploy's(英国)，Karcher Futuretech(德国)，Paul boye(法国)，Dupont(美国)，MICROGARD(英国)，Eurolite NBC protection(澳大利亚)，Ahlstrom(芬兰)
2	NBC 呼吸器/生物呼吸器	Sfera 面部防护、Selecta、3M 6000 系列全面罩、3M 7000 系列全面罩、Pro2000 组合过滤器、S10 呼吸器	D. P-I(意大利)，Avon(美国)，Scott Safety(英国)
3	NBC 靴子	CBRN 靴子、防护靴、Acton NBC 化学防护靴	AirBoss Defence(美国)，Eurolite NBC protection(澳大利亚)，Altama Botach，Avon(美国)，Karcher Futuretech(德国)
4	NBC 手套	CBRN 手套、防护手套、Acton NBC 防护手套	AirBoss Defense(美国)，Eurolite NBC protection(澳大利亚)，Supergum(以色列)，Altama Botach，Avon(美国)，Karcher Futuretech(德国)

9.13 展望、前景和挑战

由于技术传播较快，开展新型研发活动更加便捷，这为恐怖分子研究新型生物武器和购置相关材料提供了便利条件，进而使得恐怖分子使用生物武器进行攻击的可能性大大增加。因此，基于多学科制定有效的防护战略意义重大。近年来，人类在防护装备研发领域取得重大进展，这为全球战斗人员的防护发挥了巨大作用。然而，即使是最新的生物防护服、呼吸器等，其使用也受到热应激、BWA 浓度、暴露时间等多种因素的极大限制。目前的防护设备仍然难以在舒适性和防护性能之间找到平衡，一般都是被动应对 BWA 威胁而非主动做出反应。由于防护服的重量、尺寸和热应激缺陷，大多数防护设备的使用仍然存在风险，因此防护设备领域面临着许多亟待解决的重大挑战和技术难题。

当前，业界在防护设备领域已经取得了长足进展，但面对生物威胁如何实现智能化集成（如检测、自我解毒和适应环境）仍是一个巨大挑战。材料科学、柔性电子和智能纺织等各领域研究人员之间的良性合作对于维持当前该领域蓬勃发展的势头至关重要。随着防护设备、可穿戴探测器和智能纺织材料核心技术的持续创新和重大突破，新型防护设备/装置将在新一代防护装置中崭露头角。

战斗中发现威胁时，重要的防护举措是立即使用 IPE 保护战斗人员。因此，专家在实际研发过程中需要全面考虑防护材料、可穿戴检测和消除污染等，这对于不同功能属性元件的无缝对接和集成至关重要，而实现的前提是工程师、科学家与战斗人员或用户的密切协调和通力协作。

人们对智能化防护装备充满期待，不仅仅限于发挥防护作用，更重要的是检测和预警威胁物的浓度，具备可自主生物降解和自我去污能力，进而完全消除生物威胁。综上所述，防护装备/装置的高透气性、低热应力、自行消除 BWA 能力及对环境中存在的外部刺激作出智能反应令人期待。

参考文献

Abdou, E.S., Elkholy, S.S., Elsabee, M.Z., Mohamed, E., 2008. Improved antimicrobial activity of polypropylene and cotton nonwoven fabrics by surface treatment and modification with chitosan. J. Appl. Polym. Sci. 108, 2290–2296.

Anderson, J.H., Lewis, G.E., Lewis, G.E., 1981. Clinical evaluation of botulism toxoids. In: Biomedical Aspects of Botulism. New York Academic Press, pp. 233–246.

Atlas, R.M., 2002. Bioterrorism: From threat to reality. Annu. Rev. Microbiol. 56, 167–185.

Bohringer, B.R., Vande Ven, H.J.M., Spijkers, J.C.W., 2004. Nonporous, breathable membrane containing polyamide. US6706413.

Boopathi, M., Singh, B., Vijayaraghavan, R., 2008. A review on NBC body protective clothing. Open Text. J. 1, 1–8.

Brewer, S.A., 2011a. Recent advances in breathable barrier membranes for individual protective equipment. Recent Pat. Mater. Sci. 4, 1–14.

Brewer, S.A., 2011b. Recent advances in breathable membranes for individual protective equipment. Recent Pat. Mater. Sci. 4 (1), 11.

BS-EN-14126-2003, 2004. Protective clothing performance requirements and test methods for protective clothing against infective agents.

Bui, N., Meshot, E.R., Kim, S., Peña, J., Gibson, P.W., Jen Wu, K.J., Fornasiero, F., 2016. Ultrabreathable and protective membranes with sub-5 nm carbon nanotube pores. Adv. Mater. 28, 5871–5877.

Centers for Disease Control, 1991. Vaccine (smallpox) vaccine: recommendations of the immunization practices advisory committee (ACIP). MMWR Morb. Mortal. Wkly Rep. 40, 1–10.

Centers for Disease Control and Prevention, 1996. Prevention of plague: recommendations of the advisory committee on immunization practices. MMWR Morb. Mortal. Wkly Rep. 45, 1–15.

Centers for Disease Control and Prevention, 1999. Bioterrorism alleging use of anthrax and interim guidelines for management: United States, 1998. MMWR Morb. Mortal. Wkly Rep. 48, 69–74.

Chan, J.T., Yeung, R.S., Tang, S.Y., 2002. Hospital preparedness for chemical and biological incidents in Hong Kong. Hong Kong Med. J. 8, 440–446.

Chemical Defence, 1988. Chemistry in Britain. 24, 657–688.

Christopher, G.W., Cieslak, T.J., Pavlin, J.A., Eitzen, E.M., 1997. Biological warfare: a historical perspective. J. Am. Med. Assoc. 14, 364–381.

Christopher, G.W., Cieslak, T.J., Pavlin, J.A., 1999. EM Eitzen biological warfare: a historical perspective. In: Lederberg, J. (Ed.), Biological Weapons. Limiting the Threat. The MIT Press, Cambridge, MA, pp. 17–35.

Committee on R&D Needs for Improving Civilian Medical Response to Chemical and Biological Terrorism Incidents, Institute of Medicine, National Academy of Sciences, Chemical and Biological Terrorism, 1999. Research and Development to Improve Civilian Medical Response. National Academy Press, Washington, DC.

Crudy, E., 2001. Chemical and Biological Warfare. Copernicus Books, New York, 14–18.

Davis, C.J., 1999. Nuclear blindness: an overview of the biological of the biological weapons programs of the former Soviet Union and Iraq. Emerg. Infect. Dis. 5, 509–512.

Eitzen, E.M., Takafuji, E.T., 1997. Historical overview of biological warfare. In: Sidell, F.R., Takafuji, E.T., Franz, D.R. (Eds.), Medical Aspects of Chemical and Biological Warfare. Office of the Surgeon General, Borden Institute, Walter Reed Army Medical Center, Washington, DC, pp. 415–423.

Ellingsen, F., Karlsen, J., 1983. Transport mechanisms through a porous membrane and the subsequent effect on the protection when incorporated into multilayer clothing. In: Proc. Int. Symp. Protection Against Chemical Warfare Agents, Stockholm, Sweden.

Figueiredo, J.L., Mahata, N., Pereira, M.F.R., Montero, M.S., Montero, J., Salvador, F., 2011. Adsorption of phenol on supercritically activated carbon fibers: effect of texture and surface chemistry. J. Colloid Interface Sci. 357 (1), 210–214.

Frank, E., Hermanutz, F., Buchmeiser, M.R., 2012. Carbon fibers: precursors, manufacturing, and properties. Macromol. Mater. Eng. 297, 493–501.

Gardner, T.J., 1998. Jane's Protective Equipment. Jane's Information Group, UK, 21–221.

Gibson, P., Schreuder-Gibson, H., Pentheny, C., 1988. Electrospinning technology: direct application of tailorable ultrathin membrane. J. Coated Fabrics 28, 63–72.

Gilligan, P.H., 2002. Therapeutic challenges posed by bacterial bioterrorism threats. Curr. Opin. Microbiol. 5, 489–495.

Grandcolas, M., Sinault, L., Mosset, F., Louvet, A., Keller, N., Keller, V., 2011. Self-decontaminating layer-by-layer functionalized textiles based on WO_3-modified titanate nanotubes. Application to the solar photocatalytic removal of chemical warfare agents. Appl. Catal. A Gen. 391, 455–467.

Gugliuzza, A., Drioli, E., 2013. Review on membrane engineering for innovation in wearable fabrics and protective textiles. J. Membr. Sci. 446, 350–375.

Gupta, B., Jain, R., Singh, H., 2008. Preparation of antimicrobial sutures by pre irradiation grafting onto polypropylene monofilament. Polym. Adv. Technol. 19 (12), 1698–1703.

Gurudatt, K., Tripathi, V.S., Sen, A.K., 1997. Adsorbent carbon fabrics: new generation armour for toxic chemicals. Def. Sci. J. 47 (2), 239–250.

Hinds, W.C., 1999. Aerosol Technology: Properties, Behaviour, and Measurement of Airborne Particles, second ed. Wiley's, New York.

Chemical and Biological Terrorism: Research and Development to Improve Civilian Medical Response. 1999. National Academy Press, Washington, DC34–43. https://doi.org/10.17226/6364.

Jansen, H.J., Breeveld, F.J., Stijnis, C., Grobusch, M.P., 2014 Jun. Biological warfare, bioterrorism, and biocrime. Clin. Microbiol. Infect. 20, 488–496.

Karkalic, R., 2006. Optimization of thin layered active charcoal sorption materials embedded into the NBC protective materials in the function of protective characteristics and physiologic compliance. Ph.D. thesis Military Academy, Belgrade, Serbia.

Karkalić, R., Popović, R., 2004. Complex performances of the contemporary textile materials covered with active charcoal. In: The 6th Yugoslav Materials Research Society Conference Yucomat 2004, Herceg Novi, September 13–17. pp. 106–108.

Katz, M.G., 1989. A new approach to heat stress relief in chemical protective clothing. In: Proceedings of the Third International Symposium on Protection Against Chemical Warfare Agents Stockholm, Sweden 11–16 June. Swedish Defence Research Establishment, UMEA, pp. 25–31.

Kaufmann, A.F., Meltzer, M.I., Schmid, G.P., 1997. The economic impact of a bioterrorist attack: Are prevention and post-attack intervention programs justifiable? Emerg. Infect. Dis. 3, 83–94.

Kazuhiro, M., Satoshi, Y., Takashi, T., 2012. Abutted or superimposed members for series flow integral or coated layers. USPC20120067812.

Kenawy, E.R., Abdel-Hay, F.I., El-Shanshoury, A.E.R.R., El-Newehy, M.H., 2002. Biologically active polymers. V. Synthesis and antimicrobial activity of modified poly(glycidyl methacrylate-co-2- hydroxyethyl methacrylate) derivatives with quaternary ammonium and phosphonium salts. J. Polym. Sci. A Polym. Chem. 40, 2384–2393.

Kendall, J.R., Presley, S.M., Austin, G.P., Smith, P.N., 2008. Advances in Biological and Chemical Terrorism Countermeasures. CRC Press1–243.

Kissa, E., 1981. Capillary sorption in fibrous assemblies. J. Colloid Interface Sci. 83, 265–272.

Klietmann, W.F., Ruoff, K.L., 2001. Bioterrorism: implications for the clinical microbiologist. Clin. Microbiol. Rev. 14, 364–381.

Lakoff, A., 2008. The generic biothreat, or, how we became unprepared. Cult. Anthropol. 23, 399–428.

Lederberg, J., 1999. Introduction. In: Lederberg, J. (Ed.), Biological Weapons. Limiting the Threat. The MIT Press, Cambridge, MA, pp. 3–5.

Lee, T., Ooi, C.H., Othman, R., Yeoh, F.Y., 2014. Activated carbon fiber-the hybrid of carbon fiber and activated carbon. Rev. Adv. Mater. Sci. 36 (2), 118–136.

Lin, J., Zhao, G., 2016. Preparation and characterization of high surface area activated carbon fibers from lignin. Polymers 8 (10), 369.

Linsel, G., 2001. "Bioaerosole—Entstehung und biologische Wirkungen" (Biologically Contaminated Aerosols—Origin and Biological Effects). The German Federal Institute for Occupational Safety and Health—BAuA, Berlin.

Marmion, B.P., Ormsbee, R.A., Kyrkou, M., 1984. Vaccine prophylaxis of abattoir-associated Q fever. Lancet 2, 1411–1414.

Marzi, W.B., 1989. Development of a new impermeable NBC protective suit for German civil defence. In: Proceedings of the Third International Symposium on Protection Against Chemical Warfare Agents, Stockholm, Sweden 11–16 June. Swedish Defence Research Establishment, UMEA, pp. 21–24.

Meselson, M., Guillemin, J., Hugh-Jones, M., Langmuir, A., Popova, I., Sherlokov, A., Yampolskaya, O., 1994. The Sverdlovsk anthrax outbreak of 1979. Science 266, 1202–1208.

Meyer, K.F., Cavanaugh, D.C., Bartelloni, P.J., Marshall, J.D., 1974. Plague immunization. I. Past and present trends. J. Infect. Dis. 29, 13–18.

Nicoletta, F.P., Cupelli, D., Formoso, P., DeFilpo, G., Colella, V., Gugliuzza, A., 2012. Light responsive polymer membranes: a review. Membranes 2, 134–197.

Noll, G.H., 2005. Hazardous Materials: Managing the Incident, third ed. Red Hat, Chester, MD.

Norris, J., Fowler, W., 1997. Nuclear Biological and Chemical Warfare on the Modern Battlefield. Brassey's Ltd., UK32–35.

Pomeratnsev, A.P., Startsin, N.A., Mockov, Y.V., Marnin, L.I., 1997. Expression of cereolysin AB genes in *Bacillus anthracis* vaccine strain ensures protection against experimental hemolytic anthrax infection. Vaccine 15, 1846–1850.

Poupard, J.A., Miller, L.A., 1992. History of biological warfare: catapults to capsomeres. Ann. N. Y. Acad. Sci. 666, 9–20.

Prasad, G.K., Singh, B., Vijayraghavan, R., 2008. Respiratory protection against chemical and biological warfare agents. Def. Sci. J. 58 (5), 686–697.

Organization for the Prohibition of Chemical Weapons, Protective Equipment: Information. n.d. www.opcw.org.

Qui, Z.M., Clark, J.C., Fan, W.W., 2004. Water and oil repellency imparting urethane oligomers comprising perfluoroalkyl moieties. US6803109.

Rivin, D., Kendrick, C., 1997. Adsorption properties of vapor-protective fabrics containing activated carbon. Carbon 35, 1295–1305.

Ryan J., Biosecurity and Bioterrorism: Containing and Preventing Biological Threats, Elsevier, 2nd ed., 2016, Cambridge, MA.

Sandstrom, G., 1994. The tularemia vaccine. J. Chem. Technol. Biotechnol. 59, 315–320.

Schledjewski, R., Schultze, D., Imbach, K., 1997. Breathable protective clothing with hydrophilic thermoplastic elastomer membrane films. J. Ind. Text 27, 105–114.

Schreuder-Gibson, H., Gibson, P., Senecal, K., Sennett, M., Walker, J., Walter, Y., Ziegler, P., 2002. Protective textile materials based on electrospun nanofibers. J. Adv. Mater. 34 (3),

44–55.
Schreuder-Gibson, H.L., Truong, Q., Walker, J.E., Owens, J.R., Wander, J.D., Jones, W.E., 2003. Chemical and biological protection and detection in fabrics for protective clothing. MRS Bull. 28, 574–578.
Scott, R.A., 1999. Chemical and biological terrorism: research and development to improve civilian medical response. Institute of Medicine (US) Committee on R&D Needs for Improving Civilian Medical Response to Chemical and Biological Terrorism Incidents In: Textiles for Protection. first ed.. National Academies Press (US), Washington, DC.
Sen, A.K., 2007. Coated Textiles: Principles and Applications, second ed. CRC Press, Boca Raton, FL181–188.
Shah, J., Wilkins, E., 2003. Electrochemical biosensors for detection of biological warfare agents. Electroanalysis 15, 157–167.
Shin, Y., Yoo, D.I., Min, K., 1999. Antimicrobial finishing of polypropylene nonwoven fabric by treatment with chitosan oligomer. J. Appl. Polym. Sci. 74 (12), 2911–2916.
Shlyakhov, E.N., Rubinstein, E., 1994. Human live anthrax vaccine in the former USSR. Vaccine 12, 727–730.
Warfare, weaponary, and the casualty. In: Sidell, F.R., Takafuji, E.T., Franz, D.R. (Eds.), Medical Aspects of Chemical and Biological Warfare. Text Book of Military Medicine Series, Part 11997a. Office of the Surgeon General, Department of Army, Washington, DC, pp. 361–393. (Chapter 16).
Warfare, weaponry, and the casualty. In: Sidell, F.R., Takafuji, E.T., Franz, D.R. (Eds.), Medical Aspects of Chemical and Biological Warfare. Text Book of Military Medicine Series, Part 11997b. Office of the Surgeon General, Dept. of Army, Washington, DC, pp. 361–393. (Chapter 16).
Singh, B., Singh, V.V., Boopathi, M., Shah, D., 2016. Pressure swing adsorption based air filtration/purification systems for NBC collective protection. Def. Life Sci. J. 01, 127–134.
Smisek, M., Cerny, S., 1970. Active carbon, manufacture, properties and applications. Elsevier Publishing Co, New York.
Stockholm International Peace Research Institute (SPIRI), 1971. The Rise of CB Weapons: The Problem of Chemical and Biological Warfare. Humanities Press, New York.
Sun, J., He, C., Zhu, S., Wang, Q., 2007. Effects of oxidation time on the structure and properties of polyacrylonitrile-based activated carbon hollow fiber. J. Appl. Polym. Sci. 106 (1), 470–474.
Tan, S., Li, G., Shen, J., Liu, Y., Zong, M., 2000. Study of modified polypropylene nonwoven cloth. II. Antibacterial activity of modified polypropylene nonwoven cloths. J. Appl. Polym. Sci. 77, 1869–1876.
Truong, Q., Wilusz, E., 2005. In: Scott, R.A. (Ed.), Chemical and Biological Protection in Textiles for Protection. CRC Press, Boca Raton, FL, pp. 562–567.
Turnbull, P.C.B., 1991. Anthrax vaccines: past, present and future. Vaccine 9, 533–539.
Viriyanbanthorn, N., Stacer, R.G., Mead, J.L., Sung, C., Schreuder-Gibson, H., Gibson, P., 2006. Breathable butyl rubber membranes formed by electrospinning. J. Adv. Mater. 38, 40–47.
Wheelis, M., 1991. Biological warfare before 1914. In: van Courtland, M.J.E. (Ed.), Biological and Toxin Weapons: Research, Development, and Use From the Middle Ages to 1945. Vol. 1. Stockholm International Peace Research Institute, Stockholm, Sweden, pp. 8–34.
Wu, H.S., 1994. Gas permeable coated porous membranes. US5286279.
Zajtchtchuk, R., Bellamy, R.F., 1997. Textbook of Military Medicine: Medical Aspects of Chemical and Biological Warfare. Office of the Surgeon General, Department of the Army, Washington, DC.
Zapletalova, T., Michielsen, S., Pourdeyhimi, B., 2006. Polyether based thermoplasticpolyurethane melt blown nonwovens. J. Eng. Fibers Fab. 1, 62–72.
Zeng, F., Pan, D., 2008. The structural transitions of rayon under the promotion of a phosphate in the preparation of ACF. Cellulose 15 (1), 91–99.

第10章

环境采样与生物净化——最新进展、挑战及未来方向

Vipin K. Rastogi[1]，Lalena Wallace[2]

崔雨萌　吴晓洁　王友亮　译

10.1 概述

2001 年美国发生通过邮政邮寄含有炭疽杆菌的信件而引发的炭疽攻击事件。攻击事件发生后，不仅在美国，甚至在全球范围内，人们对防范生物恐怖的意识都明显增强（Craft et al.，2014；Dias et al.，2010；Erenler et al.，2018；Polyak et al.，2002；Wagar，2016）。为最大限度地减少生物恐怖活动及其对人类健康的影响，要提高防止此类事件发生和处理此类事件的能力。这种大规模的生物恐怖事件会造成两个主要后果：①对人类和动物健康的直接不利影响；②对学校、医院、道路、高速公路、公园以及建筑物内外表面的污染。本章重点阐述了在基础设施被污染的条件下环境采样和生物净化方面的最新进展以及目前所面临的挑战。

2001 年，美国邮政局投递的信件中携带了炭疽，致使数个建筑物内部受到污染，并致人死亡或患病。在此过程中，由于污染范围难以确定，为明确在人群中的暴露程度，采集了超过 100 000 份的鼻拭子。为确定污染范围（Franco and Bouri，2010）从 280 多个邮政设施建筑中采集了 120 000 个环境样本，包括干拭子和湿拭子，这给实验室处理和分析样本的工作带来了巨大压力。各项工作的成本各不相同，但总成本估计远超 3 亿美元。选择了多种净

[1] U. S. Army Futures Command—Combat Capabilities Development Command. Chemical Biological Center. Edgewood，MD，United States.

[2] DTRA，CB Research Center of Excellence Division，APG，Edgewood，MD，United States.

化技术组合，包括将敏感或重要的物品移到场外（通过非破坏性方法，即辐照或二氧化氯实现孢子灭活）；使用杀孢子剂如漂白剂二氧化氯；利用二氧化氯气体和过氧化氢蒸汽对高度污染的建筑物进行熏蒸。此外，使用高效微粒空气（HEPA）从较小区域进行真空吸尘也可实现孢子的去除。

许多综述对 2001 年 9 月 18 日之后持续数周的炭疽袭击案进行了总结，总结了 Amerithrax（FBI 对 2001 年炭疽袭击案件的命名）发生后的清理工作（政府会计办公室，2003；Schmitt and Zacchia，2012；Canter et al.，2005）。本章我们总结了过去十年环境生物采样、生物净化以及应对生物恐怖造成的基础设施净化问题方法取得的进展。我们将讨论环境取样的现状和最近取得的进展，尤其是针对炭疽芽孢杆菌。此外，我们将总结基础设施净化的发展现状和研究进程。我们将简短讨论在过去 5 年中开发的针对敏感的、重要的平台（如大型飞机内部）的净化方案。最后，我们将讨论生物采样和大范围净化方面所面临的挑战以及未来这些领域的研究需求，以帮助被故意释放生物制剂后环境的恢复和重建。

10.2 环境采样

在建筑物内部遭受污染后的恢复过程中，环境样品采样是净化前和净化后分析的关键环节。生物战剂大面积释放后，迫切需要对其进行快速、有效的定性和定量评估，以确定污染区域和污染严重程度，环境采样是评估的核心。净化过的受污染的设施或地区重新启用时，表面采样也同样重要。以下综述了从非生物表面进行环境采样的研究进展。

2012 年，美国疾病控制与预防中心（CDC）修订了从无孔光滑表面采集炭疽菌的采样流程。该方案利用泡沫拭子采样，仅限用于小面积污染的采样。在该方案发布之前，Rose 及其同事进行了一项由 9 家实验室参与的对纤维素海绵擦拭处理方法的验证研究，旨在解决较大面积表面的取样问题（Rose et al.，2011）。该研究重点强调的一个主要问题是，在评估大面积污染时，需要收集和分析大量样本。进一步的研究表明，在不增加实验室处理时间、劳动力和消耗品的情况下，可以用混合取样的方式增加取样的数量（Tufts et al.，2014）。混合取样包括混合样本和测试混合的样本。此方法也可用于其他类型的样品采集。France 等人用混合取样的方法研究了土壤中孢子污染的情况（France et al.，2015）。

为减少样品处理时间、减少浪费、提高低浓度下的回收率、降低分析成本，还对海绵擦拭采样方法进行了改进。

由于大面积污染涉及多种表面，因此有必要对大量表面（生物和非生物）的取样进行研究，以便全面评估污染程度。迄今为止已发表了不锈钢、玻璃和乙烯基瓷砖等多种硬光滑表面的取样研究（Piepel et al.，2011）。将来还需要对其他表面进行评估，以填补数据/知识缺口。

过去评估取样方法存在很大差异（Piepel et al.，2011）。显著差异包括生物战剂替代品的选择、沉积污染物的方法、检测表面的类型、样品的储存方式、样品收集方法、样品处理方法和计算回收率的方法等。标准化将有利于各个实验室之间进行数据比较。

为确保净化过程的有效性，有必要在净化后进行取样。然而，净化后取样还存在一些困难。2013 年 Calfee 和同事们发表了一项关于与去污残留物共同收集的孢子的归宿的研究，填补了相关研究（特别是 pH 调节漂白剂）的空白（Calfee et al.，2013）。因此需要进行相关研究，以确定在净化后样本收集过程中共同收集的其他残留物的影响。

每种新广谱净化策略的提出，都伴随着样品分析方面的升级。为了完善净化策略，有人提出在净化之前萌发孢子，但这对取样方面又提出了新的挑战。为此，Mott 等人进行了研究，找到了一种可以从各种表面回收已萌发和萌发中的孢子的有效处理方法，发现用含 0.01% Tween 80 的 PBS 的提取缓冲液进行提取最有效（Mott et al.，2017）。

随着采样的市场化，正在开发可以提高采样效率的新技术。例如，已经开始研究用清洁机器人从不同的室内表面采集孢子样品。研究发现，一些商业化的家用清洁机器人在表面取样方面与目前使用的表面取样方法一样有效（Lee et al.，2013）。要提高采样效率并降低环境采集生物样本的人工成本和分析成本，对此类新技术的持续探索将十分重要。

迄今为止，表面采样仅限于相对平滑的二维水平表面。并不适用于复杂的三维表面。笔者所在实验室对水凝胶作为生物取样器进行了研究。水凝胶是一种水基凝胶，作为一种厚厚的黏性材料可附着于被污染的表面，并在几小时内脱水干燥成薄膜（图 10-1）。然后将干燥的薄膜从表面剥离，水化 1～2h 后便可分析其包裹的孢子。经验证，水凝胶中确实存在孢子，证明可以将水凝胶用作生物取样器（生物水凝胶）。为了确定水凝胶作为生物采样器的有效性，在涂漆钢板、松木、聚碳酸酯物体和小螺钉（故意污染后）四种不同的表面上进行实验。结果表明，使用生物水凝胶的回收率为 50%～100%（Smith et al.，2014）。

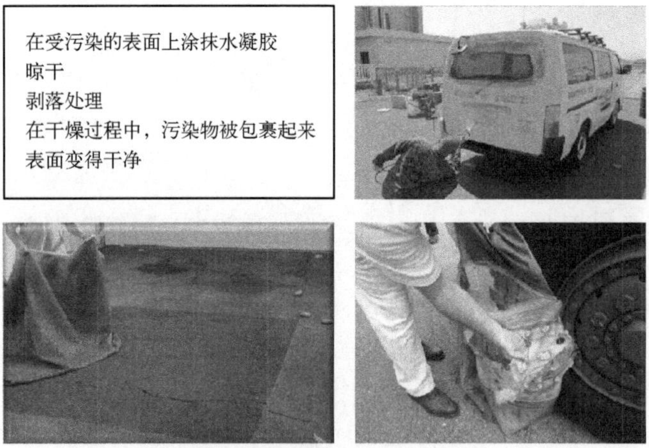

图 10-1　水凝胶概念和应用

困扰生物采样领域的另一个问题是样品采集后的分析。假阴性一直是样本分析中令人担忧的问题。目前已在降低表面采样的假阴性率方面做了很多努力。培养法虽然是检测的金标准技术，但特异性不如分子检测技术。研究发现，改良的快速活性聚合酶链式反应（RV-PCR）检测方法的假阴性率低于培养法（Hutchison et al.，2015）。今后应对此类分析法进行进一步研究，以减少或消除假阴性率，提高生物取样方法的适用性和实用性。

10.3 基础设施净化

美国炭疽事件后建筑物内部的清理工作已取得了重大进展。一般情况下，用二氧化氯（CD）、过氧化氢（VHP）蒸汽或甲基溴等熏蒸剂清理供暖、通风和空调（HVAC）管道和大型复杂建筑物内部的空气悬浮孢子（Rastogi et al.，2009，2010a；Pottage et al.，2012；Serre et al.，2016；美国 EPA，2015）。相比之下，对于房间或小型建筑等较小规模的表面清理，可用调节好 pH 的漂白剂和商业化的过氧化物（如 Spor-Klenz®）等液体消毒剂进行表面消毒，以清除孢子（杀孢子方法的列表见表 10-1）（Edmonds et al.，2014）。彻底清除孢子所需二氧化氯的浓度范围在 7 000～9 000mg/(kg·h) 之间，过氧化氢的浓度范围在 450～600mg/(kg·h)。

表 10-1 有效的灭杀孢子方法

一般方法	产品	使用条件	功效详情	备注
化学/氧化消毒剂	20%～28% H_2O_2 和 1%～6%过氧乙酸(PAA)。 Peridox®，美国康泰公司； Steriplex Ultra，BioMed 公司； Minncare Cold Sterilant，美国明泰科公司； Oxonia Active，艺康集团； Spor-Klenz(即用型)，思瑞泰医疗	即用型	30min 内将玻璃和钢表面的孢子浓度降低 6 个数量级	已注册用于干燥、坚硬、光滑表面的炭疽芽孢杆菌的芽孢净化剂
	Decon Green(ECBC)，美国军方研发；35% H_2O_2	即用型	对钢、玻璃、铝、瓷器、花岗岩、砖块和丁基橡胶有效。对木材、混凝土和沥青的功效要低一些	技术评估报告。(华盛顿特区：美国环保局，EPA/600/R-10/087，2010)
	EasyDECON200，EFT 公司；8% H_2O_2	即用型	对钢、玻璃、铝、瓷器、花岗岩、砖、丁基橡胶和混凝土有效	(美国环保局，EPA/600/R-10/087，2010)
	CASCAD Surface Decon Foam，Allen-Vanguard 公司；次氯酸盐和次氯酸	专用喷雾器喷出泡沫。用于无孔和有孔表面，建议处理时间为 30～60min	对钢、玻璃、铝、瓷器、花岗岩、砖、丁基橡胶和混凝土有效	(美国环保局，EPA/600/R-10/087，2010)
	pH 调节漂白剂；EPA(未商业化)	必须在制备后 3h 内使用；处理时间为 10～30min	对钢、玻璃、铝、瓷器、花岗岩、砖、丁基橡胶、沥青和混凝土具有高效能	(美国环保局，EPA/600/R-10/087，2010)
熏蒸剂	二氧化氯气体，Sabre Oxidation Technologies 公司和 ClorDiSys 公司	必须即用即配。需要 75%相对湿度、75F(1F ≈ − 17.22℃)、3 000mg/kg 条件下处理 3h	对钢材、玻璃、混凝土、墙板、地毯和天花板瓷砖有效	(Rastogi et al.，2009)。AEM

续表

一般方法	产品	使用条件	功效详情	备注
熏蒸剂	过氧化氢蒸汽，思瑞泰医疗公司	气相；要求相对湿度＜35%，150～200mg/kg，处理时间为3～4h	对钢材、玻璃、丁基橡胶、瓷器、地毯、天花板瓷砖有效。对混凝土的功效要低一些	（Rastogi et al.，2009）。AEM
	99.5%甲基溴气体，Matheson Tri-gas公司	212mg/L气体，处理时间为36～48h	在局部表面能高效消杀孢子	（华盛顿特区：美国环保局，EPA/600/R-13/110，2013）
物理灭杀	短波紫外照射，254nm，20 000J/m^2	必须直接照射受污染物体	消杀球形芽孢杆菌芽孢不高于4个数量级	（Kesavan et al.，2014）
	75～80℃，相对湿度为80%～90%的湿热空气，处理时间为7d	必须持续注入湿热空气	消杀苏云金杆菌和炭疽杆菌芽孢高于7个数量级	（Rastogi et al.，2010b；Buhr et al.，2012，2016）

使用生物指示剂（BIs）可验证操作参数。最近，在生物响应操作测试和评估（BOTE）项目支持下开展了一项由多机构主导的研究（美国环保局，2013）。该研究由美国环保局（EPA）国家国土安全研究中心研究与发展办公室牵头，得到了国土安全部（DHS）、国防部（DOD）、CDC、联邦调查局（FBI）和能源部国家实验室（DOE）的支持。在这项研究中，用球形芽孢杆菌模拟炭疽杆菌生物战剂进行了污染物致突变检测试验。对一栋建筑物的污染处理后，使用三种常见的消杀孢子技术进行去污清理工作。这是同类研究中最详尽的研究之一。很有意思的是，尽管一楼的孢子密度降低了4～6个数量级，二楼的孢子密度降低了2个数量级，但三种净化方案均未能完全杀死孢子。三种净化技术中，过氧化氢蒸汽的表现最差，近三分之一的环境样本能检测到阳性结果。二氧化氯气体［9000mg/(kg·h)］和pH调节漂白剂（6000mg/kg）至少处理10min的情况下，监测到的环境样品和BIs的阳性结果最少，产生了最大的孢子杀灭效果。奇怪的是，尽管二楼孢子沉积量至少减少了2个数量级，但却记录到了更多的阳性结果。这可能是由于二楼的熏蒸剂浓度低于最佳浓度，也有部分原因是熏蒸剂的混合和（或）分布不佳。

目前，本领域的讨论主要集中在建筑物和基础设施净化方面。使用腐蚀性氧化剂的确能在很大程度上成功杀灭孢子，但在许多情况下，建筑物中可能有很多敏感设备，如计算机、电话和其他类似物品。使用腐蚀性化学物质会损害物体表面（例如腐蚀电路，造成电路故障）。敏感设备不能使用腐蚀性氧化剂的化学方法进行消杀，因此必须探索其他替代方案。此外，国际航空旅行的日益频繁增加了大型商用或货运飞机在蓄意恐怖事件中被生物污染的可能性，这类化学方法明显不适用于飞机内部敏感设备和操作平台的净化。两种物理方法，即湿热空气法和紫外辐射处理法，是可用的替代方案。在过去8年中，湿热空气法已成为大型飞机内表面的常用净化方法（Rastogi et al.，2010b；Buhr et al.，2012，2016）。保持环境温度75～80℃、相对湿度80%～90%并持续7d，被认为是一种有效的杀灭病原体孢子的方法，该方法可使飞机内部表面上的孢子浓度下降值达到7个数量级，但目前尚不清楚这种湿热空气法是否会影响飞机内部航空电子设备的运行（华盛顿州西雅图波音公司Shawn Park）。第二种物理方法是紫外辐射处理法。自20世纪中期以来，紫外灯一直被用于消毒。

这种方法被常用于饮用水和废水处理、空气消毒和货物净化（Cundith et al.，2002）。紫外线存在于10～400nm的光谱范围内，杀菌范围在100～280nm的波长（短波紫外照射），杀菌活性峰值在253～265nm。使用低压汞灯在254nm处最高可产生90%的紫外线辐射量。据报道，枯草芽孢杆菌的致死剂量（LD_{90}）为254nm紫外线产生的245～326J/m^2光辐射能量（Nicholson and Galeano，2003；Moeller et al.，2008）。在最近的一项研究中，Kesavan等人报告了球芽孢杆菌（BG）单个、2.8μm簇和4.4μm簇的LD_{90}值分别为138J/m^2、725J/m^2和1128J/m^2（Kesavan et al.，2014）。在该研究中，即使在大于20 000J/m^2光强度下，干燥滤器上BG孢子数量的下降值也仅为3～4个数量级。到目前为止，还没有任何研究对球芽孢杆菌孢子数量的下降值能达到6个数量级。目前，笔者所在实验室正在与美国环保局国家国土安全研究中心合作，研究短波紫外照射对炭疽病菌孢子的杀伤效力和杀灭动力学问题（未发表的工作，Rastogi et al.，2019）。

当前净化方案的关键问题是运输、储存以及制备消毒剂和含有浓缩液的瓶子打开后的保质期。活性成分相与水相比是一个相对较小的部分。稀释漂白剂等消毒剂必须在制备后3h内使用，并且必须远离阳光和高温，因此他们的保质期是一个相当令人头疼的问题。需要采取特殊的运输措施来处理。那么，除了储存液体消毒剂，我们目前还有其他选择吗？

理想情况下，活性成分应以固体粉末形式存在。最近几年，Atomes公司（加拿大魁北克省）生产的Bioxy系列粉末提供了一种净化选择。必要时，可借助水来制备溶液。2%～5%的溶液在pH中性条件下生成过氧乙酸和过氧化物。这种消毒剂制剂无腐蚀性、无危害性，且可生物降解。在最近的一项研究中，Bioxy溶液对炭疽斯特恩菌株孢子的消杀力得到了证实（Rastogi et al.，2017）。未来探索Bioxy溶液的广泛适用性和材料的不相容性将是一个有意义的方向。Bioxy型产品的一些独特优势包括：①粉末配方，保质期较长；②无腐蚀性；③生物降解性；④无毒害；⑤对使用者安全，对环境无不良影响；⑥大大减轻了急救人员和战斗人员的后勤负担。

另一种新的生物净化材料是水凝胶，如DeconGel，该水凝胶已在Rastogi实验室进行了测试。基材为水凝胶聚合物，含30%的水。聚合物水凝胶可用作污染表面上的涂料，可以使用喷涂机进行喷涂（Rastogi et al.，2017；Dagher et al.，2017）。聚合物在涂覆表面12～18h内干燥成薄膜。在干燥过程中，该凝胶封装了放射性物质、石油、生物物质等污染物。薄膜干燥后可以从表面剥离，便于表面清洁。对于孢子，基础凝胶可以简单地进行包裹，在37℃的水中凝胶水合2h后，可以回收活孢子。而使用可杀灭孢子的化学物重新配制凝胶可导致凝胶表面和内部的孢子失活（图10-2）。以上这项工作是在Rastogi实验室与CBI Polymers公司合作下完成的。这项获得专利的凝胶技术被证明可以清洁油脂和放射性物质的表面。但在将这种技术应用之前，需要对凝胶技术进行更多的测试，如基于表面的多样性、生物战剂的类型和杀孢子添加剂。水凝胶技术的三个具体优点是：①产生的废物少（干燥的去皮膜、无液体废物）；②最小的再雾化作用（孢子立即被锁定）；③水凝胶技术可增强活性成分作用于在孢子表面的接触和增加停留时间，可使用较低浓度的杀灭孢子的活性组分。

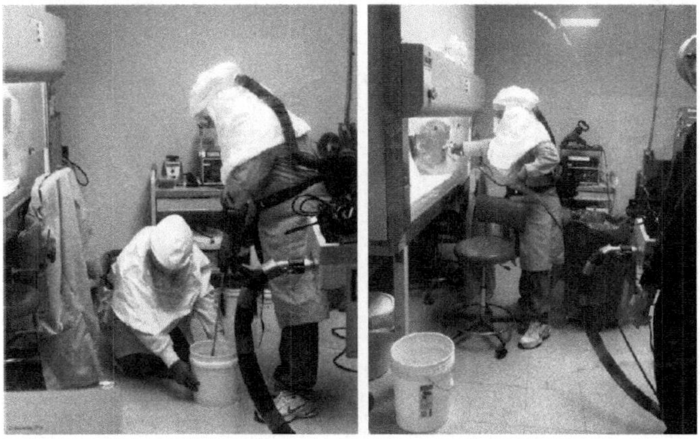

图 10-2　DeconGel 的应用

10.4 挑战

大规模微生物被释放后，在检测、修复和清理净化等方面面临着巨大的挑战。在环境采样和表面净化方面，大部分科学研究都是在光滑的表面上进行的，例如钢、玻璃和一些其他建筑物的内部表面。但大规模的生物袭击会释放多种污染，导致各种基础设施的外部和室外表面污染。包括植被、草地、道路、沥青、混凝土、车辆、木材和金属棚的表面。但关于如何从这些表面取样以及如何净化这些表面的信息却很少。未来最具挑战性的任务之一是确定如何划分和隔离污染区。另一个要面临的问题是处理受污染地区孢子的重新气溶胶化并流向到其他清洁地区。对户外材料的研究仍然是本领域的一个未解决的问题（美国环保局，2015）。可以明确的一点是，目前没有一种净化技术适用于所有表面类型。

另一个严重的问题是在污染环境净化修复后缺乏可被接受的重新使用的标准。

10.5 未来研究方向

自 2001 年以来，在检测、表面净化方案选择以及用于评估取样和实验室规模的标准化测试方法等领域的开发，取得了重大的进步。但当出现大规模、大面积释放生物战剂时，清理工作仍然是一项艰巨的挑战。笔者在几个研究重点领域给出了具体的建议。

① 清理指南。设施何时安全并可重新使用？可接受的清理标准是什么？设施清理后可承受的风险是多少？仅依靠物理数据能说明这个问题吗？清洁等级达到哪个水平才安全？没有清除炭疽芽孢的阈值（低于该阈值对人类健康无风险）。孢子的持久性和 LD_{50} 等数据无法判定清除是否充分。需要明确在清洁工作结束后重新使用的可接受的风险水平。此类清理

指南必须得到有关持久性、再雾化和微生物风险分析的科学数据的支持。因此，未来在微生物风险分析领域的研究、孢子在建筑内部的存在以及再雾化的研究将对制定清洁标准和指导方针非常有帮助。

② 环境采样。在大规模释放的情况下，样本的数量计算将是一项非常艰巨的工作。在未来研究中活孢子的快速定量的方法很有前景。从复杂的三维表面采样是另一个研究领域，目前该领域可用的方法十分有限。对于混凝土、沥青、植被和砖墙等外表面进行采样也需要适当的采样方法。此外，虽然本章重点是对孢子的取样和去除，这些孢子已知具有高度持久性，但生物战剂的威胁范围还包括革兰氏阴性细菌，例如土拉热弗朗西斯菌、鼠疫菌、鼻疽伯克霍尔德氏菌和布鲁氏杆菌。研究已经表明，在干燥的条件下，细胞会丧失活力（Rastogi et al.，2017；Kramer et al.，2006；Sinclair et al.，2008）。为了第一时间响应并对危险情况进行评估，在采样时回收活细菌/病毒并进行检测是必要的。因此，未来还应该研究如何在采样后延长病原体的存活时间，以用于进行活细胞分析和评估。应重点改进空气取样装置和技术。

③ 环境生物净化。尽管在建筑物内表面的净化方面已经取得了巨大的进步，但目前可获得的外表面和大面积生物制剂释放情况下的材料和商用技术有效性方面的研究数据非常有限。未来的研究需集中在外表面、植被和各种地表结构的可接受清理标准上。需要对方法和规程进行研究以获得高效的技术为植被、外部结构表面和各种表面去污。另一个研究方向是有效去除表面污染的方法，如可以利用泡沫或凝胶。需要有效的规程和技术来净化基础设施内外的水平表面和棱角。

未来飞机制造商还可侧重研究湿热空气参数与电子设备的兼容性，以确保飞机在清理后的适航性。

10.6 结论

从 2001 年开始，我们在环境采样和基础设施的净化方面取得了很大的进步，这在很大程度上归功于多个机构的配合，如美国环保局国家国土安全研究中心、CDC、国土安全部等以及许多其他的调查机构。在城市人口密集的地区大面积释放生物战剂对地方、州和联邦机构进行污染鉴定、清理和恢复是一个非常艰巨的挑战。炭疽杆菌孢子因其对常用消毒方法的抵抗力等而名列 A 类生物战剂榜首。生物恐怖袭击后需要急救人员、相关专家和决策者之间共同协调配合。同时，政府需要大力培养公众对微生物风险不确定性的风险意识。毋庸置疑，人们还需要继续努力开发技术、方法和规程，以解决从复杂生物和非生物表面进行有效定量采样的问题。如果需要对大面积区域进行净化，当前许多的方法还需要改进。因雨水而带到土壤和水体中的危险废物必须加以解决。清理、恢复和重新使用的艰巨任务无疑将涉及自我防护、公共教育、基于风险的清理标准以及地方、州和联邦机构之间的共同配合。

参考文献

Ahmed Abdel-Hady, M.W.C., Aslett, D., Lee, S.D., Wyrzykowska-Ceradini, B., Robbins Delafield, F., May, K., Touati, A., 2019. Alternative fast analysis method for cellulose sponge surface sampling wipes with low concentrations of Bacillus spores. J. Microbiol. Methods 156, 5–8.

Buhr, T.L., et al., 2012. Test method development to evaluate hot, humid air decontamination of materials contaminated with *Bacillus anthracis* Sterne and *B. thuringiensis* Al Hakam spores. J. Appl. Microbiol. 113 (5), 1037–1051.

Buhr, T.L., et al., 2016. Hot, humid air decontamination of a C-130 aircraft contaminated with spores of two acrystalliferous *Bacillus thuringiensis* strains, surrogates for *Bacillus anthracis*. J. Appl. Microbiol. 120 (4), 1074–1084.

Calfee, M.W., Ryan, S.P., Griffin-Gatchalian, N., Clayton, M., Touati, A., Slone, C., McSweeney, N., 2013. The effects of decontaminant residue on the viability of Bacillus spores during wipe sample storage. Biosafety (S1)https://doi.org/10.4172/2167-0331.S1-001.

Canter, D.A., et al., 2005. Remediation of *Bacillus anthracis* contamination in the U.S. Department of Justice mail facility. Biosecur. Bioterror. 3 (2), 119–127.

Craft, D.W., Lee, P.A., Rowlinson, M.C., 2014. Bioterrorism: a laboratory who does it? J. Clin. Microbiol. 52 (7), 2290–2298.

Cundith, C.J., Kerth, C.R., Jones, W.R., Mccaskey, T., 2002. Air-cleaning system effectiveness for control of airborne microbes in a meat-processing plant. J. Food Sci. 67 (3), 1170–1174.

Dagher, D., et al., 2017. The wide spectrum high biocidal potency of bioxy formulation when dissolved in water at different concentrations. PLoS One 12 (2), e0172224.

Dias, M.B., et al., 2010. Effects of the USA PATRIOT Act and the 2002 Bioterrorism Preparedness Act on select agent research in the United States. Proc. Natl. Acad. Sci. U. S. A. 107 (21), 9556–9561.

Edmonds, J.M., Sabol, J.P., Rastogi, V.K., 2014. Decontamination efficacy of three commercial-off-the-shelf (COTS) sporicidal disinfectants on medium-sized panels contaminated with surrogate spores of *Bacillus anthracis*. PLoS One 9 (6), e99827.

Environmental Protection Agency, 2013. Bio-Response Operational Testing and Evaluation (BOTE) Project.

Erenler, A.K., Guzel, M., Baydin, A., 2018. How prepared are we for possible bioterrorist attacks: an approach from emergency medicine perspective. ScientificWorldJournal 2018, 7849863.

France, B., et al., 2015. Composite sampling approaches for *Bacillus anthracis* surrogate extracted from soil. PLoS One 10 (12), e0145799.

Franco, C., Bouri, N., 2010. Environmental decontamination following a large-scale bioterrorism attack: federal progress and remaining gaps. Biosecur. Bioterror. 8 (2), 107–117.

Government Accounting Office, 2003. Capitol Hill Anthrax Incident EPA's Cleanup Was Successful; Opportunities Exist to Enhance Contract Oversight.

Hutchison, J.R., Piepel, G.F., Amidan, B.G., Sydor, M.A., Deatherage Kaiser, B.L., 2015. False negative rates of a macrofoam-swab sampling method with low surface concentrations of two *Bacillus anthracis* surrogates via real-time PCR. https://www.pnnl.gov/main/publications/external/technical_reports/PNNL-24204Rev1.pdf.

Kesavan, J., Schepers, D., Bottiger, J., Edmonds, J., 2014. UV-C decontamination of aerosolized and surface-bound single spores and bioclusters. Aerosol Sci. Technol. 48, 450–457.

Kramer, A., Schwebke, I., Kampf, G., 2006. How long do nosocomial pathogens persist on inanimate surfaces? A systematic review. BMC Infect. Dis. 6, 130.

Lee, S.D., et al., 2013. Evaluation of surface sampling for Bacillus spores using commercially available cleaning robots. Environ. Sci. Technol. 47 (6), 2595–2601.

Moeller, R., et al., 2008. Roles of the major, small, acid-soluble spore proteins and spore-specific and universal DNA repair mechanisms in resistance of *Bacillus subtilis* spores to ionizing radiation from X rays and high-energy charged-particle bombardment. J. Bacteriol. 190 (3), 1134–1140.

Mott, T.M., et al., 2017. Comparison of sampling methods to recover germinated *Bacillus anthracis* and *Bacillus thuringiensis* endospores from surface coupons. J. Appl. Microbiol. 122 (5), 1219–1232.

Nicholson, W.L., Galeano, B., 2003. UV resistance of *Bacillus anthracis* spores revisited: validation of *Bacillus subtilis* spores as UV surrogates for spores of *B. anthracis* Sterne. Appl. Environ. Microbiol. 69 (2), 1327–1330.

Piepel, G.F., Amidan, B.G., Hu, R., 2011. Laboratory studies on surface sampling of *Bacillus anthracis* contamination: summary, gaps, and recommendations. https://www.pnnl.gov/main/publications/external/technical_reports/PNNL-20910.pdf.

Polyak, C.S., et al., 2002. Bioterrorism-related anthrax: international response by the Centers for Disease Control and Prevention. Emerg. Infect. Dis. 8 (10), 1056–1059.

Pottage, T., et al., 2012. Low-temperature decontamination with hydrogen peroxide or chlorine dioxide for space applications. Appl. Environ. Microbiol. 78 (12), 4169–4174.

Rastogi, V.K., et al., 2009. Quantitative method to determine sporicidal decontamination of building surfaces by gaseous fumigants, and issues related to laboratory-scale studies. Appl. Environ. Microbiol. 75 (11), 3688–3694.

Rastogi, V.K., et al., 2010a. Systematic evaluation of the efficacy of chlorine dioxide in decontamination of building interior surfaces contaminated with anthrax spores. Appl. Environ. Microbiol. 76 (10), 3343–3351.

Rastogi, V.K., Wallace, L., Smith, L.S., Shah, S.S., Foster, R., 2010b. Laboratory-Scale Demonstration of Hot Moist Air as a Bio-Decon Technology for Large-Frame Aircraft Interior Surfaces. . ECBC-TR-831.

Rastogi, V.K., Smith, L.S., Edgington, G., Dagher, M., Dagher, D., Dagher, F., 2017. The sporicidal potency of bioxy formulations in decontaminating bio-warfare agents. Clin. Microbiol. Infect. Dis. 2, 1–4.

Rose, L.J., et al., 2011. National validation study of a cellulose sponge wipe-processing method for use after sampling *Bacillus anthracis* spores from surfaces. Appl. Environ. Microbiol. 77 (23), 8355–8359.

Schmitt, K., Zacchia, N.A., 2012. Total decontamination cost of anthrax letter attacks. Biosecur. Bioterror. 10, .

Serre, S., et al., 2016. Whole-building decontamination of *Bacillus anthracis* Sterne spores by methyl bromide fumigation. J. Appl. Microbiol. 120 (1), 80–89.

Sinclair, R., et al., 2008. Persistence of category A select agents in the environment. Appl. Environ. Microbiol. 74 (3), 555–563.

Smith, L.S., Rastogi, V.K., Burton, L., Rastogi, P.R., Parman, K., 2014. A Novel Hydrogel-Based Bio-Sampling Approach. . ECBC-TR-1328.

Tufts, J.A., et al., 2014. Composite sampling of a *Bacillus anthracis* surrogate with cellulose sponge surface samplers from a nonporous surface. PLoS One 9 (12), e114082.

U.S. EPA, 2015. Surface Decontamination Methodologies for a Wide-Area *Bacillus anthracis* Incident.

Wagar, E., 2016. Bioterrorism and the role of the clinical microbiology laboratory. Clin. Microbiol. Rev. 29 (1), 175–189.

第11章

生物和毒剂战争公约：现状和展望

Chacha D. Mangu[1]

张文晶 石宇杰 王征旭 译

11.1 迫近的危险

化学和生物科学技术的进步在提高人类生活质量的同时，也带来了灾难。出于科学研究的目的，人类能够通过技术在实验室中复制病原体；然而，同样的技术也可能会被用来进行破坏。全球政治不稳定使得政府军队、恐怖分子等使用化学品、微生物和毒剂作为大规模杀伤性武器进行战争和恐怖威胁的可能性大大增加。据记载，1946—2014年发生了259起国内和国家间冲突，仅2014年就发生了约40起（Pettersson and Wallensteen，2015）。如果在战斗中选择使用生物武器，不论武装部队还是平民都将面临危险。

自从发现微生物可导致人类患病，一个无法忽略的事实是，战争中传染病导致的死亡人数超过了因战斗而死亡的人数（Connolly and Detal，2002）。虽然流行病作为自然灾害一直同战争相伴（Short，2010），但是历史记录表明，自公元前1000年以来，故意使用致病物质来恐吓和削弱敌方军队的事件也不在少数（Riedel，2004；Frischknecht，2008）。随着这一现象日益突出，在没有明显解释的情况下，从理论上难以推断交战人员之间的传染病是自然发生还是敌方释放伤害性物质造成的结果。因此，是否存在“动机”，是自然发生的流行病与生物战引起的流行病之间唯一的显著区别。

联合国将生物武器定义为传播致病生物体或毒素的复合武器系统，以杀伤或杀死人类、

[1] National Institute for Medical Research，Mbeya Medical Research Center，Mbeya，Tanzania.

动物或植物为目的（联合国，2018）。Joshua Lederberg 持有与此同样的观点，在 2001 年发表的关于生物战的演讲中，他将生物战定义为将病原体用于敌对目的，包括对人类健康和生存的攻击，并将攻击范围扩展到植物和农畜作物（Lederberg，2001）。

与古代使用含有传染性病原体的人类粪便和动物尸体在敌营中传播疾病不同，现代已经能够通过先进的实验室技术来培育病原体，而那些自然产生的病原体则可被强化为能够大规模生产、安全储存和有效扩散的武器。例如，基因工程的可行性使生物武器可能来自纯粹为某一目的而制造的新型重组病毒，其毒性增强，可导致近 100%的死亡（联合国，2018）。正是由于病原体容易获得，且获得它的技术并不昂贵，增加了新兴病原体作为后备生物武器以及被使用的可能性。理想的生物武器可专门生产、能够在载具中安全储存，并配有专属的投放装置。且只有接受了明确的命令，为了对预定目标造成损伤和大规模破坏时，才能够被投放。为了应对这种潜在的却又不可避免的威胁，一个国际性会议被召开，旨在制定规则以禁止发展、生产、储存细菌（生物）和毒素武器和销毁此种武器，以此为基础形成了后来的《禁止生物武器公约》。

11.2 公约

《禁止生物武器公约》是一项多边裁军条约，禁止发展、生产和储存全部类别大规模杀伤性武器（联合国，2007）。经缔约国讨论和同意，该公约于 1972 年 4 月 10 日签署，并于 1975 年 3 月 26 日生效。到 2016 年，《禁止生物武器公约》确认了 178 个缔约国的成员资格。

不同的国际宣言和裁军条约都提到了之前为防止使用包括生物武器在内的大规模杀伤性武器所做的努力，包括 1907 年《海牙公约》（Ⅳ）呼吁对陆地战争的法规及惯例的尊重（红十字国际委员会，1907）以及 1925 年《日内瓦议定书》禁止在战场上使用生物和化学武器（联合国裁军事务厅，1925）。这些条约尽管得到了不同程度的执行，但其只谴责使用大规模杀伤性武器，却没有禁止发展、生产或储存大规模杀伤性武器，而且在许多情况下，关于这类条约本身的讨论也仍然没有停止。1969 年，英国在十八国裁军谈判会议（ENDC）上提交了一份公约草案，呼吁对生物武器进行单独处理，并将其置于化学武器之上，从而推动了《禁止生物武器公约》的进程。尽管遭到许多国家的反对，但由于尼克松总统领导下的美国宣布放弃了所有形式的进攻性生物武器计划，包括适用于战争的生物制剂的研究、开发、生产和储存，公约获得了广泛关注（Tucker and Mahan，2009）。

1971 年 3 月，苏联及其盟国提出了仅针对生物武器的公约草案修订，为进一步谈判《禁止生物武器公约》留出了足够的余地。随着谈判的进行，1971 年 8 月 5 日，美国和苏联分别向裁军谈判委员会会议提交了各自的公约草案，但立场完全一致，随后于 1971 年 9 月 28 日被提交给联合国大会。

因此，《禁止生物武器公约》是第一个全面禁止从研制到部署生物制剂武器的裁军条约。《禁止生物武器公约》已经过八次修正，修正在每五年一届的修正会议期间进行，目的是取得共识并推动其执行。该公约共有十五条；重要的是，缔约成员国必须遵守与《禁止生物武器公约》条款有关的下列关键协议（联合国，2017）：

① 在任何情况下都不得开发、生产、储存、获取或保留生物武器。

② 在加入前销毁一切生物制剂、毒剂、武器、设备和运载工具，或将其转用于和平目的。

③ 不得转让或以任何方式协助、鼓励或诱使他人获取或保留生物武器。

④ 国家采取任何必要措施以确保《禁止生物武器公约》的实施。

⑤ 要求联合国安全理事会调查违反《禁止生物武器公约》的可疑行为，并遵守其之后的决议。

⑥ 协助因违反《禁止生物武器公约》的行为而面临危险的国家。

⑦ 促进为和平目的进行的设备、材料和信息的交换尽可能充分地开展。

11.3 《禁止生物武器公约》及其审查、困境和现状

《禁止生物武器公约》本身是国际社会长期建立的指导原则，是日内瓦议定书的有益补充，是迄今为止能够使世界免于生物武器的最佳条约。然而，一些缺陷阻碍了公约的有效实施。下面是其中一些例子的说明。

11.3.1 缺乏共识

《禁止生物武器公约》是第二个获得更普遍认同的条约，但由于在各种关键问题上持续存在不同的观点和立场，各国在该公约的主要条款上一直缺乏共识。1986 年在第二次修正期间引入了信任建立机制，“以防止或减少含糊不清、疑惑和质疑，其根本目的是改善国际合作”（联合国裁军事务厅，2015）。然而，最终的结果是成员之间仍然存在着缺乏信任的情况。《禁止生物武器公约》缔约国特设小组成立于 1994 年，目的是为公约谈判和制定具有法律约束力的核查制度，意图促成各国主动披露与条约有关的设施和活动，包括研究和开发用于军事的生物制剂，对已申报的设施进行现场例行巡查，并对可疑设施和活动进行质疑性检查。特设小组主席、匈牙利大使 Tibor Tot 指出，“出于不同立场，有些让步会非常困难”，暗示了某些议案是妥协的结果（联合国，2000）。在 2001 年，由于未能完成公约草案的谈判使其成为法律文书，第五次修正的进程被暂停。2016 年，第八次修正会议的结果也令人失望，原因在于某个成员国阻止了就广泛接受的折中文案达成共识（Pearson and Sims，未注明年份）。该公约迄今为止已经进行了八次修正，虽然努力在成员之间寻求共识，但显然，即使在公约实施了 40 多年之后，也难以就本可以使公约更加有效的一些关键问题达成共识。红十字国际委员会在其声明中重申：

在过去五年的会议上，成员之间交流了大量信息，并就如何执行公约和提高其效力提出了许多建议。然而，令人失望的是，几乎从未达成共识（红十字国际委员会，2016 年）。

由于需要缔约国进一步地妥协以取得共识，使公约能够更加高效实施的道路依然曲折而漫长。

11.3.2 缺乏普适性

全球几乎所有国家都认为，解决生物武器威胁的紧迫性越来越强，但缔约国未能就此做出共同反应，公约仍然缺乏普适性。

11.3.3 缺乏合规性和相关核查

与《不扩散核武器条约》和《禁止化学武器公约》不同，没有一个国际组织来核查《禁止生物武器公约》缔约国是否遵守该条约。在第三次修正会议（1991 年）上设立了一个政府专家组，从科学和技术角度确定并检验可能的核查措施，并于 1994 年成立了一个特设小组，就公约进行谈判并制定具有法律约束力的核查制度。该特设小组于 2001 年提出的议定书草案被否决，这对于该公约而言是一个重大打击。该草案提议在国际生物武器公约组织的资助下，通过自愿邀请的方式进行访问和视察，以确定生物防御计划、疫苗生产设施和包括 BSL-3、BSL-4 实验室在内的科学设施是否遵守《禁止生物武器公约》的规定。

甚至在签署《禁止生物武器公约》之后，缔约成员国仍然存在违背《禁止生物武器公约》的情况。例如 1979 年 4 月 2 日发生的“斯维尔德洛夫斯克案”，疑似炭疽孢子意外从位于斯维尔德洛夫斯克市（现叶卡捷琳堡）南缘的苏联第 19 军事研究所泄漏。1981 年的“黄雨”事件，苏联被指控在老挝、柬埔寨和阿富汗参与生产、转运和使用三氯乙烯真菌毒素，苏联的行为违反了公约规定，引起了对生物武器活动的警惕（Moodie，2001；Harris，1987）。伊拉克分别在 1998 年和 2002 年的检查过程中拒绝与联合国安理会特别机构（UNSCOM）以及后来的联合国监测、核查和视察委员会（UNMOVIC）合作（Zanders et al.，2003）。2006 年，美国以伊朗、朝鲜和叙利亚可能未遵守该公约为由提出指控（联合国，2006）。

《禁止生物武器公约》第四条要求各缔约国在其管辖和宪法程序下采取措施，以遵守公约（Harris，1987）。然而，当一个国家宣布它已停止生产并彻底销毁其储存的生物武器时，并没有法律授权要求其开放设施接受核查，接受核查只能是纯粹的自愿行为。缺乏核查机制使得该公约沦为一项缺乏全面执行机制的政治宣言。

11.3.4 实施方面面临挑战

由于成员国在执行该公约方面面临挑战，第六次修正大会（2006 年）同意设立执行支持组（ISU），以支持缔约国管理和全面执行公约等。在 2016 年的行动报告中，执行支持组强调了人手不足和资金不足导致其行动受到限制，从而未能有效回应个别缔约国的援助需求（Anon，2012—2016）。这种限制使缔约国在实施《禁止生物武器公约》过程中面临的大多数困难仍未得到解决。

11.4 公约的未来

为了可持续发展的未来，需要在《禁止生物武器公约》中注入一些力量，以增强约束力，确保全面禁止生物武器的滥用，包括在敌对事件中研发和生产生物制剂和毒剂。该公约最重要的任务之一是清除所有现存的灰色地带，增强缔约成员国之间的共识，并推动有争议条款的贯彻实施。各成员国必须相互妥协，达成共识，加强遵约核查的机制，从而增强缔约国之间的信任。

另外，在诸如基因重组工程、细胞培养等生物技术突飞猛进发展的时代，《禁止生物武器公约》必须能够被完全执行。使用这类技术成本低，并有便携式设备可被使用。一些人员可以在很短的时间内完成几年前需要大量劳动力的任务。在目前的技术条件下，使用有限的设备就可以在家庭环境下完成生物武器的生产，因此生产行为具有极高的保密性。正是由于这些技术越来越容易获得，它们可能落入有恶意的个人手中，而他们可能会利用这些技术进行恐怖袭击。因此，必须通过缔约国间合作，提高管控。这种控制必须包含国家间有害生物及毒剂的处理及转运以及实验室和研究机构相关设备的管理。

2001 年的美国炭疽事件提醒我们，仅仅依靠一个公约并不能遏制恐怖行为。在非国家层面冲突激增的情况下，获取和部署生物武器进行恐怖活动的行为不容忽视。但提高《禁止生物武器公约》的普适性，使得所有国家成为缔约国成员，仍然是防止生物武器通过非成员国扩散和渗透的重要保证。

最后，除非有一个领导机构和执行机构，否则在公约框架内商定的措施很难真正执行。已提议在联合国监督下成立遵约核查小组和执行组织，以确保有一个官方机构负责协助缔约国执行该公约的规定。《禁止生物武器公约》的价值在于改善全球生物安全。如果缔约国不遵守条款，并且不能为建立一个没有大规模杀伤性生物武器的世界带来积极的影响，公约将失去其价值。随着各成员国进一步作出承诺，为现代社会以及子孙后代构建更加安全的世界值得期待。

参考文献

Anon, 2012–2016. Report of the Implementation Support Unit on Its Activities to Implement Its Mandate. (Report number BWC/CONF.VIII/PC/7).

Connolly, M.A., Deadly, H.D.L., 2002. Comrades: war and infectious diseases. LANCET Suppl. 360, 23–24.

Frischknecht, F., 2008. The history of biological warfare. In: Richardt, A., Blum, M. (Eds.), Decontamination of Warfare Agents. WILEY-VCH Verlag GmbH & Co. KGaA, Weinheim, German, pp. p1–10.

Harris, E.D., 1987. Sverdlovsk and Yellow Rain: two cases of the Soviet noncompliance? Int. Secur. 11 (4), 41–95.

ICRC, 1907. Convention (IV) Respecting the Laws and Customs of War on Land and its Annex: Regulations concerning the Laws and Customs of War on Land. The Hague. (Online). Available at: https://ihl-databases.icrc.org/ihl/INTRO/195.

International Committee of the Red Cross, 2016. Biological Weapons Review Conference: ICRC Statement. International Committee of the Red Cross, Geneva, Switzerland. (Online). Available from: www.icrc.org.

Lederberg, J., 2001. Biological warfare. Emerg. Infect. Dis. 7 (6), 1070–1071. (Online) Available from: https://doi.org/10.3201/eid0706.010636.

Moodie, M., 2001. The Soviet Union, Russia, and the biological and toxin weapons convention. Nonproliferation Rev. 59–69. (Online). Available from: https://www.nonproliferation.org/wp-content/uploads/npr/81moodie.pdf.

Pearson, G.S., Sims, N.A., n.d. Report From Geneva: The BTWC Eighth Review Conference: A Disappointing Outcome (Havard Susex Program Occasional Paper 2017, Review No. 16) (Online). Available from: www.unog.ch/80256EDD006B8954/(httpAssets)/96E73A407E3

6F9D0C12580ED00354AB3/$file/REPORT_FROM_GENEVA_46+E.pdf.
Pettersson, T., Wallensteen, P., 2015. Armed conflicts, 1946-2014. J. Peace Res. 52 (4), 536–550.
Riedel, S., 2004. Biological warfare and bioterrorism: a historical review. BUMC Proc. 17, 400–406.
Short, A.V.M.B., 2010. War and disease: war epidemics in the nineteenth and twentieth centuries. ADF Health 11 (1), 15–17.
Tucker, J.B., Mahan, E.R., 2009. Presidents Nixon's Decision to Renounce the U.S. Offensive Biological Weapons Program. Case Study Series. National Defense University Press, Washington, DC.
United Nations, 2000. Highlights of Press Conference By Tibor Toth, Chairman of the Ad HOC Groups of States Parties to the Biological Weapon Convention, Held at the Palais des Nations on 4 August 2000. United Nations Information Services, Geneva, Switzerland.
United Nations, 2006. Confronting Noncompliance With the Biological Weapons Convention—Submitted by the United States of America Geneva, Switzerland. (BWC/CONF.VI/WP.27).
United Nations, 2007. Biological Warfare Convention: An Introduction. United Nations Publication, Geneva, Switzerland.
United Nations, 2017. The Biological Weapons Convention: An Introduction. United Nation, Geneva, Switzerland. (Online). Available from: http://www.un.org/disarmament.
United Nations, 2018. What are Biological and Toxin Weapons? United Nations, Geneva, Switzerland. (Online). Available from: https://www.unog.ch/80256EE600585943/%28httpPages%29/29B727532FECBE96C12571860035A6DB?OpenDocument.
United Nations Office for Disarmament Affairs, 1925. 1925 Geneva Protocol. Protocol for the Prohibition of the Use in War of Asphyxiating, Poisonous or Other Gases, and of Bacteriological Methods of Warfare. The League of Nations, Geneva, Switzerland. (Online). Available from: https://www.un.org/disarmament/wmd/bio/1925-geneva-protocol/.
United Nations Office for Disarmament Affairs, 2015. Guide to Participating in the Confidence-Building Measure of the Biological Weapon Convention, revised ed. United Nations, Geneva, Switzerland.
Zanders, J.P., Hart, J., Kuhlau, F., Guthrie, R., 2003. Non Compliance With the Chemical Weapons Convention. Lessons From and for Iraq (SIPRI Policy Paper No. 5).

第12章

新一代人工合成生物战剂：检测、防护和净化方面的新威胁和挑战

Anshula Sharma[1]，Gaganjot Gupta[1]，Tawseef Ahmad[1]，
Kewal Krishan[2]，Baljinder Kaur[1]

李　响　崔雨萌　王友亮　译

12.1 潜在的生物武器和战剂

生物武器是指含有可复制传染性和致命性生物形式的武器，包括细菌、病毒、真菌、原生动物、朊病毒或由活生物体产生的有毒化学毒素（Rogers et al.，1999）。生物战剂（BWA）是一种生物武器，由于其易于获得、生产成本低、方便运输和容易传播、不易被简单的安全系统检测到等特点，在战争中得到了广泛的应用。生物战剂导致了高发病率和高死亡率的人类疾病的传播。这些病原体可以在宿主体内繁殖并传播给其他个体，会引起不确定的后果，从而导致这些病原体大规模传播。由于生产成本低、易于培养，任何发达国家或发展中国家都能负担起它们的制造和维护费用。生物战剂既有液态形式，也有可长期储存的干粉形式。没有接触过生物战剂的人通常对这些生物战剂没有任何天然免疫力，极易被感染。与常见的人类疾病相比，这些致命疾病的病原体都有动物宿主，且难以诊断和治疗。表12-1总结了一些多年来用于生物战并导致严重流行病暴发的人类致病病原体的性质、特性和影响。

各类综述文章详细地记录了在以往的生物恐怖事件中使用生物战剂导致的不良后果的情况。(Jansen et al.，2014；Madad，2014；Krishan et al.，2017)。根据生物恐怖袭击和疾

[1] Department of Biotechnology，Punjabi University，Patiala，India.
[2] Department of Defence and Strategic Studies，Punjabi University，Patiala，India.

病暴发的历史，我们可以得出结论，生物技术被用于制备致命生物武器对人类造成了新的威胁，会造成大规模伤亡和破坏（Lesser et al.，1999）。因此，出于生物防备和生物安全的目的，需要基于生物制剂种类特异性开发更有效的且成本更低的医疗对策（Horn，2003；Jansen et al.，2014；Pal et al.，2016）。必须根据死亡率、治疗和预防措施的可获得性、住院的需要、公众的认识等来评估与人类病原体相关的风险（Rotz et al.，2002）。

表 12-1　人类致病病原体（可能被用作生物武器）

疾病		致病因子	载体	对人类的影响	受影响国家/地区	参考
细菌类疾病	炭疽病	炭疽杆菌	白鹿、苍蝇、绵羊、骆驼、羚羊、牛、人	喉咙痛、轻度发热、疲劳、肌肉酸痛、轻度胸部不适、呼吸急促、恶心、咯血、吞咽疼痛	美国、欧洲、亚洲、非洲、加勒比海、中东	(Dutta et al.，2011；Jansen et al.，2014)
	布鲁氏菌病	布鲁氏杆菌	山羊、绵羊、驯鹿、猪、人	发热、背痛、全身酸痛、食欲不振和体重减轻、头痛、盗汗、虚弱、腹痛	欧洲、非洲、亚洲、拉丁美洲、北极等	(Thavaselvam and Vijayaraghavan，2010)
	肉毒中毒	肉毒梭菌	鱼、鸟、蜗牛、蚯蚓、蛆、线虫、人	吞咽或说话困难、口干、面部无力、视力模糊或复视、眼睑下垂、呼吸困难、恶心、呕吐和腹部痉挛、瘫痪	南非、美国	(Sobel，2005；Jansen et al.，2014)
	肠毒素中毒	葡萄球菌肠毒素 B	绵羊、山羊、蠕虫	食欲不振、腹部不适、血性腹泻	中亚	(Spencer and Scardaville，1999；Horn，2003)
	鼻疽	马鼻疽伯克霍尔德氏菌	马、驴、骡、人	发热、肌肉酸痛、胸痛、肌肉紧绷、头痛	亚洲等	(Van Zandt et al.，2013；Go and Sansthan，2014)
	类鼻疽	类鼻疽伯克霍尔德氏菌	啮齿动物、人	咳嗽、呼吸时胸痛、高烧、头痛、肌肉酸痛、体重减轻	东南亚、澳大利亚；热带和亚热带地区很少	(Jansen et al.，2014；Madad，2014)
	鼠疫	鼠疫杆菌	啮齿动物、跳蚤、人	突然发热、头痛、寒战、虚弱、淋巴结肿大、触痛	欧洲、北非	(Christie，1982；Jansen et al.，2014)
	Q 热	贝氏柯克斯体	鸟、蜱、绵羊、牛、山羊、猫、兔、人	高烧、寒战或出汗、咳嗽、胸痛、头痛、黏土色大便、腹泻、恶心	全球，新西兰除外	(Maurin and Raoult，1999)
	兔热症	土拉热弗朗西斯菌	节肢动物、水生啮齿动物、兔、人	皮肤溃疡、淋巴结肿大、严重头痛、发热、发冷、疲劳	美国	(Gurcan，2014)
	蓖麻毒素中毒	蓖麻毒素	人	体重减轻、焦虑、不耐热、疲劳、脱发、虚弱、多动、易怒、冷漠、抑郁、出汗	美国	(Jansen et al.，2014)

续表

疾病		致病因子	载体	对人类的影响	受影响国家/地区	参考
病毒类疾病	登革热	黄热病毒	蚊	高烧、严重头痛、眼后疼痛、严重关节和肌肉疼痛、疲劳、恶心、呕吐	美国、中国、欧洲、东南亚	(Murray et al., 2013)
	埃博拉病毒病	埃博拉病毒/丝状病毒	蝙蝠、猴、大猩猩、黑猩猩、人	发热、头痛、关节和肌肉疼痛、虚弱、腹泻、呕吐、胃痛、食欲不振	非洲、欧洲	(Jansen et al., 2014; Madad, 2014)
	肝炎	肝炎病毒	人	疲劳、尿黑、大便白、腹痛、食欲不振、体重减轻	非洲、亚洲	(Lemoine et al., 2013)
	艾滋病	慢病毒	人	头痛、腹泻、恶心呕吐、疲劳、肌肉酸痛、喉咙痛、淋巴结肿大	亚洲、美国	(Fettig et al., 2014; Maartens et al., 2014)
	A型流感(西班牙流感和猪流感)	流感病毒	人	发热、咳嗽、喉咙痛、流鼻涕或鼻塞、肌肉或身体疼痛、头痛、疲劳	亚洲、欧洲	(Taubenberger and Morens, 2008; Zimmer and Burke, 2009)
	拉沙病毒感染	沙粒病毒	啮齿动物、人	发热、全身无力、头痛、喉咙痛、肌肉痛、胸痛、恶心、呕吐、腹泻、咳嗽	非洲	(Raabe and Koehler, 2017)
	麻疹	麻疹病毒	人	发热、干咳、流鼻涕、喉咙痛、眼睛发炎	非洲、亚洲、欧洲、美国	(Abad and Safdar, 2015)
	狂犬病	溶血酶狂犬病病毒和澳大利亚蝙蝠溶血病毒		发热、头痛、肌肉酸痛、食欲不振、恶心、疲劳		(Yousaf et al., 2012)
	严重急性呼吸综合征(SARS)	冠状病毒	动物、人	发热、头痛、食欲不振、腹泻、干咳、疲劳、呼吸困难	中国、加拿大、英国	(Vijayanand et al., 2004)
	天花	天花病毒	人	皮疹、严重头痛、背痛、腹痛、呕吐、腹泻	欧洲、北非、美国	(Henderson et al., 1999)
	委内瑞拉马脑炎	α 病毒	啮齿动物、蝙蝠、鸟、蚊、马、人	高烧、头痛、中枢神经系统紊乱	美国、加拿大、阿根廷	(Weaver et al., 2004)
	黄热病	黄热病毒	蚊等	发热、头痛、恶心和呕吐。严重时可能导致致命的心脏、肝脏和肾脏疾病	非洲、亚洲、南美洲	(Gardner and Ryman, 2010; Monath and Vasconcelos, 2015)

12.2 新一代生物武器的出现

随着基因工程和合成生物学技术的进步，经复杂的基因操作创造“订制”微生物已成为可能。通过多种基因转移介导的基因操作、构建全合成或嵌合微生物，可使无害的细菌或病毒具有致病或感染性。基因工程生物制剂具有抵抗现有治疗方法的能力，亦可能被用作生物战剂。具有新的/可改变的致病特征的生物制剂，如增强的生存能力、传染性、毒力和耐药性，被称为“新一代生物武器”。人类基因组的解码以及最近在基因工程、基因治疗和药物递送方法方面的突破将进一步增加潜在病原体作为新一代生物武器的机会（Ainscough，2002）。

JASON国防咨询小组向美国国防部提供的技术建议中简要介绍了由于基因工程生物武器的发展而造成的近期威胁（Ainscough，2002）。JASON国防咨询小组的成员Steven M. Block对该国使用新一代生物武器进行潜在生物恐怖活动提出了一些担忧（Block，2001）。JASON国防咨询小组将生物战剂分为六大类，如下所述。

12.2.1 二元生物武器

俄罗斯科学家是二元生物武器技术的专家，二元生物武器能增强引起人炭疽、痢疾和鼠疫等疾病病原体的毒力。二元生物武器技术包括由致病宿主菌株和携带质粒的毒力基因组成的双组分系统，可大规模独立繁殖。在它们被释放之前，这些成分会在充当生物反应器的生物武器内混合，完成生物转化。

12.2.2 设计特定基因

全基因组序列数据的解码和可用性为生物技术人员设计和重建毒力基因提供了可能，可以在现有致病微生物库中引入所需的毒性特征。合成生物学技术和基因工程技术的发展使设计基因成为可能，这些设计基因可以进一步用于制造转基因病原体。

12.2.3 设计特定疾病

最近在分子和细胞生物学方面的突破使生物学家能够通过设计病原体来开发、设计特定疾病，以实现所假设疾病进展的预期症状。设计病原体的潜在靶点既可以是体细胞，也可以是生殖细胞，通过诱导细胞凋亡、增强细胞增殖导致重要组织或器官系统发生癌变或通过免疫抑制等不可逆效应破坏机体组织，如“脑痘病”（在R. Preston所著小说《眼镜蛇事件》中描述的虚构疾病）。

12.2.4 基于基因治疗的生物武器

基因治疗通过程序化修复或替换有缺陷的基因来改变患者的基因组成，在治疗高死亡率的人类疾病方面具有巨大潜力。根据疾病的严重程度，基因治疗可以在生殖细胞或体细胞中完成，以防止其遗传给后代。该技术已在动物模型中成功测试，例如，牛痘病毒作为基因插入的载体已被应用在哺乳动物细胞中，但该技术仍处于起步阶段，因为招募人类志愿者引入和预测基因疗法的遗传效应是不符合伦理的。逆转录病毒作为载体可以很容易地将自身整合到人类基因组中，并且可以跨越人体天然防御系统的所有障碍。

12.2.5 宿主交换疾病

人畜共患病病原体病毒有一个天然的动物宿主，病原体对宿主不致病，如携带艾滋病病毒的黑猩猩、携带埃博拉病毒和马尔堡病毒的果蝠和猴子、携带猪流感病毒的猪等。与人类密切接触的携带病毒的动物物种可以很容易地将病毒传播给人类。可怕的是，对动物病毒基因进行改造，将原有基因替换成人类密码子，从而消除密码子偏倚的可能，这种方式生产的人源化病毒制剂将会带来严重的伤害。

12.2.6 隐形病毒

这些病毒含有潜在的致癌基因，可以秘密地转移到人类基因组中。通常，它们能潜伏多年，一旦受到刺激，病毒上致癌基因被激活，将会对人类造成巨大破坏。例如，人类疱疹病毒被诱导后可引起口腔和生殖器官病变。同样，感染过水痘的人可以作为水痘病毒的天然宿主，其有时会以带状疱疹病毒的形式恢复活力，导致一些人患上带状疱疹。

12.3 合成生物学辅助细菌克隆和噬菌体的全基因组合成

合成生物学结合了科学和工程方法来设计和构建新的路径、设备和生命系统以及重新设计自然生物过程。在过去三十年中，全基因组序列数据呈指数级增长，这为合成生物学家通过遗传操作或参考模板辅助合成全基因组序列、对现有的病原体设计、毒性效应元件重建，提供了帮助。随着合成生物学的发展，现在有可能人工合成含有相当数量致病基因座的基因结构，这些基因结构可以联结在一起，形成具有传染性的简化基因组，整个基因组与人类病原体类似。令人惊讶的是，还可以利用从动物尸体、粪便样本或埋在永久冻土中的病毒感染者的组织等分离出来的基因片段构建人造细菌和病毒（表 12-2）。以下重点描述了用于合成天然或嵌合细菌和病毒制剂的合成生物学领域的重要历史发展。

表 12-2 合成生物学辅助传染性病原体的构建

种类	年份	结构	基因组的特点	构建	测试模型	参考文献
病毒	2002	脊髓灰质炎病毒	ssRNA	ssRNA 合成和体外噬菌体包装	HeLa 细胞系和 CD155tg 小鼠	(Cello et al.,2002)
	2003	φ X174	dsDNA	PCA 辅助合成基因组组装	*E. coli*	(Smith et al.,2003)

种类	年份	结构	基因组的特点	构建	测试模型	参考文献
病毒	2005	1918 年西班牙流感病毒	ssRNA	基因测序和 RT-PCR 辅助组装来自感染者保存组织的 8 个病毒 RNA 片段	小鼠	(Neumann et al., 1999; Fodor et al., 1999; Hoffmann et al., 2000; Taubenberger et al., 1997; Taubenberger et al., 2005, 2007)
	2005	噬菌体 T7	dsDNA	去除重叠序列并用合成的 α 和 β 结构替换＞30％的病毒基因组	*E. coli*	(Chan et al., 2005)
	2006—2007	人内源性逆转录病毒	RNA	①HERV-Kcon 的全基因组合成 ②定点突变辅助化学合成的名为“凤凰”的 HERV-K (HML-2)共有序列	①HEK 293T 细胞系 ②HEK 293T、BHK21、G355.5、SH-SY5Y、He-La、WOP 细胞系	(Lee and Bieniasz, 2007; Dewannieux et al., 2006)
	2006—2007	HIVcpz	RNA	病毒序列的化学合成(从粪便样本中分离的 RNA 模板)	黑猩猩、大猩猩	(Keele et al., 2006; Takehisa et al., 2007)
	2008	SARS 样冠状病毒	RNA	理性设计、病毒基因组组装辅助、合成病毒 cDNA	小鼠 Vero 和 DBT 细胞系；HAE 人类细胞系和 BALB/c 小鼠	(Li et al., 2005; Becker et al., 2008)
细菌	2008	生殖支原体 syn-2.0	dsDNA	第一个人工合成的侏儒基因组(582 970bp)，由 485 个蛋白质编码基因和 43 个 RNA 编码基因组成。通过体外重组连接的片段(工作仍在继续)	*E. coli*	(Gibson et al., 2008)
	2010	丝状支原体 JCV-1-syn1.0	dsDNA	第一个合成细菌，由化学合成的基因组组成，只有 400 个蛋白质编码基因和 43 个 RNA 编码基因	酵母	(Glass et al., 2012)

12.3.1 噬菌体φX174 的合成

第一个人工噬菌体 φX174 的构建是为了了解感染人类病毒的基因组的结构和功能。2003 年，Smith 及其同事通过聚合酶循环组装技术将合成的 DNA 片段拼接在一起，合成了 φX174 的 5386bp 大小的基因组。马里兰州罗克维尔生物能源替代品研究所（IBEA）的研究人员希望利用这项技术构建由几百万个碱基对组成的人工细菌染色体。这种具有重要基因的人工细菌染色体可用于合成微生物工厂，以生产氢等生物燃料，减少煤炭脱气装置的碳排放（Smith et al.，2003）。

12.3.2 重构法合成噬菌体 T7 基因组

Chan 及其同事使用重构法重新设计 T7 噬菌体基因组（39937bp），以研究其重要的基因功能（Chan et al.，2005）。他们通过去除重叠基因片段并利用重组的大肠杆菌 BL21 的 α 和 β 结构的 12179bp 基因片段替换 11515bp 的野生型（WT）病毒基因组，构建了三种嵌合噬菌体，即 α-WT、WT-β-WT 和 α-β-WT。重叠片段序列保守，不参与病毒的复制，移除/替换后，病毒还能保持活力。这项研究揭示了简化基因组执行所有复制和其他功能的潜力，并为开发第一个合成细菌铺平了道路。

12.3.3 使用最少的基因组合成生殖支原体和丝状支原体克隆

美国马里兰州罗克维尔基因组研究所（TIGR）的研究人员利用系统突变方法，鉴定出 265～350 个导致尿道炎的生殖支原体基因，这些基因对维持细胞活力和支持细胞复制至关重要。这是第一次尝试利用人工组装的基因结构构建合成细菌。发表在《科学》杂志上的研究结果揭示了 DNA 复制和修复、基因表达、细胞运输及活细胞能量代谢所需的最小基因组。该研究成功合成了第一个生殖支原体的简化基因组（582 970bp）（Gibson et al.，2008）。实验室合成支原体和山羊支原体的基因组移植的初步研究揭示了利用人工构建的细菌基因组开发合成物种的可能性。2010 年，第一个高产菌株丝状支原体人工合成细菌丝状支原体 JCV-1-syn1.0 取代了缓慢生长的生殖支原体（Gibson et al.，2010；Sleator，2010；Glass，2012）。包含生命所需的最小基因组的生殖支原体 syn-2.0 的全新菌株的设计工作也在进行中，该合成菌株将用于研究合成制剂在生物修复和生物医学中的应用潜力。

12.4 合成生物学辅助天然或嵌合病毒的全基因组合成

合成病毒学是合成生物学的一个重要分支，已经解决了许多遗传自祖先的疾病（图 12-1）。合成具有设计元件的嵌合病毒基因组、通过体外噬菌体组装构建人工病毒以及开发递送系统，以使设计的制剂在人之间有效传播在当今合成病毒学领域最受欢迎。

12.4.1 1918 年西班牙流感病毒的合成

历史上的流感大流行在 1918—1919 年导致全球超过 5000 万人死亡。Taubenberger 及其同事于 1997 年从一名 21 岁士兵的肺组织尸检样本和一名埋在永久冻土中的因纽特妇女的冷冻组织中提取病毒 RNA 片段，这两人都是 1918 年流感大流行的受害者（Taubenberger et al.，1997）。他们利用基因测序和 RT-PCR 技术将 8 个病毒 RNA 片段重建为 1918 年流感病毒的基因组，随后，他们成功组装了导致西班牙流感大流行的人工病毒。“反向遗传学”技术使第一个合成病毒得以于 2005 年 10 月在罗克维尔的武装部队病理学研究所被构建（Neumann et al.，1999；Fodor et al.，1999；Hoffmann et al.，2000；Taubenberger et al.，2005，2007）。血凝素（HA）、神经氨酸酶（NA）和聚合酶 B1（PB1）是致病的重要

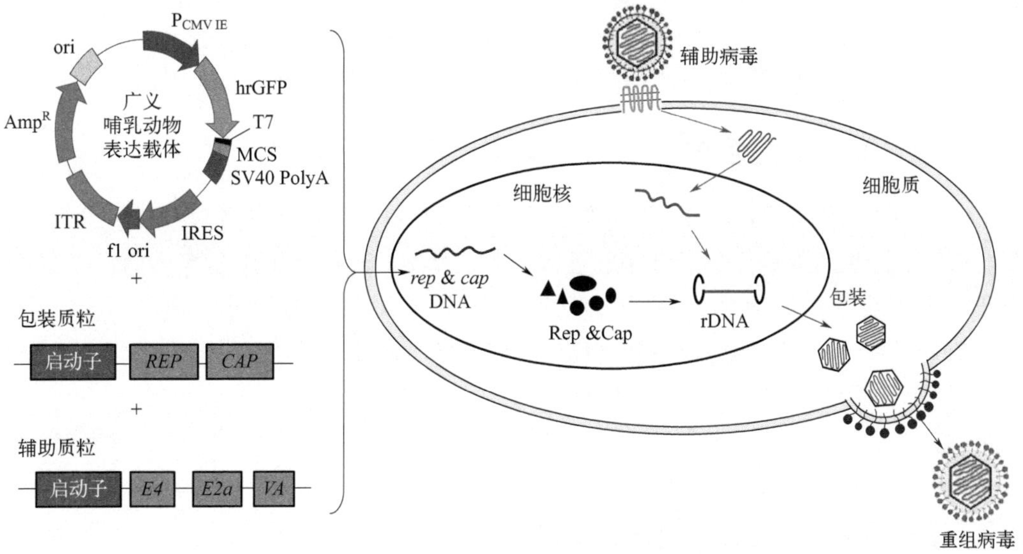

图 12-1　构建人工合成病毒的示意图

毒力因子。HA 抗原有 16 种不同的变体，主要作用是帮助病毒附着于宿主细胞的无糖蛋白，而在人类和动物中报道了 9 种 NA 亚型，其中 N1、N2 与人类、鸭、鸡的流行病有关。HA-5 型（HA5）和 NA-1 型（N1）是传染性病毒颗粒衣壳组装的重要组成部分。神经氨酸酶帮助复制病毒从受感染的宿主细胞中释放。西班牙流感病毒可能起源于鸟类，其进化造成了 1918 年的大流行病。

12.4.2　脊髓灰质炎病毒的合成

2002 年，Cello 及其同事在没有天然模板的情况下，利用 cDNA 驱动合成病毒 RNA 基因组，随后，加入混合物，将产生的 RNA 基因组包裹起来，生成人工脊髓灰质炎病毒（Cello et al.，2002）。随后遵循合成病毒学方法研究了病毒基因组的功能特征及与其重要毒力因子相关的潜在致病机制。在合成的 cDNA 结构中故意引入了 25 个突变，作为评估病毒基因组结构和相关功能基因位点特性的遗传标记。随后，在 HeLa 细胞系和 CD155tg 小鼠模型中测试了人工病毒的感染情况，并确认其具有传染性，但感染率明显低于野生型菌株。第一个裂解性动物 RNA 病毒的化学合成证实了推导的病毒基因组序列的准确性，并帮助分析了病毒基因组中的特定位点。

12.4.3　人内源性逆转录病毒的合成

人类内源性逆转录病毒（HER）是一种退化的人类逆转录病毒，包括人类内源性逆转录病毒 K 病毒 HERV-K 的人-小鼠乳腺肿瘤病毒样 2 病毒（HML-2）。通过合成共有序列和定点突变合成了被称为“凤凰”的 HERV-K（HML-2）感染性前病毒颗粒（Dewannieux et al.，2006）。另一个全基因组合成的前病毒克隆 HERV-Kcon 是祖先 HERV-K（HML-2）变体的近亲，该变体在几百万年前感染人类基因组并从那时起与人类基因组一起遗传（Lee and Bieniasz，2007）。这些克隆在 HEK293T、HeLa、SH-SY5Y、幼仓鼠肾细胞 BHK21、猫细胞 G355.5 和小鼠 WOP 细胞中被进行了详细的研究。其中，“凤凰”在 HeLa 和 WOP 细胞系中未出现感染情形。这些前病毒株的祖先传染性可能要低得多。这些研究可能提供了与古代前病毒基因组库相关的宝贵信息，为人类进化和生理学做出了巨大贡献。

12.4.4 HIVcpz 的合成

人类免疫缺陷病毒（HIV-1）和猿猴免疫缺陷病毒（SIVcpz）等引起人畜共患病的病毒的天然宿主是野生黑猩猩。一个研究小组从野生黑猩猩的粪便样本中分离出病毒核酸序列。他们利用人工合成的共有病毒序列，获得了 HIVcpz 的感染性分子克隆（Keele et al.，2006；Takehisa et al.，2007）。体外颗粒的合成有助于研究这些逆转录病毒元件的跨物种传播机制和宿主对病毒感染适应性反应的机制。

12.5 病毒基因组的体外包装

DNA 合成和测序领域正朝着对生物体进行有意的、大规模的基因操作的方向快速发展，可能进一步扩展到病毒的全基因组合成。这一新方法的主要目的是了解生物体与人类相关的致病特性，并治疗人类病毒性疾病。目前人们已经提出了不同的病毒基因组包装模型，如下所述。在病毒基因组包装过程中，病毒有必要区分病毒自身的核酸与宿主的核酸，这个过程需要外膜衣壳蛋白受体结合域（RBD）进行部分辅助，该蛋白能识别目的基因并随后与之结合。对于酵母 L-A 病毒，其茎环二级结构和基因组 5′端的位点特异性序列在包装前被聚合酶组抗原（pol-gag）融合蛋白识别（Fujimura et al.，1992）。迄今为止，病毒的合成应用还不多，最近的主要发现是流感病毒和脊髓灰质炎病毒的人工合成（Wimmer et al.，2009）。以下描述了几种体外包装病毒基因组的方法。

12.5.1 dsRNA 病毒基因组包装机制

在含有双链 RNA（dsRNA）基因组的 φ12 病毒中，单链 RNA（ssRNA）作为包装马达蛋白（即 P4 ATP 酶）的底物。在衣壳内，病毒基因组的正链被包装并复制形成 dsRNA。P4 ATP 酶包含一个六聚体多功能单元（带有 α6 螺旋和 L1、L2 环），在衣壳组装和 ssRNA 包装中起重要作用。在感染过程中，它作为一个被动通道，能把新合成的 mRNA 分子从病毒中排出。φ12 的基因组包含三个分段的 dsRNA，每个 dsRNA 包含一条由衣壳依次识别的正链，衣壳经历构象变化以容纳所有 RNA 片段。L1 和 L2 环对 RNA 结合和易位至关重要。ATP 水解时磷酸结合 P 环的构象从“向下”变为“向上”形式，伴随着 α6 和 L2 环从“向上”到“向下”的转换，这是 RNA 易位的驱动力。六聚体 ATP 酶马达的精氨酸在连续 ATP 水解中起重要作用，诱导构象变化，将反式精氨酸指引至 ATP 酶活性中心（相邻亚单位），从而触发连续的 ATP 水解。

12.5.2 dsDNA 病毒基因组包装机制

在含有结晶双链 DNA 基因组的噬菌体中，在包装结束时，包装马达蛋白需要产生足够的力来抵消病毒衣壳内的压力。最具影响力的包装马达蛋白是噬菌体 T4 基因组包装马达蛋白，它能产生一种力来帮助包装 DNA。

(1) 线性马达辅助的病毒基因组包装机制

T4 噬菌体病毒基因组包装基于静电相互作用。包装马达蛋白有两个结构域，即 N 端 ATP 酶结构域和 C 端核酸酶结构域，它们通过小氨基酸连接在一起，让马达蛋白在包装过程中更灵活。当双链 DNA 与 C 端结构域（gp17 亚单位）结合时，ATP 水解被触发，从而将 N 端结构域的顺式“精氨酸”定位到 ATP 酶活性中心，进而引起随后的构象变化。这些变化使 N 端和 C 端结构域呈相反电荷对齐，通过静电作用将 C 端结构域拉向 N 端结构域，这样就包装了双链 DNA 的两个碱基对（Sun et al.，2010）。

(2) 自转马达辅助的病毒基因组包装机制

φ29DNA 包装蛋白的主要成分是 φ29 的门户蛋白 gp10（十二聚体），其中心是 α 螺旋通道，内呈负电性，便于 DNA 通过。它还包括衣壳内的较宽端和从衣壳突出的较窄端，ATP 水解产生的能量用于旋转入口，以驱动 DNA 进入原衣壳（Hugel et al.，2007）。

12.5.3 体外包装病毒基因组的实例

腺相关病毒（AAV）是一种无包膜二十面体细小病毒，是单链 DNA 病毒，含有完整的反向末端重复序列（ITR），在病毒基因组中形成重要的二级结构。辅助病毒（如腺病毒或单纯疱疹病毒）的共同感染有助于其与宿主细胞聚合酶的复制（Ni et al.，1994）。Zhou 和 Muzyczka 在 1998 年研究了 AAV 体外包装的过程。以复制形式的 DNA 作为底物、AAV Rep 基因和衣壳蛋白来合成感染性 AAV 颗粒，将重组基因转移到哺乳动物细胞中。产物具有成熟 AAV 颗粒的结构相似性。合成的有效颗粒包含完整末端重复序列，能抵抗氯仿和 DNase I，具有耐热能力，属于真正的 AAV 颗粒。众所周知，抗性获得是包装病毒的一个重要特性。正如 Wright 等所说，非致病性、持久性，加上其广泛的感染范围，使该病毒成为治疗性基因转移载体的重要候选（Wright et al.，2003）。

Cashion 等人在 2005 年进行了人多瘤病毒 JCV 衍生的病毒样颗粒（VLP）治疗神经系统疾病的体外基因治疗研究。因 JCV 优先感染少突胶质细胞和星形胶质细胞，该研究以 VLP 作为中枢神经系统（CNS）的传递载体。在昆虫细胞中构建 JCV 衍生的重组 VP1，并优化纯化 VP1 和质粒 DNA 的包装策略。通过转质粒 VP1-VLP 表达 EGF 蛋白来显示 VP1-VLP 的取向性和物种特异性，用人和啮齿类动物脑源细胞和非脑源细胞进行了 VP1-VLP 的转染，在人前列腺细胞系（PC-3）中观察到显著的转染。因而选择 VP1-VLP 作为一种有效和具有选择性的治疗基因传递系统，以靶向大脑中的特定细胞（Cashion et al.，2005）。

合成生物技术为当前农业、工业、生物防御、环境、医学领域所面临的挑战带来了解决途径，也为改善全球人类与动物健康情况作出重要突破。然而，现阶段很难避免那些利用合成生物的知识在全球范围内从事非法活动。

12.6 生物战剂检测：方法和挑战

生物战剂对社会、经济以及人的心理都具有潜在的威胁，是国家重要的安全问题。复杂的检测手段以及昂贵的防护措施很难实现对生物战剂的有效防护。为了应对这一威胁，许多国家都建立了自己的生物防御计划，以加强生物战剂的探测、防护和净化（Pal et al.，2016）。只有尽早发现和识别生物战剂才能更好地发起有效的紧急响应。全球正在努力开发有效的技术和系统以检测和识别生物武器。许多先进的分子和微生物传感技术已用于对生物制剂的初步鉴定，如免疫学法、细胞脂肪酸分析、流式细胞术、核酸检测、质谱、微生物培养和基因组分析等。这些技术准确性高、灵敏性高和特异性高，并已成功应用于潜在生物战剂的检测。现有的技术和检测工具很方便，但是目前仍没有一个完全可靠的体系全面检测这些危险的生物战剂；这些检测方法虽然效率很高，但是分离纯化程序复杂、检测限低、病因病理差异大、生物制剂的理化和结构属性不同等问题，最终都会影响检测效率（Suter，2003；Sapsford et al.，2008；Das and Kataria，2010；Madad，2014）。

12.6.1 微生物培养

微生物培养是分离和鉴定细菌、真菌和病毒等生物制剂的常规方法。目标微生物具有在选择性培养基中繁殖的能力。选择性培养为进一步鉴定相关微生物的长期生存能力和富集能力提供帮助。微生物培养可以对一种特定的生物制剂进行形态学鉴定与生化鉴定，具有高度的可靠性和特异性，但缺点是费时费力（Pal et al.，2016）。

12.6.2 流式细胞术

流式细胞术通过激发与细菌细胞连接的染料来散射激光和发射荧光。在悬浮液体中，通过激光散射估计细胞大小和进行细胞计数。荧光标记单克隆抗体可用于检测各种病原体。流式细胞术可以很容易地识别炭疽芽孢杆菌、肉毒杆菌毒素、土拉热弗朗西斯菌和鼠疫菌等生物战剂（McBride et al.，2003；Hindson et al.，2005）。

12.6.3 细胞脂肪酸的分析

1963 年，Abel 团队和 Kaneda 分别发表了两篇论文，阐述了基于细胞脂肪酸谱鉴定细菌的方法。可以很容易地根据其脂肪酸结构和图谱来区分细菌菌株。将细胞脂肪酸转化为脂肪酸甲酯，然后用色谱分析。气相色谱图可以生成重要的脂肪酸指纹图谱，这些指纹图谱已成功用于炭疽杆菌、布鲁氏杆菌、类鼻疽伯克霍尔德氏菌、土拉热弗朗西斯菌和鼠疫耶尔森菌等生物制剂的鉴定和表征（Abel and Peterson，1963；Kaneda，1963；Pal et al.，2016）。

12.6.4 基于 PCR 的检测

与传统的微生物学技术相比，分子生物学技术检测生物战剂的特异性更强且速度更快。PCR 通过检测生物体内特定 DNA 序列来识别这些生物体。基于特异性和非特异性检测的实时定量 PCR 可以在扩增目的基因的同时检测其含量。已有报道指出，基于 PCR 的鉴定方法适用于各种生物战剂，如沙粒病毒、炭疽杆菌、贝氏柯克斯体、丝状病毒、土拉热弗朗西斯菌和鼠疫耶尔森菌。重组酶聚合酶扩增（RPA）是 DNA 扩增技术的一种，可以用来扫描双链 DNA 模板中的同源序列。RPA 是一种快速、高灵敏度的检测技术，可以在 20min 内检测到单拷贝目标基因。RPA 和逆转录 RPA（RT-RPA）已成功用于炭疽芽孢杆菌、布鲁氏杆菌、埃博拉病毒、土拉热弗朗西斯菌、马尔堡病毒、裂谷热病毒、苏丹病毒、天花病毒和鼠疫耶尔森菌等生物战剂的检测。此外，RT-PCR 被用于检测寨卡病毒、黄热病病毒、埃博拉病毒等（Alfson et al.，2017；Kum et al.，2018；Yang et al.，2019）。核酸检测技术的缺点就是无法对毒素蛋白进行检测（Janse et al.，2010；Trombley et al.，2010；De Bruin et al.，2011）。

12.6.5 免疫学法

基于抗原、抗体相互作用的免疫分析也是一种常见的检测生物战剂的方法。抗体与细胞表面的特定抗原结合，形成可以显色或可检测的复合物。酶联免疫吸附试验（ELISA）遵循免疫分析的基本原理，可用于抗原的定量检测。ELISA 已广泛应用于多种疾病的诊断和大样本的筛选。该技术高效、价格低廉、可靠。迄今为止，ELISA 已成功用于检测炭疽芽孢杆菌、类鼻疽杆菌、流产布鲁氏菌、埃博拉病毒、土拉热弗朗西斯菌、马尔堡病毒、毒素和鼠疫耶尔森菌等生物战剂。荧光标记的抗体与微生物细胞表面抗原结合后发出的荧光可以通过显微镜观测。基于免疫组织化学的方法也能够检测甲型病毒、基孔肯亚病毒等病毒（Wang et al.，2008）。手持式免疫色谱分析（HHIA）等可用于检测炭疽芽孢杆菌、流产布鲁氏菌、类鼻疽杆菌、肉毒杆菌、土拉热弗朗西斯菌、天花病毒、蓖麻毒素、天花病毒和鼠疫耶尔森菌等生物战剂。高通量免疫分析具有成本效益好、简单、快速的特点，可在硝化纤维素或尼龙膜上操作，但是与其他免疫学方法相比，这个检测方法的敏感性和特异性较低（Gomes-Solecki et al.，2005；Wang et al.，2009；Ghosh and Goel，2012；Sharma et al.，2013；Pal et al.，2016）。

12.6.6 新一代测序

DNA 测序技术常用于生物战剂的鉴定。新一代测序技术（NGS）从根本上改变了传统的 DNA 测序方式，为从临床和环境样本中鉴定生物战剂开辟了道路。NGS 可同时对多个 DNA 片段测序，确定所需的序列。近年来，NGS 技术因特异性高和检测速度快被高度地重视。NGS 技术已用于空气和土壤样品中的炭疽芽孢杆菌检测。在分析炭疽芽孢杆菌和鼠疫耶尔森菌时，NGS 技术能鉴定出菌株特异的多态性。通过新一代直接 DNA 测序技术，可在不明病因的人类脓肿样本中检测到土拉热弗朗西斯菌。NGS 技术已广泛用于医疗诊断，主要用于分析、鉴定目前尚无诊断和治疗方法的新型感染性生物制剂（Cummings et al.，

2010；Kuroda et al.，2012；Lefterova et al.，2015)。

12.6.7 生物传感器

生物传感器通过与生物成分（生物战剂）中的分析物相互作用，以电信号的形式产生响应。生物传感器将产生的生物反应结果转换为可检测的信号，从而判断标记样本中是否存在生物战剂。与传统检测技术相比，生物传感器在高特异性和选择性方面具有显著优势，已被广泛用于生物检测。根据传感器和生物感受器的类型，生物传感器被分为不同的种类。

纳米材料也被用于开发高效和特定的电化学生物传感器以便于检测生物战剂。Sharma团队研发了一种由铋纳米颗粒（BiNPs）组成的高度特异性电化学免疫生物传感器，用于检测特定样本中的炭疽杆菌毒素（Sharma et al.，2015)。同时开发了另一种由金和钯双金属纳米颗粒组成的电化学免疫传感器以检测炭疽杆菌，检测限可达 1pg/mL（Sharma et al.，2016)。Das 等人用负载金纳米颗粒的电化学基因传感器对炭疽杆菌 PCR 扩增子进行鉴定，检测限可达 1.0pmol/L（Das et al.，2015)。Narayanan 等人用金纳米粒子和石墨烯组装成电化学免疫传感器鉴定 E 型肉毒神经毒素（Narayanan et al.，2015)。Wu 等用负载金纳米颗粒和碳电极的阻抗式免疫传感器来鉴定羊布氏菌（Wu et al.，2013)。

表面等离子体共振技术（SPR）也被用于各种生物制剂的无标记检测。由于其他方法需要二次标记试剂才能进行检测，无标记检测具有显著优势。用 SPR 技术可快速、特异性地检测炭疽杆菌、肉毒杆菌神经毒素、布鲁氏菌、葡萄球菌肠毒素 A（SEA)、SEB 及鼠疫菌等生物制剂。装有石英晶体微天平（QCM）的压电生物传感器也被广泛用于生物试剂检测。已经开发了一种检测限为 5×10^6 个细胞的压电免疫传感器，用于检测土拉热弗朗西斯菌。一种与 QCM 相结合的免疫传感器也被成功研制，用于检测牛奶样品中的葡萄球菌肠毒素 A（Salmain et al.，2012；Ghosh et al.，2013)。

12.6.8 生物探测系统

通常，生物探测器只检测特定环境中是否存在生物战剂，但并不识别该生物战剂的性质和类型。如果这些探测器与识别器相连，就能够识别特定生物制剂的性质。在单个系统中装配一些独立的单元，则可实现不同的目的。样品采集可装配旋风采样器、粒度采样器和虚拟冲击器等类型的采样器。检测/识别可使用荧光探测器、粒子探测器等检测器。如今，生物检测器广泛用于各种生物制剂的检测（Pal et al.，2016)。

12.7 新一代生物制剂的防护：方法和挑战

几十年来，人类一直都只能依靠疫苗来预防病毒感染。目前来看，针对每种病毒感染都研制相应的疫苗是不切实际的，而且疫苗也并不能够起到百分之百的保护作用（Henderson et al.，2003；Quinn et al.，2008)。由于疫苗的开发、效果以及安全性等方面存在的诸多挑战，研究者将目光转向了用于预防病毒性疾病的其他产品。靶向特定病毒的抗体、特异性蛋白质和寡核苷酸等替代品，可在分子层面上中断病毒的生命周期，比疫苗更有效，这种方法被称为“生化预防和治疗”。相比于疫苗或者化学药物，生化预防和治疗可以更好地防御丙型肝炎病毒（HCV）、艾滋病毒和人鼻病毒（HRV）等致病性病毒的感染。

与疫苗产生免疫反应需要很长时间和较大剂量相比，生化预防和治疗策略可对特定感染产生即时反应和保护。生化预防和治疗通过以下两种机制发挥作用：一是通过使用宿主细胞受体阻滞剂或基于蛋白质的特异性抗病毒分子阻断病毒入侵，二是通过使用反义寡核苷酸、核酶和 RNA 来干扰靶向病毒的 mRNA 并抑制病毒复制（Le Calvez et al.，2004）。毒素融合蛋白可以有效防止 HIV-1 病毒感染。目前已经研制出 CD4-PE40 和 3B3（Fv）-PE38 两种靶向 HIV 包膜（envelope）的毒素融合蛋白，它们都可以有选择性地杀死 HIV-1 病毒感染的细胞。Goldstein 等人进一步在小鼠上验证了使用这些毒素融合蛋白的效果，结果表明它们可以显著地抑制急性 HIV-1 感染（Goldstein et al.，2000）。但这些肽类药物普遍存在药效低、药代动力学不佳的问题。

单克隆抗体也在生化治疗中被广泛应用。嵌合抗体、人源化抗体和抗病毒抗体的开发极大地促进了对病毒感染的治疗。帕利珠单抗（Synagis）是一种 FDA 批准的有效预防和治疗呼吸道合胞病毒（RSV）的单克隆抗体。Synagis 通过特异性结合 RSV 表面的糖蛋白来抑制病毒复制，是对抗 RSV 的主要医疗手段（Cohen，2000）。宿主细胞受体阻遏剂可以阻断病毒与受体结合，从而阻止病毒进入细胞而有效抑制病毒感染。受体阻断通常通过单克隆抗体结合受体分子上的特定表位来实现。Marlin 等人曾研制出一种针对 ICAM-1（病毒入侵和附着的黏附分子）的单克隆抗体，该单克隆抗体能够保护人体免受 HRV 感染（Marlin et al.，1990）。然而，与多价病毒颗粒相比，单克隆抗体对黏附分子的亲和力较低，这影响了抗体的治疗效果（Casasnovas and Springer，1995）。为解决这一问题，研究人员通过设计重组抗体来提高抗病毒抗体的亲和力。Charles 等人曾研制了一种针对 ICAM-1 病毒感染的四价重组抗体 CFY196，CFY196 具有更好的免疫活性，可以有效预防 HRV 感染（Charles et al.，2003）。

反义寡核苷酸（Antisense Oligodeoxynucleotide）是一种人工合成的短寡核苷酸，通过阻断病毒 mRNA 翻译来抑制病毒蛋白的产生，防止病毒感染。Vitravene 是第一个有效治疗巨细胞病毒性视网膜炎（一种疱疹样眼病）的反义核酸抗病毒药物。Vitravene 与病毒信使 RNA 互补结合，抑制其翻译，进而防止人类感染巨细胞病毒（Orr，2001）。反义磷酸二酰胺吗啉寡聚物（PMO）主要用于防止丝状病毒引起的病毒感染（Iversen et al.，2012；Nan and Zhang，2018）。

核酶是具有催化活性的寡核苷酸，可选择性地结合靶 RNA，并进行切割。核酶被认为是 AS-ONs 的更好的替代品。细胞和动物试验均已成功证明核酶可作为有效抗病毒剂。核酶能有效抑制流感病毒、乙型和丙型肝炎病毒、HIV 病毒等的感染（Yu et al.，1993；Tang et al.，1994；Welch et al.，1996，1997）。HEPTAZYME 是一种经过修饰的核酶，可切割丙型肝炎病毒的靶位点，从而抑制感染。然而，进一步研究显示核酶用作生物治疗剂的效果差、胞内递送效率低，这限制了其广泛应用。与此相比，RNA 干扰的效果显著。低浓度的RNAi抗病毒药物足以产生有效的免疫反应。合成siRNA作为有效抗病毒药物有潜在的应用前景。RNAi技术已成功应用于抑制丝状病毒、流感病毒、HIV-1病毒、脊髓灰质炎病毒和呼吸道合胞病毒等致病性病毒的复制（Jacque et al.，2002；Novina et al.，2003；Ge et al.，2003；Ursic-Bedoya et al.，2013）。

12.7.1 嵌合病毒或设计病毒作为研究疾病发病机制的候选病毒

埃博拉病毒（EBOV）和马尔堡病毒（MARV）是通过蝙蝠传播的高致死性丝状病毒，可引起人类严重的出血热疾病（Sarwar et al.，2011）。2013—2016年，西非暴发的埃博拉疫情至少夺去了11 000人的生命，并造成了巨大的经济损失（Bausch，2017）。Baize和同事认为病毒从动物宿主中溢出一次就足以引发EBOV的新暴发（Baize et al.，2014）。埃及果蝠（*Rousettus aegyptiacus*）被认为是MARV和EBOV的可能宿主（Jones et al.，2015；Paweska et al.，2016）。许多研究报告了Niemann-Pick C1糖蛋白参与了病毒进入蝙蝠和人类细胞的过程。然而，这些丝状病毒的感染程度可能取决于被感染的物种（Carette et al.，2011；Cote et al.，2011；Hoffmann et al.，2016；Yang et al.，2019）。最近的两项研究报道了使用EBOV和MARV前导序列和滞后序列合成嵌合病毒，如下所述（图12-2）。

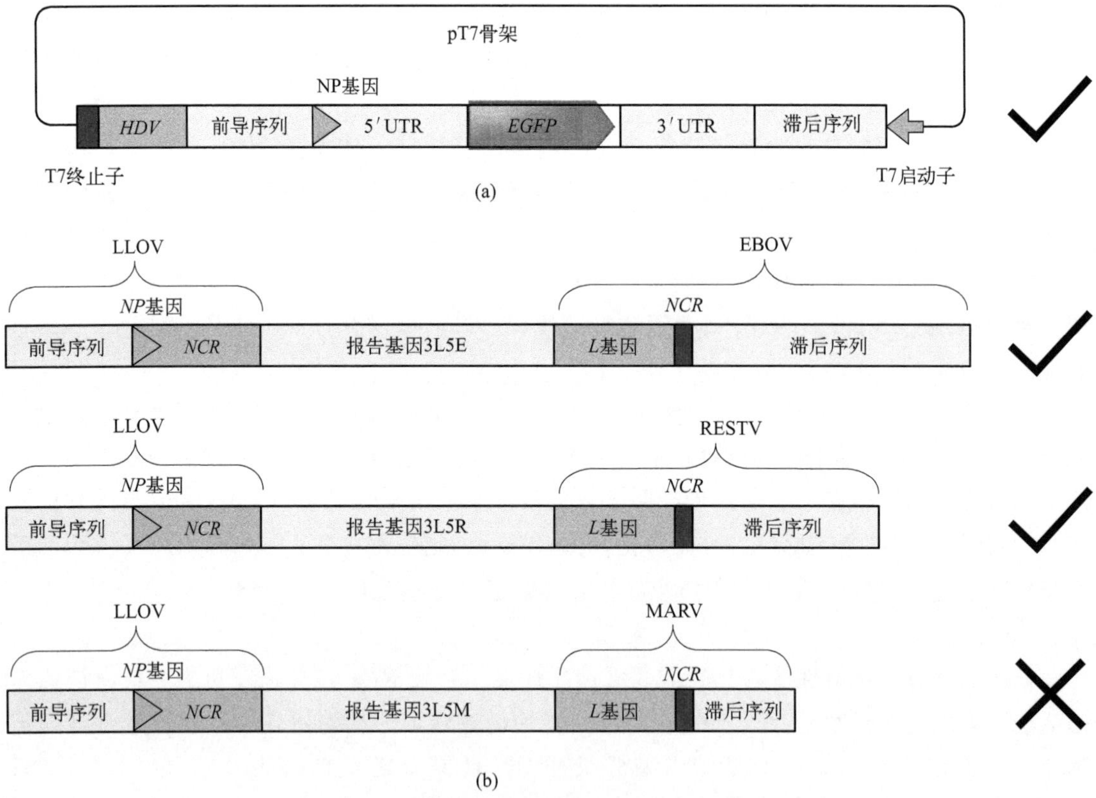

图12-2 嵌合结构

（a）包含T7启动子和终止子区域的嵌合MLAV微小基因组（改编自Yang et al.，2019）

（b）包含报告基因的LLOV嵌合体微小基因组（改编自Manhart et al.，2018）

（1）嵌合 MLAV-（EBOV/MARV）的合成

Yang 等报道了勐腊病毒（MLAV）的特征，该病毒与已知的丝状病毒的基因组序列同源性为 32%～54%。成对序列比较基因组分析（PASC）将 MLAV 确定为一个新属，即滇丝病毒。构建了带有 EBOV 或 MARV 前导序列和滞后序列的嵌合 MLAV 微小基因组，通过转染来自蝙蝠、狗、仓鼠、人类和猴子的细胞系来研究复制能力和种间溢出传播。需要对 MLAV 体内发病机制的进一步研究（Yang et al.，2019）。

（2）嵌合 LLOV-（EBOV/MARV/RESTV）的合成

Lloviu 病毒（LLOV）是一种丝状病毒，首次在西班牙被发现，发病死亡率高（Negerdo et al.，2011）。最近，LLOV 出现在匈牙利东北部，导致小翅蝙蝠死亡率增加（Kemenesi et al.，2018）。Manhart 等人（2018）获得了 LLOV 的部分基因组序列，但并未表明 LLOV 是埃博拉病毒的近亲。两者都有相同的复制方式——LLOV 聚合酶也与 3′末端核苷酸结合以识别启动子区域。作者还报道了人类细胞支持 LLOV 的复制和转录，构建了包含 EBOV、MARV 和 RESTV（Reston 病毒）前导序列和滞后序列的 LLOV 嵌合体微小基因组，以研究病毒感染人类 BRT7/5、HEK293T 细胞后的转录和复制过程。因此，微小基因组策略对感染性 LLOV 克隆的拯救和新型微小基因组丝状病毒的表征具有重要意义（Manhart et al.，2018）。

12.7.2 嵌合病毒作为重要候选疫苗

目前还没有针对基孔肯亚病毒（CHIKV）或西尼罗病毒的疫苗上市（Wang et al.，2008；Darwin et al.，2011；Kaptein and Neyts，2016；Huang et al.，2005）。如图 12-3 所示（Wang et al.，2008），嵌合病毒是开发抗传染性病毒疫苗的廉价候选病毒。

（1）嵌合寨卡病毒

寨卡病毒（ZIKV）是一种由伊蚊传播的单链 RNA 黄病毒，与多种先天性神经并发症有关。ZIKV 的 10.8kb 基因组编码一个单一多聚蛋白，在宿主和病毒蛋白酶的作用下，形成三种结构蛋白（C、PrM 和 E）和七种非结构蛋白（NS1-5、NS2A、NS2B、NS3、NS4A、NS4B 和 NS5）（Ye et al.，2016）。正在采用减毒活病毒（Shan et al.，2017）、灭活全病毒（Sumathy et al.，2017）、亚单位 DNA/RNA 疫苗（Pardi et al.，2017；To et al.，2018）、病毒样颗粒（Espinosa et al.，2018；Salvo et al.，2018）、病毒载体（Xu et al.，2018）、嵌合寨卡病毒等开发经济、免疫持续时间长的疫苗（Kum et al.，2018；Li et al.，2018）。体内模型测试发现仅少数几种疫苗产生了适当的预防反应。最近，以乙脑减毒疫苗株 SA14-14.2 为骨架的 ZIKV 候选疫苗面世（Li et al.，2018）。

Kum 等人在 2018 年通过将黄热病病毒-17D（YFV-17D）的抗原表面糖蛋白(prM/E)、衣壳锚与亚洲 ZIKV 流行前分离株的相应序列交换，制备了一种嵌合病毒疫苗株（YF-ZIK prM/E)。在嵌合病毒中还引入了几种组织培养适应性突变，以确保有效复制和细胞外病毒释放。与 YFV-17D 相比，YF-ZIK prM/E 在蚊子细胞中的复制力不足，在 AG129 小鼠和 BALB/c 幼鼠中无致病力，可在免疫 C57BL/6 和 NMRI 小鼠模型中诱导保护性免疫反应（Kum et al.，2018）。

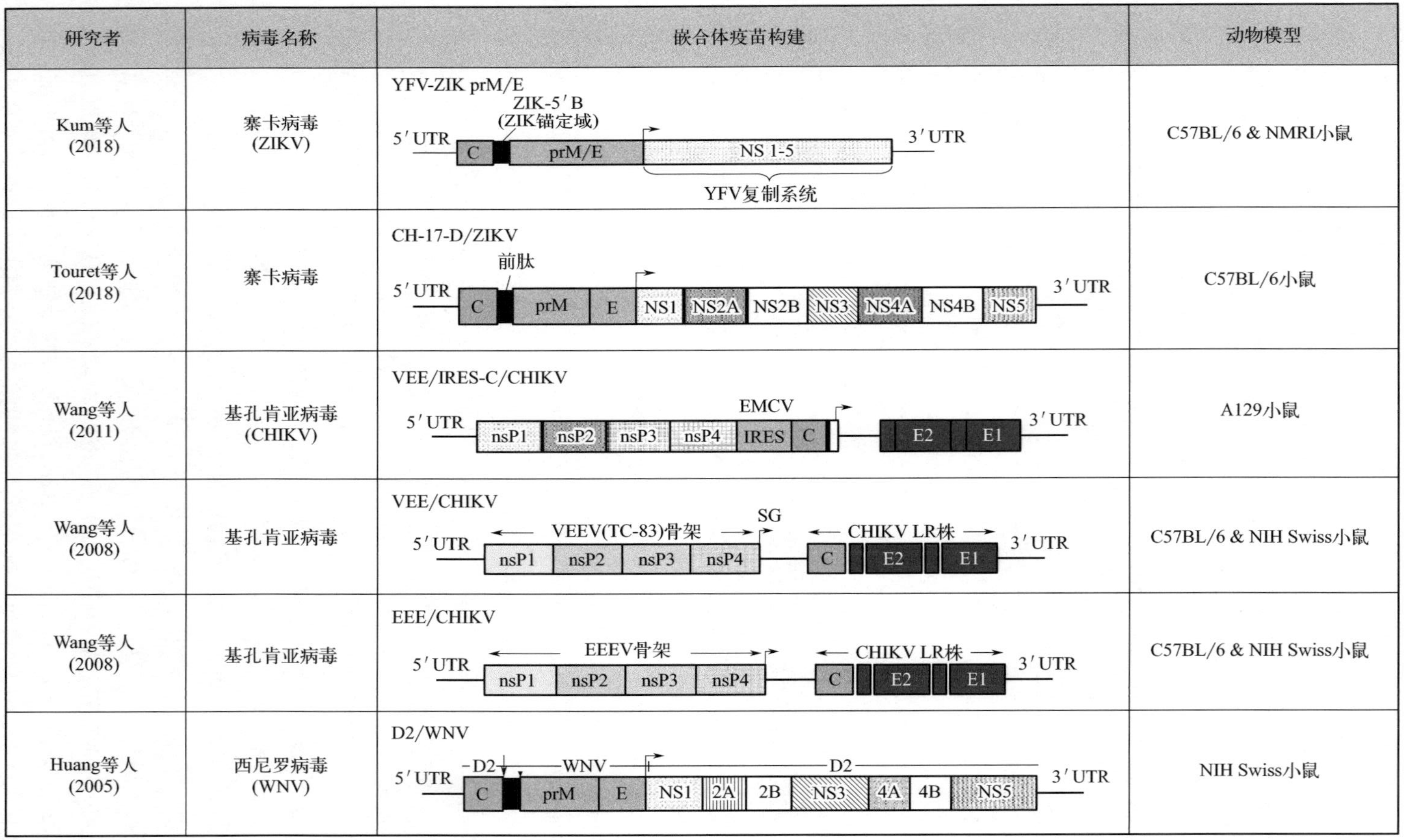

图 12-3　部分作为开发候选疫苗的嵌合病毒

Touret 等人在 2018 年构建了另一种将寨卡病毒毒株的 prM/E 蛋白整合到黄热病病毒减毒株 17-D 骨架上的嵌合病毒 CH-17-D/ZIKV。利用感染性亚基因组扩增子（ISA）反向遗传学方法，对前肽和 prM 蛋白之间的裂解位点进行了修饰。嵌合菌株在 Vero-E6 细胞中适应性比亲本菌株强，与 17-D 疫苗株在 HEK-293T 细胞中的适应性相近。预先免疫的小鼠在受到异种寨卡病毒株攻击后，能免受神经侵入性疾病的侵扰。研究人员还报告了目前正在商业化的黄热病病毒减毒活疫苗（Chin and Torresi，2013；Scott，2016）。

（2）嵌合西尼罗病毒

西尼罗病毒（WNV）是一种可以通过脊椎动物血液传播的黄热病病毒，其鉴定主要靠病毒蚀斑减少中和实验（PRNT），该实验是对虫媒病毒最特异、最敏感的抗体检测试验（Komar et al.，2009）。

Huang 等人在 2005 年通过共表达 WNV 病毒的 prM 和 E、D2 PDK-53 疫苗株的 PDK53-E 和 PDK53-V 获得了一种嵌合病毒 D2/WN 病毒。整合的病毒 prM、E 特异性信号序列是决定嵌合病毒活性的重要因素。在嵌合 cDNA 克隆 M-58 和 E-191 位点引入两个突变以提高其生存能力。嵌合体 D2/WNV-E2 和 D2/WNV-V2 保留了 PDK-53 疫苗减毒表型标记的特征，该病毒具有免疫活性，在小鼠中对高剂量的野生型 WNV NY99 病毒攻击产生防御作用。该研究为利用 D2 PDK-53 病毒作为一种载体开发针对 WNV 疾病的嵌合黄热病病毒疫苗（减毒活疫苗）和嵌合 D2/WNV 疫苗病毒提供了有力的支撑（Huang et al.，2005）。

Komar 等人在 2009 年用 PRNT 评估 YFV-17D 和 WNV 嵌合病毒对野生型 WNV 的免疫有效性。将 WNV（1999 年纽约株）的前膜蛋白和包膜蛋白插入到 YFV-17D 减毒株的基因序列中，形成感染性嵌合 YFV/WNV 病毒。由于 YFV/WNV 嵌合病毒比野生型 WNV 和 YFV-17D 菌株毒力更弱，可作为替代诊断试剂进行 PRNT 实验，在检测到抗体水平低时会出现灵敏度降低的警告提醒。嵌合病毒中和抗体的滴度显著降低（Komar et al.，2009）。

（3）嵌合基孔肯亚病毒

基孔肯亚病毒（CHIKV）是一种新出现的甲型病毒，1953 年首次从坦桑尼亚的发热人群中分离出来，可导致严重的致残性疾病，其特征是持续数月发热、皮疹和关节疼痛（Karabatsos，1985）。早些时候，用源自泰国的野生型毒株 181/clone 25 研发了一种高免疫原性 CHIKV 减毒活疫苗（Levitt et al.，1986）。然而，当研制疫苗进入临床Ⅱ期安全性试验时，一部分接种疫苗的人出现了关节炎症状（Edelman et al.，2000）。减毒活疫苗在经过单次免疫后，就能产生快速和长期的免疫原性反应，比其他灭活的预防措施更受欢迎，但毒力性状的自然逆转和传播反应原性很可能会导致病毒性疾病或病毒血症的发展。但正如在动物模型中所测试的那样，嵌合病毒疫苗产生病毒血症的可能性很小甚至为零（Wang et al.，2008）。

为此构建了以辛德毕斯病毒（SINV）-AR339、委内瑞拉马脑炎病毒（VEEV）TC-83 疫苗株和表达 CHIKV 结构蛋白基因的东部马脑炎病毒株（EEEV）三种重组甲病毒为骨架的嵌合甲病毒/CHIKV 候选疫苗。在乳仓鼠肾细胞 BHK-21 中，所有嵌合体均能有效复制，并在 C57BL/6 小鼠模型中高度减毒，产生了较强的中和反应抗体。TC-83 和 EEEV 骨架为嵌合病毒疫苗提供了更强的免疫原性，C57BL/6 小鼠接种疫苗后能完全防御 CHIKV 攻击（Wang et al.，2008）。后来，Wang 等人在 2011 年找到了更充足的证据进一步证明嵌合病毒在免疫活性和免疫功能低下小鼠（A129）中产生适当的免疫反应（Wang et al.，2011)。

利用 CHIKV 的结构基因和 VEEV（TC-83 减毒疫苗株）或 EEEV 的非结构蛋白基因又制备了很多候选嵌合疫苗，即 TC-83/CHIKV 和 EEE/CHIKV。在埃及伊蚊和白纹伊蚊两种基孔肯亚病毒传播媒介中，与亲本野生菌株相比，两种嵌合病毒的传染性更差，传播率更低，这可能是由中肠感染屏障引起的。因此，TC-83/CHIKV 和 EEE/CHIKV 都有减毒效果，可以研制成疫苗来预防 CHIKV 病毒（Darwin et al.，2011)。

(4) 嵌合肠病毒

肠病毒 71 型病毒（EV71）可引起牛和人的“手足口病”。它包括 11 个亚基因型（A、B1～B5 和 C1～C5)。EV71 疫苗对于所有 11 个亚基因型都有保护作用。2014 年，Ye 等报道了将乙型肝炎核心抗原（HBc）分别与 EV71 的表位 SP55 或 SP70 融合后制备的两种嵌合体 HBcSP55 和 HBcSP70，并研究了它们对 EV71 潜在防御作用机制。嵌合体表面存在抗原表位，可以自组装成病毒样颗粒（VLPs)。用致死剂量的嵌合病毒感染小鼠，产生了表位特异性抗体。有意思的是，与抗 HBcSP70 相比，抗 HBcSP55 血清不能抑制 EV71 与敏感细胞的结合，而在体外附着阶段，两种血清都能中和 EV71 感染。因此，SP55 和 SP70 表位的嵌合体针对 EV71 的最有力候选广谱疫苗（Ye et al.，2014)。

嵌合病毒也被用于治疗其他疾病，如感染小鼠模型中人类疱疹病毒感染诱导的癌症。一种嵌合病毒（一种含有人类病毒基因的小鼠病毒）可抑制人 LANA 蛋白（HPV 感染和致癌的关键因素)，用于治疗疱疹病毒感染及其相关癌症。此外，可以设计有效对抗会引发宫颈癌的 Epstein-Barr 病毒、人乳头状瘤病毒等致命病毒的嵌合体（Habison et al.，2017)。不久前，开发出一种用于治疗复发性或难治性急性淋巴细胞白血病的嵌合抗原受体 T 细胞(CAR-T)。CAR-T 细胞特异性靶向肿瘤抗原并杀死的肿瘤细胞。CAR-T 细胞疗法也被用于预防血液系统恶性肿瘤、卵巢癌、胰腺癌和前列腺癌（Jhaveri and Rosner，2018)。

12.8 净化程序：方法和挑战

有效的净化系统可用来应对生物恐怖袭击，并尽量减少生化物质副作用。清除生化战剂的传统方法是“湿”化学方法，就是利用漂白剂和去污溶液。传染源很容易通过孢子从一个地方传播到另一个地方，传播不限于特定的环境或空间，因此，有必要对相关表面和建筑物进行清洁。对于局部小规模污染，通常使用液体型去污剂（如过氧化氢溶液、溶有二氧化氯气体的水溶液、含酚类的溶液、含次氯酸钠的溶液、含季铵化合物的溶液或去污泡沫）清洗受污染物体的表面。如果要进行大规模污染修复处理则需要使用二氧化氯气体在特定位置上进行熏蒸。

其他常用的去污剂还包括环氧乙烷、戊二醛、过氧乙酸、邻苯二甲醛、臭氧和多聚甲醛。这些化学去污剂对炭疽孢子的清除有效。二氧化氯气体是对严重污染/感染区域进行熏蒸的最佳选择之一。但这个方法很耗时，需要用化学试剂长时间浸泡，然后用清水洗净。个人的消毒一般是用肥皂和水清洗。用热肥皂水清洗可以去除紧急救援人员接触的大部分生物污染物。酒精溶液能用来清洁比较坚硬的物体表面。通常情况下，70%的酒精溶液可以消除大多数生物污染物。但由于高度易燃，酒精溶液只能在特定的范围内使用。

高压灭菌、干热、热清洗消毒、超声波灭菌也是常用的消毒方法，这些方法对大多数生物制剂有效。而去污试剂和污染废水的处理具有挑战性并且一些危险化学品需要批准才能储存、运输和处理，这就使它适用范围受到限制。另外，使用“湿”类化学品也存在一定风险，这类化学品通常会腐蚀皮革、塑料、油漆、金属、橡胶和皮肤等。因此，不建议在敏感设备和材料上使用这些危险化学品。此外，这些化学物质是非特异性的，当释放到环境中时，会导致我们的一些自然资源中毒和退化。因此，现有的净化系统并非完全有效（Hawley and Eitzen，2001；Raber et al.，2001；Kumar et al.，2010）。

因此迫切需要有效且环保的净化技术。这就要求去污剂以干燥形式存在，易于运输，无需大量储存且工作速度快。为此开发了用电离辐射和非电离辐射、热能和等离子体产生的反应性气体的净化方法。电离辐射能清除生物制剂，但会损坏敏感设备。有研究学者还测试了非电离紫外辐射对一些生物制剂的清除能力，由于干燥的孢子对紫外线辐射的抵抗力，该技术受到限制。此外，也尝试了热能方法，但其效率受限于温度，还会对设备表面或内部造成损坏且相对耗时。

Lai 等人研制了一种便携式电弧-种子微波等离子体炬，用来清除生物战剂。等离子体炬的发射光谱显示，产生的大量活性原子氧有效地氧化了生物制剂。处于高能量状态的等离子体或气体具有高度反应性的，能够通过非热方法破坏各种有机污染物。为了测试净化效果，选择了蜡样芽孢作为炭疽孢子的模拟物。结果表明，所有孢子在距离喷枪喷嘴 3cm 处 8s 内可被消除、距离 4cm 处 12s 和距离 5cm 处 16s 内被消除。因此，等离子体炬也可以作为一种可选择的净化技术（Lai et al.，2005）。

有学者启动了针对生物战剂的新型净化系统的研究项目，重点研究有效、经济、快速、无毒和特定的净化方法。该项目还旨在开发利用光催化技术的吸附消除技术或失活技术（Seto，2009）。

采用高效空气过滤器（HEPA）进行真空清洗也被认为是一种有效的净化方法，可降低颗粒负载，从而实现有效的净化修复。现有的净化系统效率不高。因此，需要开发更有效、有针对性的和生态友好的净化技术，特别是能选择性去除生物战剂的技术（Raber et al.，2001；Fitch et al.，2003 年；Weis et al.，2002）。

12.9 结论

生物战剂可以在疾病自然暴发的掩盖下使用，使生命体生病甚至死亡，摧毁具有重要经济价值的家畜和作物。随着合成生物技术的迅速发展，能用作新一代生物武器的人工生物制剂的数量迅速增加，同过去相比，生物战的风险大大增加。多数感染人类的病原体的全基因组序列已被解码，并可通过 Genbank、EMBL、DDBJ、GDB（人类基因组数据库）、MBGD（用于比较分析的微生物基因组数据库）、VFDB（细菌病原体的毒力因子数据库）、NMPDR（国家微生物病原体数据库）、ViPR（病毒病原体资源库）、viruSITE（病毒基因组学综合数据库)、生命条形码数据系统、CTD(比较毒理基因组学数据库)等数据库查找序列。因此，这些数据库相当于一个虚拟平台，提供了含必需基因、毒力因子或具有人源化感染因素的合成结构，为生物武器制造商基于基因或疾病模型设计开发下一代生物武器提供了巨大的空间，利用这些武器进行生物恐怖袭击可能会造成巨大的灾难。对基因进行简单的改造就可能使病原体比现有的自然形式更致命。下一代生物武器包括人类以前不知道的嵌合体可以跨越所有致病性障碍，当它们出现时，可能比天然制剂更加危险且更有挑战性。由于目前检测、保护和净化污染手段的局限性，需要制定针对生物战剂的适当防御策略。

历史证据清楚地预测了进攻性和防御性生物战战略之间的不对称关系。终止生物战计划可能严重限制国家开发适当的抗生素、疫苗和其他疗法等生物防御工具的能力。在不危及军事联盟的情况下，在一个国家的军事体系中部署生物战计划有利于国家安全和保护弱势群体。此外，应颁布禁止使用生物武器的法律，通过一项具有法律约束力的文书加强《禁止生物武器公约》。作者强烈建议使用物理保护和预防措施，以阻止现有传染性生物战剂大规模传播，尤其要阻止在易感人群中，如免疫力低下的儿童和直接参与前线战斗的武装部队等传播。

参考文献

Abad, C. & Safdar, N., 2015. The reemergence of measles. Curr. Infect. Dis. Rep. 17, 51.

Abel, K., Peterson, J., 1963. Classification of microorganisms by analysis of chemical composition I: feasibility of utilizing gas chromatography. J. Bacteriol. 85, 1039–1044.

Ainscough, M.J., 2002. Next Generation Bioweapons: The Technology of Genetic Engineering Applied to Biowarfare and Bioterrorism. AIR UNIV MAXWELL AFB AL.

Alfson, K., Avena, L., Worwa, G., Carrion, R., Griffiths, A., 2017. Development of a lethal intranasal exposure model of Ebola virus in the cynomolgus macaque. Viruses 9, 319.

Alibek, K., 2008. Biohazard. Random House.

Athamna, A., Athamna, M., Abu-Rashed, N., Medlej, B., Bast, D., Rubinstein, E., 2004. Selection of *Bacillus anthracis* isolates resistant to antibiotics. J. Antimicrob. Chemother. 54, 424–428.

Baize, S., Pannetier, D., Oestereich, L., Rieger, T., Koivogui, L., Magassouba, N.F., Soropogui, B., Sow, M.S., KeÏTA, S., De Clerck, H., 2014. Emergence of Zaire Ebola virus disease in Guinea. N. Engl. J. Med. 371, 1418–1425.

Bausch, D.G., 2017. West Africa 2013 Ebola: From Virus Outbreak to Humanitarian Crisis. In: Marburg-and Ebolaviruses. Springer.

Becker, M.M., Graham, R.L., Donaldson, E.F., Rockx, B., Sims, A.C., Sheahan, T., Pickles, R.J., Corti, D., Johnston, R.E., Baric, R.S., 2008. Synthetic recombinant bat SARS-like coronavirus is infectious in cultured cells and in mice. Proc. Natl Acad. Sci. 105, 19944–19949.

Block, S.M., 2001. The growing threat of biological weapons: the terrorist threat is very real, and it's about to get worse. Scientists should concern themselves before it's too late. Am. Sci. 89, 28–37.

Carette, J.E., Raaben, M., Wong, A.C., Herbert, A.S., Obernosterer, G., Mulherkar, N., Kuehne, A.I., Kranzusch, P.J., Griffin, A.M., Ruthel, G., 2011. Ebola virus entry requires the cholesterol transporter Niemann–Pick C1. Nature 477, 340.

Casasnovas, J.M., Springer, T.A., 1995. Kinetics and thermodynamics of virus binding to receptor. Studies with rhinovirus, intercellular adhesion molecule-1 (ICAM-1), and surface plasmon resonance. J. Biol. Chem. 270, 13216–13224.

Cashion, L., Ast, O., Citkowicz, A., Harvey, S., Mitrovic, B., Masikat, M.R., Kauser, K., Larsen, B., Rubanyi, G.M., Harkins, R.N., 2005. 170. In vitro transduction of cells to determine tropism using viral-like particles derived from JC virus VP1. Mol. Ther. 68, S68.

Cello, J., Paul, A.V., Wimmer, E., 2002. Chemical synthesis of poliovirus cdna: generation of infectious virus in the absence of natural template. Science 297, 1016–1018.
Chan, L.Y., Kosuri, S., Endy, D., 2005. Refactoring bacteriophage T7. Mol. Syst. Biol. 1.
Charles, C.H., Luo, G.X., Kohlstaedt, L.A., Morantte, I.G., Gorfain, E., Cao, L., Williams, J.H., Fang, F., 2003. Prevention of human rhinovirus infection by multivalent fab molecules directed against ICAM-1. Antimicrob. Agents Chemother. 47, 1503–1508.
Chin, R., Torresi, J., 2013. Japanese B encephalitis: an overview of the disease and use of Chimerivax-JE as a preventative vaccine. Infect. Dis. Ther. 2, 145–158.
Christie, A., 1982. Plague: review of ecology. Ecol. Dis. 1, 111–115.
Cohen, W.S., 1997. Proliferation: Threat and Response. DIANE Publishing.
Cohen, A., 2000. Effectiveness of palivizumab for preventing serious RSV disease. J. Resp. Dis. 2, S30–S32.
Côté, M., Misasi, J., Ren, T., Bruchez, A., Lee, K., Filone, C.M., Hensley, L., Li, Q., Ory, D., Chandran, K., 2011. Small molecule inhibitors reveal Niemann–Pick C1 is essential for Ebola virus infection. Nature 477, 344.
Cummings, C.A., Chung, C.A.B., Fang, R., Barker, M., Brzoska, P., Williamson, P.C., Beaudry, J., Matthews, M., Schupp, J., Wagner, D.M., 2010. Accurate, rapid and high-throughput detection of strain-specific polymorphisms in *Bacillus anthracis* and *Yersinia pestis* by next-generation sequencing. Investig. Genet. 1, 5.
Darwin, J.R., Kenney, J.L., Weaver, S.C., 2011. Transmission potential of two chimeric Chikungunya vaccine candidates in the urban mosquito vectors, *Aedes aegypti* and *Ae. albopictus*. Am. J. Trop. Med. Hyg. 84, 1012–1015.
Das, S., Kataria, V.K., 2010. Bioterrorism: a public health perspective. Med. J. Armed Forces India 66, 255–260.
Das, R., Goel, A.K., Sharma, M.K., Upadhyay, S., 2015. Electrochemical DNA sensor for anthrax toxin activator gene atxA-detection of PCR amplicons. Biosens. Bioelectron. 74, 939–946.
De Bruin, A., De Groot, A., De Heer, L., Bok, J., Wielinga, P., Hamans, M., Van Rotterdam, B., Janse, I., 2011. Detection of Coxiella burnetii in complex matrices by using multiplex quantitative PCR during a major Q fever outbreak in The Netherlands. Appl. Environ. Microbiol. 77, 6516–6523.
Dewannieux, M., Harper, F., Richaud, A., Letzelter, C., Ribet, D., Pierron, G., Heidmann, T., 2006. Identification of an infectious progenitor for the multiple-copy HERV-K human endogenous retroelements. Genome Res. 16, 1548–1556.
Dutta, T., Sujatha, S., Sahoo, R., 2011. Anthrax—update on diagnosis and management. J. Assoc. Physicians India 59, 573–578.
Edelman, R., Tacket, C., Wasserman, S., Bodison, S., Perry, J., Mangiafico, J., 2000. Phase II safety and immunogenicity study of live chikungunya virus vaccine TSI-GSD-218. Am. J. Trop. Med. Hyg. 62, 681–685.
Espinosa, D., Mendy, J., Manayani, D., Vang, L., Wang, C., Richard, T., Guenther, B., Aruri, J., Avanzini, J., Garduno, F., 2018. Passive transfer of immune sera induced by a Zika virus-like particle vaccine protects AG129 mice against lethal Zika virus challenge. EBioMedicine 27, 61–70.
Fettig, J., Swaminathan, M., Murrill, C.S., Kaplan, J.E., 2014. Global epidemiology of HIV. Infect. Dis. Clin. 28, 323–337.
Fitch, J.P., Raber, E., Imbro, D.R., 2003. Technology challenges in responding to biological or chemical attacks in the civilian sector. Science 302, 1350–1354.
Fodor, E., Devenish, L., Engelhardt, O.G., Palese, P., Brownlee, G.G., GarcÍA-Sastre, A., 1999. Rescue of influenza A virus from recombinant DNA. J. Virol. 73, 9679–9682.
Frischknecht, F., 2003. The history of biological warfare: human experimentation, modern nightmares and lone madmen in the twentieth century. EMBO Rep. 4, S47–S52.
Fujimura, T., Ribas, J.C., Makhov, A.M., Wickner, R.B., 1992. Pol of gag–pol fusion protein required for encapsidation of viral RNA of yeast LA virus. Nature 359, 746.
Gardner, C.L., Ryman, K.D., 2010. Yellow fever: a reemerging threat. Clin. Lab. Med. 30, 237–260.
Ge, Q., McManus, M.T., Nguyen, T., Shen, C.-H., Sharp, P.A., Eisen, H.N., Chen, J., 2003. RNA interference of influenza virus production by directly targeting mRNA for degradation

and indirectly inhibiting all viral RNA transcription. Proc. Natl Acad. Sci. 100, 2718–2723.
Ghosh, N., Goel, A., 2012. Anti-protective antigen IgG enzyme-linked immunosorbent assay for diagnosis of cutaneous anthrax in India. Clin. Vaccine Immunol. 19, 1238–1242.
Ghosh, N., Tomar, I., Lukka, H., Goel, A., 2013. Serodiagnosis of human cutaneous anthrax in India using an indirect anti-lethal factor IgG enzyme-linked immunosorbent assay. Clin. Vaccine Immunol. 20, 282–286.
Gibson, D.G., Benders, G.A., Andrews-Pfannkoch, C., Denisova, E.A., Baden-Tillson, H., Zaveri, J., Stockwell, T.B., Brownley, A., Thomas, D.W., Algire, M.A., 2008. Complete chemical synthesis, assembly, and cloning of a Mycoplasma genitalium genome. Science 319, 1215–1220.
Gibson, D.G., Glass, J.I., Lartigue, C., Noskov, V.N., Chuang, R.-Y., Algire, M.A., Benders, G.A., Montague, M.G., Ma, L., Moodie, M.M., 2010. Creation of a bacterial cell controlled by a chemically synthesized genome. Science 329, 52–56.
Glass, J.I., 2012. Synthetic genomics and the construction of a synthetic bacterial cell. Perspect. Biol. Med. 55, 473–489.
Go, P.C.V.V.E., Sansthan, A., 2014. Glanders-A re-emerging zoonotic disease: a review. J. Biol. Sci. 14, 38–51.
Goldstein, H., Pettoello-Mantovani, M., Bera, T.K., Pastan, I.H., Berger, E.A., 2000. Chimeric toxins targeted to the human immunodeficiency virus type 1 envelope glycoprotein augment the in vivo activity of combination antiretroviral therapy in thy/liv-SCID-Hu mice. J. Infect. Dis. 181, 921–926.
Gomes-Solecki, M.J., Savitt, A.G., Rowehl, R., Glass, J.D., Bliska, J.B., Dattwyler, R.J., 2005. LcrV capture enzyme-linked immunosorbent assay for detection of Yersinia pestis from human samples. Clin. Diagn. Lab. Immunol. 12, 339–346.
Gürcan, Ş., 2014. Epidemiology of tularemia. Balkan Med. J. 31, 3–10.
Habison, A.C., De Miranda, M.P., Beauchemin, C., Tan, M., Cerqueira, S.A., Correia, B., Ponnusamy, R., Usherwood, E.J., McVey, C.E., Simas, J.P., 2017. Cross-species conservation of episome maintenance provides a basis for in vivo investigation of Kaposi's sarcoma herpesvirus LANA. PLoS Pathog. 13, e1006555.
Hawley, R.J., Eitzen Jr., E.M., 2001. Biological weapons—a primer for microbiologists. Annu. Rev. Microbiol. 55, 235–253.
Henderson, D.A., Inglesby, T.V., Bartlett, J.G., Ascher, M.S., Eitzen, E., Jahrling, P.B., Hauer, J., Layton, M., Mcdade, J., Osterholm, M.T., 1999. Smallpox as a biological weapon: medical and public health management. JAMA 281, 2127–2137.
Henderson, D.A., Inglesby Jr., T.V., O'toole, T., Mortimer, P.P., 2003. Can postexposure vaccination against smallpox succeed? Clin. Infect. Dis. 36, 622–629.
Hindson, B.J., McBride, M.T., Makarewicz, A.J., Henderer, B.D., Setlur, U.S., Smith, S.M., Gutierrez, D.M., Metz, T.R., Nasarabadi, S.L., Venkateswaran, K.S., 2005. Autonomous detection of aerosolized biological agents by multiplexed immunoassay with polymerase chain reaction confirmation. Anal. Chem. 77, 284–289.
Hoffmann, E., Neumann, G., Hobom, G., Webster, R.G., Kawaoka, Y., 2000. "Ambisense" approach for the generation of influenza A virus: vRNA and mRNA synthesis from one template. Virology 267, 310–317.
Hoffmann, M., Hernandez, M.G., Berger, E., Marzi, A., Pöhlmann, S., 2016. The glycoproteins of all filovirus species use the same host factors for entry into bat and human cells but entry efficiency is species dependent. PLoS One 11, e0149651.
Horn, J.K., 2003. Bacterial agents used for bioterrorism. Surg. Infect. 4, 281–287.
Huang, C.Y.-H., Silengo, S.J., Whiteman, M.C., Kinney, R.M., 2005. Chimeric dengue 2 PDK-53/West Nile NY99 viruses retain the phenotypic attenuation markers of the candidate PDK-53 vaccine virus and protect mice against lethal challenge with West Nile virus. J. Virol. 79, 7300–7310.
Hugel, T., Michaelis, J., Hetherington, C.L., Jardine, P.J., Grimes, S., Walter, J.M., Falk, W., Anderson, D.L., Bustamante, C., 2007. Experimental test of connector rotation during DNA packaging into bacteriophage φ29 capsids. PLoS Biol. 5, e59.
Iversen, P., Warren, T., Wells, J., Garza, N., Mourich, D., Welch, L., Panchal, R., Bavari, S., 2012. Discovery and early development of AVI-7537 and AVI-7288 for the treatment of Ebola virus and Marburg virus infections. Viruses 4, 2806–2830.

Jacque, J.-M., Triques, K., Stevenson, M., 2002. Modulation of HIV-1 replication by RNA interference. Nature 418, 435.

Janse, I., Hamidjaja, R.A., Bok, J.M., Van Rotterdam, B.J., 2010. Reliable detection of *Bacillus anthracis*, *Francisella tularensis* and *Yersinia pestis* by using multiplex qPCR including internal controls for nucleic acid extraction and amplification. BMC Microbiol. 10, 314.

Jansen, H.-J., Breeveld, F.J., Stijnis, C., Grobusch, M.P., 2014. Biological warfare, bioterrorism, and biocrime. Clin. Microbiol. Infect. 20, 488–496.

Jhaveri, K.D., Rosner, M.H., 2018. Chimeric antigen receptor T cell therapy and the kidney: what the nephrologist needs to know. Clin. J. Am. Soc. Nephrol. 13, 796–798.

Jones, M., Schuh, A., Amman, B., Sealy, T., Zaki, S., Nichol, S., Towner, J., 2015. Experimental inoculation of Egyptian rousette bats (*Rousettus aegyptiacus*) with viruses of the Ebolavirus and Marburgvirus genera. Viruses 7, 3420–3442.

Kaneda, T., 1963. Biosynthesis of branched chain fatty acids I. Isolation and identification of fatty acids from *Bacillus subtilis* (ATCC 7059). J. Biol. Chem. 238, 1222–1228.

Kaptein, S.J., Neyts, J., 2016. Towards antiviral therapies for treating dengue virus infections. Curr. Opin. Pharmacol. 30, 1–7.

Karabatsos, N., 1985. International Catalogue of Arboviruses, Including Certain Other Viruses of Vertebrates, third ed. American Society of Tropical Medicine and Hygiene for the Subcommittee on Information Exchange of the American Committee on Arthropod-borne Viruses, p. 1147.

Keele, B.F., Van Heuverswyn, F., Li, Y., Bailes, E., Takehisa, J., Santiago, M.L., Bibollet-Ruche, F., Chen, Y., Wain, L.V., Liegeois, F., 2006. Chimpanzee reservoirs of pandemic and nonpandemic HIV-1. Science 313, 523–526.

Kemenesi, G., Kurucz, K., Dallos, B., Zana, B., Földes, F., Boldogh, S., Görföl, T., Carroll, M.W., Jakab, F., 2018. Re-emergence of Lloviu virus in Miniopterus schreibersii bats, Hungary, 2016. Emerg. Microbes Infect. 7, 66.

Komar, N., Langevin, S., Monath, T.P., 2009. Use of a surrogate chimeric virus to detect West Nile virus-neutralizing antibodies in avian and equine sera. Clin. Vaccine Immunol. 16, 134–135.

Krishan, K., Kaur, B., Sharma, A., 2017. India's preparedness against bioterrorism: biodefence strategies and policy measures. Curr. Sci. 113, 1675.

Kum, D.B., Mishra, N., Boudewijns, R., Gladwyn-NG, I., Alfano, C., Ma, J., Schmid, M.A., Marques, R.E., Schols, D., Kaptein, S., 2018. A yellow fever–Zika chimeric virus vaccine candidate protects against Zika infection and congenital malformations in mice. NPJ Vaccines 3, 56.

Kumar, V., Goel, R., Chawla, R., Silambarasan, M., Sharma, R.K., 2010. Chemical, biological, radiological, and nuclear decontamination: recent trends and future perspective. J. Pharm. Bioallied Sci. 2, 220.

Kuroda, M., Sekizuka, T., Shinya, F., Takeuchi, F., Kanno, T., Sata, T., Asano, S., 2012. Detection of a possible bioterrorism agent, Francisella sp., in a clinical specimen by use of next-generation direct DNA sequencing. J. Clin. Microbiol. 50, 1810–1812.

Lai, W., Lai, H., Kuo, S.P., Tarasenko, O., Levon, K., 2005. Decontamination of biological warfare agents by a microwave plasma torch. Phys. Plasmas 12, 023501.

Le Calvez, H., Yu, M., Fang, F., 2004. Biochemical prevention and treatment of viral infections—a new paradigm in medicine for infectious diseases. Virol. J. 1, 12.

Lee, Y.N., Bieniasz, P.D., 2007. Reconstitution of an infectious human endogenous retrovirus. PLoS Pathog. 3, e10.

Lefterova, M.I., Suarez, C.J., Banaei, N., Pinsky, B.A., 2015. Next-generation sequencing for infectious disease diagnosis and management: a report of the Association for Molecular Pathology. J. Mol. Diagn. 17, 623–634.

Lemoine, M., Nayagam, S., Thursz, M., 2013. Viral hepatitis in resource-limited countries and access to antiviral therapies: current and future challenges. Future Virol. 8, 371–380.

Lesser, I., Arquilla, J., Hoffman, B., Ronfeldt, D.F., Zanini, M., 1999. Countering the New Terrorism. RAND Corporation.

Levitt, N.H., Ramsburg, H.H., Hasty, S.E., Repik, P.M., Cole Jr., F.E., Lupton, H.W., 1986. Development of an attenuated strain of chikungunya virus for use in vaccine production. Vaccine 4, 157–162.

Li, W., Shi, Z., Yu, M., Ren, W., Smith, C., Epstein, J.H., Wang, H., Crameri, G., Hu, Z., Zhang, H., 2005. Bats are natural reservoirs of SARS-like coronaviruses. Science 310, 676–679.

Li, X.-F., Dong, H.-L., Wang, H.-J., Huang, X.-Y., Qiu, Y.-F., Ji, X., Ye, Q., Li, C., Liu, Y., Deng, Y.-Q., 2018. Development of a chimeric Zika vaccine using a licensed live-attenuated flavivirus vaccine as backbone. Nat. Commun. 9, 673.

Maartens, G., Celum, C., Lewin, S.R., 2014. HIV infection: epidemiology, pathogenesis, treatment, and prevention. Lancet 384, 258–271.

Madad, S.S., 2014. Bioterrorism: an emerging global health threat. J. Bioterr. Biodef. 5, 1–6.

Mangold, T., Goldberg, J., 1999. Plague Wars: A True Story of Biological Warfare New York. St. Martin's Press.

Manhart, W.A., Pacheco, J.R., Hume, A.J., Cressey, T.N., DeflubÉ, L.R., MÜhlberger, E., 2018. A chimeric Lloviu virus minigenome system reveals that the bat-derived filovirus replicates more similarly to Ebolaviruses than Marburgviruses. Cell Rep. 24, 2573–2580. e4.

Marlin, S.D., Staunton, D.E., Springer, T.A., Stratowa, C., Sommergruber, W., Merluzzi, V.J., 1990. A soluble form of intercellular adhesion molecule-1 inhibits rhinovirus infection. Nature 344, 70.

Maurin, M., Raoult, D.F., 1999. Q fever. Clin. Microbiol. Rev. 12, 518–553.

McBride, M.T., Gammon, S., Pitesky, M., O'Brien, T.W., Smith, T., Aldrich, J., Langlois, R.G., Colston, B., Venkateswaran, K.S., 2003. Multiplexed liquid arrays for simultaneous detection of simulants of biological warfare agents. Anal. Chem. 75, 1924–1930.

Metcalfe, N., 2002. A short history of biological warfare. Med. Confl. Surviv. 18, 271–282.

Monath, T.P., Vasconcelos, P.F.C., 2015. Yellow fever. J. Clin. Virol. 64, 160–173.

Murray, N.E.A., Quam, M.B., Wilder-Smith, A., 2013. Epidemiology of dengue: past, present and future prospects. Clin. Epidemiol. 5, 299.

Nan, Y., Zhang, Y., 2018. Antisense phosphorodiamidate morpholino oligomers as novel antiviral compounds. Front. Microbiol. 9, 750.

Narayanan, J., Sharma, M.K., Ponmariappan, S., Shaik, M., Upadhyay, S., 2015. Electrochemical immunosensor for botulinum neurotoxin type-E using covalently ordered graphene nanosheets modified electrodes and gold nanoparticles-enzyme conjugate. Biosens. Bioelectron. 69, 249–256.

Negredo, A., Palacios, G., Vázquez-Morón, S., González, F., Dopazo, H., Molero, F., Juste, J., Quetglas, J., Savji, N., De La Cruz Martínez, M., 2011. Discovery of an ebolavirus-like filovirus in europe. PLoS Pathog. 7, e1002304.

Neumann, G., Watanabe, T., Ito, H., Watanabe, S., Goto, H., Gao, P., Hughes, M., Perez, D.R., Donis, R., Hoffmann, E., 1999. Generation of influenza A viruses entirely from cloned cDNAs. Proc. Natl Acad. Sci. 96, 9345–9350.

Ni, T.-H., Zhou, X., McCarty, D.M., Zolotukhin, I., Muzyczka, N., 1994. In vitro replication of adeno-associated virus DNA. J. Virol. 68, 1128–1138.

Novina, C.D., Murray, M.F., Dykxhoorn, D.M., Beresford, P.J., Riess, J., Lee, S.K., Collman, R.G., Lieberman, J., Shankar, P., Sharp, P.A., 2003. Erratum: siRNA-directed inhibition of HIV-1 infection (Nature Medicine (2002) 8 (681–686)). Nat. Med. 9, 681–686.

Orr, R., 2001. Technology evaluation: fomivirsen, Isis Pharmaceuticals Inc/CIBA vision. Curr. Opin. Mol. Ther. 3, 288–294.

O'Toole, T., 1999. Richard Preston's The Cobra Event. Public Health Rep. 114, 186.

Pal, V., Sharma, M., Sharma, S., Goel, A., 2016. Biological warfare agents and their detection and monitoring techniques. Def. Sci. J. 66, 445–457.

Pardi, N., Hogan, M.J., Pelc, R.S., Muramatsu, H., Andersen, H., Demaso, C.R., Dowd, K.A., Sutherland, L.L., Scearce, R.M., Parks, R., 2017. Zika virus protection by a single low-dose nucleoside-modified mRNA vaccination. Nature 543, 248.

Paweska, J., Storm, N., Grobbelaar, A., Markotter, W., Kemp, A., Jansen Van Vuren, P., 2016. Experimental inoculation of Egyptian fruit bats (*Rousettus aegyptiacus*) with Ebola virus. Viruses 8, 29.

Quinn, S.C., Thomas, T., Kumar, S., 2008. The anthrax vaccine and research: reactions from postal workers and public health professionals. Biosecur. Bioterror. 6, 321–333.

Raabe, V., Koehler, J., 2017. Laboratory diagnosis of Lassa fever. J. Clin. Microbiol. 55, 1629–1637.

Raber, E., Jin, A., Noonan, K., McGuire, R., Kirvel, R.D., 2001. Decontamination issues for chemical and biological warfare agents: how clean is clean enough? Int. J. Environ. Health Res. 11, 128–148.

Rogers, P., Whitby, S., Dando, M., 1999. Biological warfare against crops. Sci. Am. 280, 70–75.

Rotz, L.D., Khan, A.S., Lillibridge, S.R., Ostroff, S.M., Hughes, J.M., 2002. Public health assessment of potential biological terrorism agents. Emerg. Infect. Dis. 8, 225.

Salmain, M., Ghasemi, M., Boujday, S., Pradier, C.-M., 2012. Elaboration of a reusable immunosensor for the detection of staphylococcal enterotoxin A (SEA) in milk with a quartz crystal microbalance. Sensors Actuators B Chem. 173, 148–156.

Salvo, M.A., Kingstad-Bakke, B., Salas-Quinchucua, C., Camacho, E., Osorio, J.E., 2018. Zika virus like particles elicit protective antibodies in mice. PLoS Negl. Trop. Dis. 12, e0006210.

Sapsford, K.E., Bradburne, C., Delehanty, J.B., Medintz, I.L., 2008. Sensors for detecting biological agents. Mater. Today 11, 38–49.

Sarwar, U.N., Sitar, S., Ledgerwood, J.E., 2011. Filovirus emergence and vaccine development: a perspective for health care practitioners in travel medicine. Travel Med. Infect. Dis. 9, 126–134.

Scott, L.J., 2016. Tetravalent dengue vaccine: a review in the prevention of dengue disease. Drugs 76, 1301–1312.

Seto, Y., 2009. Decontamination of chemical and biological warfare agents. Yakugaku Zasshi 129, 53–69.

Shan, C., Muruato, A.E., Nunes, B.T., Luo, H., Xie, X., Medeiros, D.B., Wakamiya, M., Tesh, R.B., Barrett, A.D., Wang, T., 2017. A live-attenuated Zika virus vaccine candidate induces sterilizing immunity in mouse models. Nat. Med. 23, 763.

Sharma, N., Hotta, A., Yamamoto, Y., Fujita, O., Uda, A., Morikawa, S., Yamada, A., Tanabayashi, K., 2013. Detection of Francisella tularensis-specific antibodies in patients with tularemia by a novel competitive enzyme-linked immunosorbent assay. Clin. Vaccine Immunol. 20, 9–16.

Sharma, M.K., Narayanan, J., Upadhyay, S., Goel, A.K., 2015. Electrochemical immunosensor based on bismuth nanocomposite film and cadmium ions functionalized titanium phosphates for the detection of anthrax protective antigen toxin. Biosens. Bioelectron. 74, 299–304.

Sharma, M.K., Narayanan, J., Pardasani, D., Srivastava, D.N., Upadhyay, S., Goel, A.K., 2016. Ultrasensitive electrochemical immunoassay for surface array protein, a *Bacillus anthracis* biomarker using Au–Pd nanocrystals loaded on boron-nitride nanosheets as catalytic labels. Biosens. Bioelectron. 80, 442–449.

Sleator, R. D. 2010. The story of Mycoplasma mycoides JCVI-syn1. 0: the forty million dollar microbe. Bioeng. Bugs 1 (4), 231–232.

Smith, H.O., Hutchison, C.A., Pfannkoch, C., Venter, J.C., 2003. Generating a synthetic genome by whole genome assembly: φX174 bacteriophage from synthetic oligonucleotides. Proc. Natl Acad. Sci. 100, 15440–15445.

Sobel, J., 2005. Botulism. Clin. Infect. Dis. 41, 1167–1173.

Spencer, J., Scardaville, M., 1999. Understanding the bioterrorist threat: facts & figures. US Army 163, 18.

Sumathy, K., Kulkarni, B., Gondu, R.K., Ponnuru, S.K., Bonguram, N., Eligeti, R., Gadiyaram, S., Praturi, U., Chougule, B., Karunakaran, L., 2017. Protective efficacy of Zika vaccine in AG129 mouse model. Sci. Rep. 7, 46375.

Sun, S., Rao, V.B., Rossmann, M.G., 2010. Genome packaging in viruses. Curr. Opin. Struct. Biol. 20, 114–120.

Suter, K., 2003. The troubled history of chemical and biological warfare. Contemp. Theatr. Rev. 283, 161.

Takehisa, J., Kraus, M.H., Decker, J.M., Li, Y., Keele, B.F., Bibollet-Ruche, F., Zammit, K.P., Weng, Z., Santiago, M.L., Kamenya, S., 2007. Generation of infectious molecular clones of simian immunodeficiency virus from fecal consensus sequences of wild chimpanzees. J. Virol. 81, 7463–7475.

Tang, X.B., Hobom, G., Luo, D., 1994. Ribozyme mediated destruction of influenza A virus in vitro and in vivo. J. Med. Virol. 42, 385–395.
Taubenberger, J.K., Morens, D.M., 2008. The pathology of influenza virus infections. Annu. Rev. Pathol. 3, 499–522.
Taubenberger, J.K., Reid, A.H., Krafft, A.E., Bijwaard, K.E., Fanning, T.G., 1997. Initial genetic characterization of the 1918 "Spanish" influenza virus. Science 275, 1793–1796.
Taubenberger, J.K., Reid, A.H., Lourens, R.M., Wang, R., Jin, G., Fanning, T.G., 2005. Characterization of the 1918 influenza virus polymerase genes. Nature 437, 889.
Taubenberger, J.K., Hultin, J.V., Morens, D.M., 2007. Discovery and characterization of the 1918 pandemic influenza virus in historical context. Antivir. Ther. 12, 581.
Thavaselvam, D., Vijayaraghavan, R., 2010. Biological warfare agents. J. Pharm. Bioallied Sci. 2, 179.
To, A., Medina, L.O., Mfuh, K.O., Lieberman, M.M., Wong, T.A.S., Namekar, M., Nakano, E., Lai, C.-Y., Kumar, M., Nerurkar, V.R., 2018. Recombinant Zika virus subunits are immunogenic and efficacious in mice. MSphere 3. e00576-17.
Touret, F., Gilles, M., Klitting, R., Aubry, F., Lamballerie, D., X. & NougairÈDE, A., 2018. Live Zika virus chimeric vaccine candidate based on a yellow fever 17-D attenuated backbone. Emerg. Microbes Infect. 7, 1–12.
Trombley, A.R., Wachter, L., Garrison, J., Buckley-Beason, V.A., Jahrling, J., Hensley, L.E., Schoepp, R.J., Norwood, D.A., Goba, A., Fair, J.N., 2010. Comprehensive panel of real-time taqman™ polymerase chain reaction assays for detection and absolute quantification of filoviruses, arenaviruses, and new world hantaviruses. Am. J. Trop. Med. Hyg. 82, 954–960.
Tucker, J.B., 1999. Historical trends related to bioterrorism: an empirical analysis. Emerg. Infect. Dis. 5, 498.
Ursic-Bedoya, R., Mire, C.E., Robbins, M., Geisbert, J.B., Judge, A., Maclachlan, I., Geisbert, T.W., 2013. Protection against lethal Marburg virus infection mediated by lipid encapsulated small interfering RNA. J. Infect. Dis. 209, 562–570.
Van Aken, J., Hammond, E., 2003. Genetic engineering and biological weapons: new technologies, desires and threats from biological research. EMBO Rep. 4, S57–S60.
Van Zandt, K.E., Greer, M.T., Gelhaus, H.C., 2013. Glanders: an overview of infection in humans. Orphanet J. Rare Dis. 8, 131.
Vijayanand, P., Wilkins, E., Woodhead, M., 2004. Severe acute respiratory syndrome (SARS): a review. Clin. Med. 4, 152–160.
Wang, E., Volkova, E., Adams, A.P., Forrester, N., Xiao, S.-Y., Frolov, I., Weaver, S.C., 2008. Chimeric alphavirus vaccine candidates for chikungunya. Vaccine 26, 5030–5039.
Wang, D.-B., Yang, R., Zhang, Z.-P., Bi, L.-J., You, X.-Y., Wei, H.-P., Zhou, Y.-F., Yu, Z., Zhang, X.-E., 2009. Detection of *B. anthracis* spores and vegetative cells with the same monoclonal antibodies. PloS One 4, e7810.
Wang, E., Weaver, S.C., Frolov, I., 2011. Chimeric Chikungunya viruses are nonpathogenic in highly sensitive mouse models but efficiently induce a protective immune response. J. Virol. 85, 9249–9252.
Weaver, S.C., Ferro, C., Barrera, R., Boshell, J., Navarro, J.-C., 2004. Venezuelan equine encephalitis. Annu. Rev. Entomol. 49, 141–174.
Weis, C.P., Intrepido, A.J., Miller, A.K., Cowin, P.G., Durno, M.A., Gebhardt, J.S., Bull, R., 2002. Secondary aerosolization of viable *Bacillus anthracis* spores in a contaminated US Senate Office. JAMA 288, 2853–2858.
Welch, P., Tritz, R., Yei, S., Leavitt, M., Yu, M., Barber, J., 1996. A potential therapeutic application of hairpin ribozymes: in vitro and in vivo studies of gene therapy for hepatitis C virus infection. Gene Ther. 3, 994–1001.
Welch, P., Tritz, R., Yei, S., Barber, J., Yu, M., 1997. Intracellular application of hairpin ribozyme genes against hepatitis B virus. Gene Ther. 4, 736.
Wimmer, E., Mueller, S., Tumpey, T.M., Taubenberger, J.K., 2009. Synthetic viruses: a new opportunity to understand and prevent viral disease. Nat. Biotechnol. 27, 1163.
Wright, J., Qu, G., Tang, C., Sommer, J., 2003. Recombinant adeno-associated virus: formulation challenges and strategies for a gene therapy vector. Curr. Opin. Drug Discov. Devel. 6, 174–178.

Wu, H., Zuo, Y., Cui, C., Yang, W., Ma, H., Wang, X., 2013. Rapid quantitative detection of brucella melitensis by a label-free impedance immunosensor based on a gold nanoparticle-modified screen-printed carbon electrode. Sensors 13, 8551–8563.

Xu, K., Song, Y., Dai, L., Zhang, Y., LU, X., Xie, Y., Zhang, H., Cheng, T., Wang, Q. & Huang, Q., 2018. Recombinant chimpanzee adenovirus vaccine AdC7-M/E protects against Zika virus infection and testis damage. J. Virol. 92. e01722-17.

Yang, X.-L., Tan, C.W., Anderson, D.E., Jiang, R.-D., Li, B., Zhang, W., Zhu, Y., Lim, X.F., Zhou, P., Liu, X.-L., 2019. Characterization of a filovirus (Měnglà virus) from Rousettus bats in China. Nat. Microbiol. 1, 390–395.

Ye, X., Ku, Z., Liu, Q., Wang, X., Shi, J., Zhang, Y., Kong, L., Cong, Y., Huang, Z., 2014. Chimeric virus-like particle vaccines displaying conserved enterovirus 71 epitopes elicit protective neutralizing antibodies in mice through divergent mechanisms. J. Virol. 88, 72–81.

Ye, Q., Liu, Z.-Y., Han, J.-F., Jiang, T., Li, X.-F., Qin, C.-F., 2016. Genomic characterization and phylogenetic analysis of Zika virus circulating in the Americas. Infect. Genet. Evol. 43, 43–49.

Yousaf, M.Z., Qasim, M., Zia, S., Ashfaq, U.A., Khan, S., 2012. Rabies molecular virology, diagnosis, prevention and treatment. Virol. J. 9, 50.

Yu, M., Ojwang, J., Yamada, O., Hampel, A., Rapapport, J., Looney, D., Wong-Staal, F., 1993. A hairpin ribozyme inhibits expression of diverse strains of human immunodeficiency virus type 1. Proc. Natl Acad. Sci. 90, 6340–6344.

Zhou, X., Muzyczka, N., 1998. In vitro packaging of adeno-associated virus DNA. J. Virol. 72, 3241–3247.

Zimmer, S.M., Burke, D.S., 2009. Historical perspective—emergence of influenza A (H1N1) viruses. N. Engl. J. Med. 361, 279–285.

第13章

生物战剂的基因组信息及其在生物防御中的应用

Anoop Kumar[1]，S. J. S. Flora[1]

田　驹　杨永昌　王征旭　译

13.1 概述

生物战剂（biological warfare agents，BWAs）是一种高风险性武器，但因其生产成本远低于核武器，往往更易得到低收入国家的青睐。生物战剂易于制造，细菌、病毒以及质粒等原材料往往可以从生物战剂生产仓库等轻松获得。此外，微生物基因组数据库大大提高了对毒力相关基因位点的识别能力，利用基因工程技术制造出理论上最为致命的序列成为可能。生物战剂既可以是细菌、病毒，也可以是毒素。自 20 世纪以来，大多数发达国家开始着手展开关于生物武器的相关计划（Szinicz，2005）。虽然生物战剂在现代化战争与军事冲突中的应用迄今为止从未得到证实（Martin，2002）。然而，就拿对印度查谟和克什米尔普瓦马的袭击来说，如果使用生物战剂，将会使整个作战更为简单、容易。正是因为生物战剂低成本及高效率的特点，对其防控的研究一直以来备受关注。

不断发展的现代基因组测序技术已经能够初步识别出每个病原体基因组中与感染性、毒力和抗生素耐药性紧密关联的基因亚群（Schuster，2007），有助于设计出新的诊断方法、新化学实体（new chemical entities，NCEs）和疫苗；然而，也可能被别有用心者用于制造新型生物战剂（Ainshough，2004），进一步增强其抗生素耐药性（Lowy，2003）以及制造毒力更强的制剂（Fraser and Dando，2001）。典型的生物战剂在经过基因工程“量体裁衣”后，将更难被检测、诊断和治疗，从而导致防控形势更加严峻。

[1] National Institute of Pharmaceutical Education and Research-Raebareli，Lucknow，India.

无论如何，基因组信息可以被用于开发疫苗、新型抗菌化合物和有效的检测方法等，从而为生物防御提供关键信息（Minogue et al.，2019）。本章重点概述了生物战剂（包括细菌、病毒和真菌）的相关基因组信息及其在生物防御中的应用情况。

13.2 BWA 的基因组信息

基因组信息成为检测生物威胁或其他未知威胁的重要手段。全世界基因组领域的研究人员不断揭示出了细菌、真菌以及寄生于人类和动植物的病原体的完整基因组序列，这些信息对于生物武器的制造及防控提供了大量的有用信息。潜在的 BWAs 包括细菌、病毒和毒素，其基因组信息分类概述如下。

13.2.1 细菌

常用细菌类生物战剂的基因组信息如表 13-1 所示。

表 13-1 常用细菌类生物战剂的基因组信息

细菌	基因组大小	染色体数量/个	质粒数量/个	G+C 碱基对占比/%	已知功能基因/个	未知功能基因/个	编码基因占比/%
炭疽杆菌	5.2kb	1	2	35.4	2762	657	84.3
羊布鲁氏菌	3.2kb	2	0	57	2487	710	87
鼠疫耶尔森菌	4.65Mb	1	3	47.6	4012	149	83.8
流产布鲁氏菌	3.2Mb	2	1	57.2	3018	208	93.5

(1) 炭疽杆菌

炭疽杆菌是一种内生芽孢形成的革兰氏阳性细菌，可引发炭疽热（一种致死性疾病），它被认为是潜在的生物战剂（Turnbull，1999）。炭疽杆菌有一个大小为 5.2kb 的单环染色体和两个环形双链毒性质粒（分别命名为 pXO1 和 pXO2）（Chun et al.，2012）。两种毒性质粒是炭疽杆菌产生毒力的主要原因（Bourgogne et al.，2003）。其中，pXO1 的大小为 182kb，它可以与致死因子 LF、保护性抗原 PA、水肿因子 EF、pag 结合，组成二元产物（Little and Ivins，1999；Goel，2015）。这些二元化毒素共同靶向损害宿主的多个系统功能，进而导致免疫抑制，最终使宿主因各种机能缺失、多器官功能衰竭而死亡。

炭疽杆菌的另一质粒 pXO2 大小为 94.8kb，编码 5 个基因操纵子，这些操纵子编码合成肽类产物聚谷氨酸，从而合成荚膜多糖。该荚膜可保护其免受吞噬（Goel，2015）。炭疽杆菌基因组的 G+C 碱基对在染色体中的占比为 35.4%，而在 pXO1 和 pXO2 中占比分别为 32.5%和 33.0%；其染色体上共有 2762 个具有指定功能的基因，在 pXO1 中有 65 个，pXO2 中有 38 个（Liang et al.，2017）。染色体上功能不明确的基因数量为 657 个，pXO1

中有 8 个，pXO2 中有 5 个。

（2）羊布鲁氏菌

羊布鲁氏菌 16M 毒株的基因组分布在两个环状染色体上，大小为 3.2kb，这类细菌中不存在质粒（Delvecchio et al.，2002；Rao et al.，2014；Azam et al.，2016）。染色体Ⅰ和染色体Ⅱ大小分别为 2.1kb 和 1.2kb，共有 3197 个开放阅读框（open reading frame，ORF），其中 2059 个 ORF 位于 1 号染色体上（Wang et al.，2011）。众所周知，几乎所有细菌的染色体复制起始点（origins of replication，ORI）都极其相似，研究者在羊布鲁氏菌的两条染色体上都发现了负责编码 DNA 复制、蛋白质合成和细胞壁生物合成的基因（管家基因），此外还识别出了黏附素、侵袭素和溶血素的编码基因。羊布鲁氏菌的 G+C 碱基对占比为 57%，其基因组中 78%的基因具有功能，而剩余 22%的基因没有指定功能（Cao et al.，2017）。

（3）鼠疫耶尔森菌

鼠疫耶尔森菌是一种无动力、无芽孢、兼性厌氧的革兰氏阴性杆状球菌，其中，CO92 菌株的基因组大小为 4.65Mb，包括一个环状染色体和三个毒性质粒，质粒大小分别为 96.2kb、70.3kb 和 9.6kb（Parkhill，2001）。鼠疫耶尔森菌基因组的插入序列异常丰富，其染色体中的 G+C 碱基对占比为 47.6%，而在 pPst、pYV1 和 pFra 三个质粒中的 G+C 碱基对占比分别为 45.27%、44.84%和 50.23%（McDonough and Hare，1997）。在对其他细菌和病毒的研究中，已经识别出了诸多编码黏附素、分泌系统和杀虫毒素的基因序列，而鼠疫耶尔森菌的相关基因组中还包含了大约 149 个伪基因（Parkhill，2001），该段染色体的平均长度为 998bp，而 pPst、pYV 和 pFra 三个的质粒大小分别为 611bp、1643bp 和 835bp。

（4）流产布鲁氏菌

流产布鲁氏菌是一种芽孢形成的、异养的、革兰氏阴性杆菌，可引起人类布鲁氏菌病（马耳他热）。流产布鲁氏菌的基因组具有较高的 G+C 碱基对占比，其中染色体Ⅰ和染色体Ⅱ的 G+C 占比相近，分别为 57.2%和 57.3%，整个基因组包含 3296 个注释基因的 ORF，其中，染色体Ⅰ及染色体Ⅱ上 ORF 的数量分别是 2158 个及 1138 个（Michaux et al.，1993；Michaux Charachon et al.，1997）。基因组中有特定的基因岛（genomic islands，GIs）的存在，负责编码代谢途径和/或毒力因子，从而驱使非致病性产物转化为致病性产物（Hacker and Kaper，2000）。研究结果显示，布鲁氏菌基因组的 9 个基因岛中，GI-1、GI-5 和 GI-6 与细菌毒力无关，而包含 29 个基因的 GI-3 则对人类有致病性（Rajashekara et al.，2008）。

（5）伯克霍尔德氏菌

伯克霍尔德氏菌是一种革兰氏阴性需氧细菌，可导致动物和人类感染鼻疽病。该细菌的基因组经由美国基因组研究所测序，它由一个 3.5Mb 环状染色体和一个 2.3Mb 质粒组成，基因组内具有插入序列和相位可变基因（Losada et al.，2010）。伯克霍尔德氏菌的染色体基因主要负责新陈代谢、荚膜形成和脂多糖生物合成，而该菌属的致病性则主要来自于多糖荚膜，此外，巨型质粒主要负责编码分泌系统基因和毒力相关基因。

13.2.2 病毒

埃博拉病毒、日本脑炎病毒、马尔堡病毒、天花病毒等病毒都具有高度传染性和致死性，如果在攻击中使用这些生物制剂，有可能造成大量人员伤亡。因此，这些制剂被认为是潜在的 BWA。

(1) 埃博拉病毒

埃博拉病毒是埃博拉属的代表性病毒之一，可在人类和动物中引发严重的出血热（Kumar，2016），它是一种大小约为 18kb 的反义单链 RNA 病毒。埃博拉病毒基因组的 3′端不具有多聚腺苷酸化结构（—AAAAA），同样，5′端也并非鸟苷酸帽结构，病毒基因组复制只需涉及 5′端至 3′端共计 731 个核苷酸中的 472 个核苷酸，但仅仅凭借上述序列还不足以造成感染。如图 13-1 所示，埃博拉病毒基因组的前导序列和后随序列是非转录区，它们主要负责信号转导，以调控病毒在感染过程中的复制和转录以及基因组的变异及包装。

埃博拉病毒基因组编码蛋白由一种糖蛋白前体（GP0）组成，它被切割成 GP1 和 GP2（Volchkov et al.，1998），这两个分子首先组装成异二聚体，然后组装成三聚体，形成表面蛋白聚体。而分泌型糖蛋白（sGP）前体被切割成 sGP 和 δ 肽，两者均由细胞释放（Lee et al.，2008；Singh Jadav et al.，2015）。当病毒蛋白水平上升时，翻译过程则相应地转换为基因组的复制过程。在复制开始时，反义基因组 RNA 被当作模板用于合成与之互补的（+）ssRNA 链，（+）ssRNA 链随即又被当作新的模板用于基因组（−）ssRNA 链的合成，而后被快速包裹起来，这些新被包裹的蛋白黏附在宿主细胞膜上并进行复制，伴随着出芽释放，最终对宿主细胞进行破坏。

图 13-1 埃博拉病毒基因组示意

埃博拉病毒基因组共编码七种结构蛋白，依次为：5′端、聚合酶 L 蛋白、VP24、VP30、GP 或 sGP、VP40、VP35、核蛋白（NP）、3′端

(2) 日本脑炎病毒

日本脑炎病毒（Japanese encephalitis virus，JEV）是一种黄热病毒，通过蚊作为传播媒介，主要影响大脑。JEV 基因组 RNA 是一种正义单链 RNA，大小约为 11kb，其 5′端具有鸟苷酸帽结构，但 3′端却没有多聚腺苷酸化结构（Vashist et al.，2011）。已测序的 JEV 基因组包含 10 976 个核苷酸，基因组 RNA 包括了 95bp 的 5′端非翻译区（untranslated region，UTR）和 595bp 的 3′端非翻译区，还包含一个 ORF，可以编码出约含 3400 个氨基酸的多聚蛋白，在病毒自身和宿主的蛋白酶的作用下被切割为 10 种蛋白质。基因组分为结构基因和非结构基因两类，其中结构基因与病毒的抗原性有关，基因组中的 3 个结构基因分别是核基因（*C*）、前膜基因（*prM*）和包膜基因（*E*），它们共同参与了病毒衣壳的形成。其中，*E* 基因的作用最为重要，围绕其展开的研究也最多。此外，如图 13-2 所示，7 个非结构基因（*NS1*、*NS2a*、*NS2b*、*NS3*、*NS4a*、*NS4b* 和 *NS5*）共同参与了病毒的复制

(Saxena et al., 2011; Yang et al., 2011)。

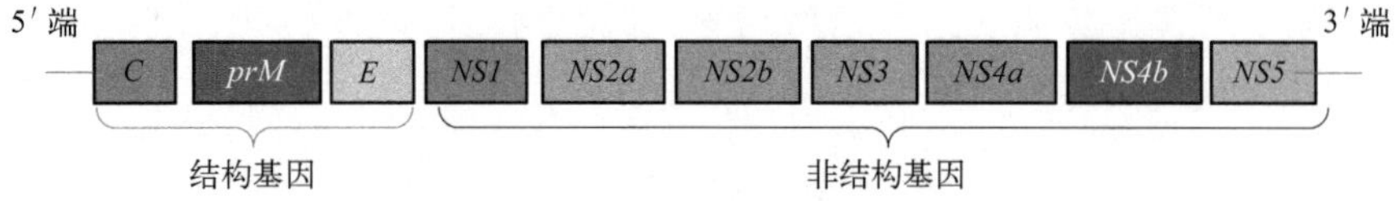

图 13-2 日本脑炎病毒基因组示意

日本脑炎病毒基因组编码三种结构蛋白和七种非结构蛋白

在上述三种重要的结构基因编码的蛋白质中，核蛋白 C 的大小约为 12kDa，它与 RNA 融合形成病毒的核衣壳；prM 蛋白和 E 蛋白则聚合成为异二聚体，异二聚体起到伴侣作用。在释放病毒粒子之前，蛋白酶发挥切割作用，将 prM 蛋白转化为成熟的 M 蛋白，蛋白质修饰的同时伴随着信号转导，最终形成并激活 E 蛋白同源二聚体。值得一提的是，E 蛋白与大约 500 个氨基酸一起构成了病毒基因组中最大的结构蛋白，该蛋白在病毒蛋白入侵宿主细胞方面发挥了重要作用并作为体液免疫反应的主要靶点（Solomon，2003)。

非结构蛋白主要参与病毒的复制和转录，同时对天然免疫应答反应发挥调节作用（Li et al., 2012; Zhang et al., 2012)，如 NS3 和 NS4 蛋白负责编码丝氨酸蛋白酶和 RNA 依赖性 RNA 聚合酶（RNA-dependent RNA polymerase）（Lu and Gong，2013)。所有的非结构蛋白对病毒的转录、调控和复制都很重要，任一蛋白质都可以被修饰成为治疗的新靶点（Anantpadma and Vrati，2011; Mastrangelo et al., 2012)。

(3) 马尔堡病毒

马尔堡病毒（Marburg virus，MARV）是一种极其凶险的病毒，可引起人类和动物患病毒性出血热。MARV 具有反义单链 RNA，基因组线性、无节段，并具有反向互补的 3′端和 5′端，不具有 3′端多聚腺苷酸化结构及 5′端鸟苷酸帽。病毒基因组大小约为 19kb，包括 7 个基因（图 13-3）（Kiley et al., 1982)。

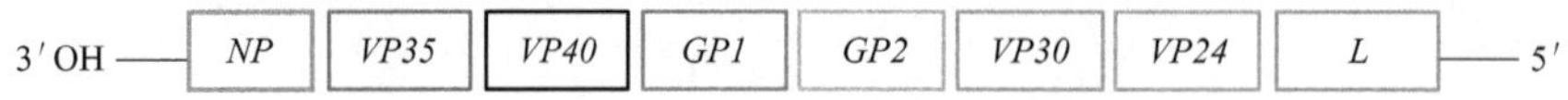

图 13-3 马尔堡病毒反义单链 RNA 基因组

MARV 的所有基因都由高度保守的转录起始密码子和终止密码子组成，且都具有 3′端羟基、5′端非翻译区以及 ORF 结构（Pringle，2005)。这些基因之间存在 4～97 个碱基，转录因子终止上游信号，同时启动下游信号，结合位点共享五个高度保守的碱基（Pringle，2005)。

MARV 基因组共编码七种结构蛋白，它们分别具有不同的功能。其中，核苷酸蛋白 NP 在 RNA 封装、核衣壳形成和出芽过程中发挥作用，并且对复制和转录也至关重要（DiCarlo et al., 2007)；VP35 作为聚合酶辅因子、干扰素拮抗剂，也参与了核衣壳的形成；VP40 则参与出芽和干扰素信号拮抗；VP30 在核衣壳形成中发挥作用；VP24 在核衣壳成熟中发挥作用；GP 有助于病毒附着、受体结合和融合；尾部 L 蛋白则对 RNA 依赖性 RNA 聚合酶活性发挥起到重要作用（Muhlberger et al., 1999)。

(4) 天花病毒

天花病毒（Variola virus，VARV）是正痘病毒属的一种，可导致人类急性疾病，具有高度致死性和传染性。天花的基因组是一种线性双链 DNA，其大小为 130～375kb。基因组的头尾端均是反向末端重复（inverted terminal repeat，ITR）序列，序列末端共价闭合（图 13-4）（Smithson et al.，2017）。该病毒体积大，呈长方形。VARV 基因组由 186kb 组成，两端均具有一个发夹环结构（由 530bp 片段组成），此外，基因组含有 187 个 ORF，负责编码特定的蛋白质（≥65 个氨基酸）（Smithson et al.，2017）。

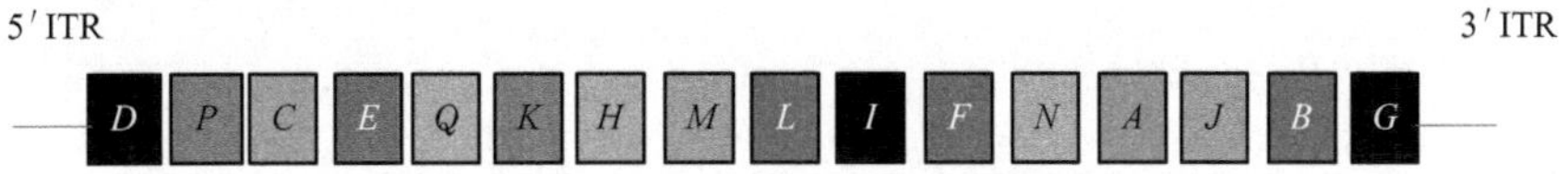

图 13-4　天花病毒的基因组构成

VARV 基因组缺少 C′端多聚腺苷酸化结构，其通过 50 个区域的交互作用而发生环化。其中 30 个区域中的保守元件具有多种重要功能，如病毒复制、宿主细胞趋向性、载体特异性、致病性和毒力等。碱性蛋白质通过诱导自身组装成核衣壳颗粒，最终形成核衣壳，进而与 RNA 发生交互作用。膜糖蛋白是核衣壳的一部分，能够协助 E 蛋白形成成熟的病毒颗粒。E 包膜蛋白暴露在病毒表面，主要参与了病毒结合宿主细胞受体的附着过程，而 E 糖蛋白则是病毒表面的主要抗原决定簇，在病毒进入宿主细胞的过程中参与其结合和融合作用。E 蛋白含有三个功能域：功能域Ⅰ形成蛋白质结构域，功能域Ⅲ是病毒的主要 DNA 结合域，而功能域Ⅱ二聚体则负责结构和结合域的桥接。

(5) 登革热病毒

感染登革热病毒可引发人登革热疾病，俗称“断骨热”，病毒通过蚊传播，在热带和亚热带地区流行。登革热病毒基因组由约 11kb 大小的无节段正义链（＋）RNA 组成（Lindenbach and Rice，2003），它仅编码一个多肽蛋白，多肽蛋白经由宿主编码的丝氨酸蛋白酶的协同翻译作用以及翻译后加工，最终形成三种结构蛋白和七种非结构蛋白（NS）：C-PrM-M-E-NS1-NS2a-NS2b-NS3-NS4a-NS4b-NS5，如图 13-5 所示。

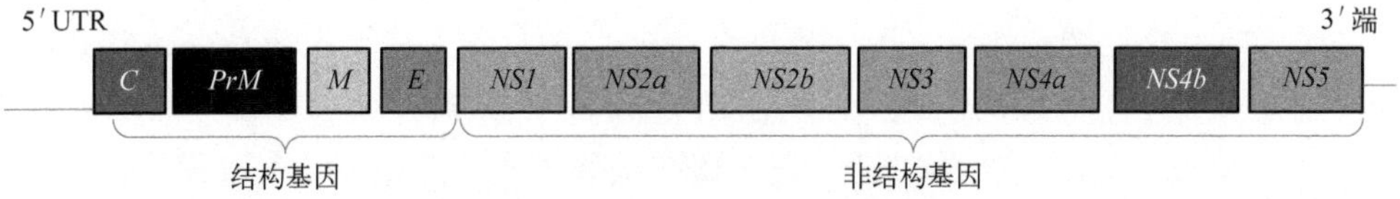

图 13-5　登革热病毒的基因组构成

登革热病毒的基因组包括了结构基因和非结构基因，四个结构基因都与抗原性有关。*C* 基因直接参与了衣壳的形成，与病毒的抗原性息息相关；*PrM* 基因和 *M* 基因共同负责细胞膜的形成，而 *E* 基因则与病毒的包装相关。基因组还具有以下 7 个非结构基因：*NS1*、*NS2a*、*NS2b*、*NS3*、*NS4a*、*NS4b*、*NS5*（Lindenbach et al.，2007）（图 13-5），其中，*NS1* 在病毒复制过程发挥作用；*NS2a* 提供干扰素 IFN 抗性；*NS2b* 与 *NS3* 共同对丝氨酸蛋白酶Ⅰ的分泌产生影响；而 *NS3* 则具备独立的解旋酶活性（Lobigs and Lee，2004）；*NS4a* 通过向 *NS4b* 传递信号，从而共同阻断 IFN 类信号通路，*NS5* 基因在复制过程中发挥 RNA 依赖性 RNA 聚合酶活性（Lobigs and Lee，2004；Roby et al.，2015）。

13.2.3 毒素

(1) 单端孢霉烯毒素

单端孢霉烯是一类由各种真菌、植物和昆虫产生的萜类毒素，经鉴定，合成该毒素的关键基因簇 DNA 长度为 26kb，包含三个基因座，即一个 *TRI101* 单基因座和一个 *TRI1-TRI16* 双基因座。单端孢霉烯毒素的核心基因簇由 12 个开放阅读框（ORFs）组成，负责编码结构基因和调控基因（Proctor et al.，2009；Brown et al.，2004）。基因簇（*TRI101* 基因座和 *TRI1* 基因座）产物是生物合成该毒素必不可少的重要构成（Villafana et al.，2019）。组成 ORF 的基因在几乎所有真菌类毒素的生物合成、调节和跨膜转运中发挥重要作用（McCormick et al.，2011，2013）。全部基因组共含有七个基因（*TRI5*、*TRI4*、*TRI11*、*TRI3*、*TRI13*、*TRI7*、*TRI8*），分别在该毒素生物合成过程的不同生化阶段中发挥作用。

(2) 霍乱毒素

霍乱弧菌常规分泌一种 AB5 多聚体蛋白复合物，即霍乱毒素，可引起人类水样便。通过克隆或全基因组随机测序法对霍乱弧菌基因组进行测序（Fraser et al.，1997；Heidelberg，2000），发现其基因组中存在两条圆形染色体，大小分别为 2.9kb（1 号染色体）和 1.0kb（2 号染色体），上述两条染色体相应的 G+C 碱基对占比分别为 46.9%和 47.7%（Yamaichi et al.，1999；Trucksis et al.，1998）。细菌全基因组含有 3885 个 ORF 和 792 个 Rho 因子非依赖型终止子，其中，1 号染色体和 2 号染色体分别含有 2770 个和 1115 个 ORF，以及 599 个和 193 个 Rho 因子非依赖型终止子。与霍乱弧菌存活息息相关的主要基因位于 1 号染色体上，而位于 2 号染色体上的基因大多与细胞正常功能的维持有关（如 *dsdA*、*thrS*、编码核糖体蛋白 L20 和 L35 的基因等）。此外，部分代谢途径的中间产物仅在 2 号染色体上被编码（Heidelberg，2000）。已明确功能的基因在 1 号、2 号染色体中占比分别为 58%和 48%，均是维持细胞正常功能所必需的，而迄今在 2 条染色体上分别有 6 个蛋白质功能不明。在此特别指出，因 2 号染色体上存在一个大的整合子岛（125.3kbp），即一种基因捕获系统，使得霍乱弧菌的基因组序列最终得到证实（Rowe Magnus et al.，1999；Hall et al.，1991）。三个基因编码产物（氯霉素乙酰转移酶、磷霉素抗性蛋白和谷胱甘肽转移酶）很可能与细菌耐药息息相关。质粒主要利用三种毒力基因及各种 DNA 代谢酶（MutT、转座酶和整合酶），通过编码与宿主相似的基因产物，维持其在宿主细胞内的生存（Heidelberg，2000）。

(3) 破伤风毒素

破伤风杆菌是一种存活于土壤中的细菌，在厌氧条件下，破伤风杆菌的细胞可产生一种极强的神经毒素，即破伤风毒素，导致人体患破伤风病。破伤风杆菌基因组大小为 2.7kb，其染色体共编码 2 372 个 ORF，破伤风毒素则是由大小为 74 082bp、包含 61 个 ORF 的质粒编码产生（Bruggemann et al.，2003）。破伤风杆菌染色体的 G+C 碱基对占比为 28.6%，而 pE88 质粒的 G+C 占比为 24.5%。DnaA 等特征性复制蛋白是破伤风杆菌染色体的复制起始点（Bruggemann et al.，2003）。与 DNA 的复制方向一致，破伤风杆菌染色体上的 ORF 转录方向也是 5′→3′。迄今，研究者已经识别出诸多的表面蛋白和黏附蛋白（35 个 ORF）毒力相关因子，其中不乏破伤风杆菌所特有（Andkvist et al.，1997）。破伤风毒素会干扰破坏中枢神经系统的抑制机制，是已知的最强毒素之一。

13.3 基因组信息在生物防御中的应用

基因组信息技术让我们能够在基因层面上更加深入地研究生物战剂的微观细节，这些信息在生物防御中发挥重要作用。基因组信息的应用将助力我们进行疫苗研发、耐药机制的深入探索、毒力识别以及先进检测方法的开发等多项工作。现将生物战剂基因组信息的应用情况分类概述如下。

13.3.1 生物战剂疫苗的设计与研发

全面掌握病原体的基因组信息不仅能够让我们精准地识别该病原体，还有助于新疫苗的设计和研发以及通过基因组测序来确定与病原体毒力相关的遗传机制。例如，Pizza 团队在 2000 年就利用基因组序列信息筛选出了一种新的脑膜炎奈瑟菌（Men B）的候选疫苗。目前已有众多学者利用各种免疫信息学工具筛选出有效的候选疫苗，上述工具通过对病原体的全基因组进行扫描筛选，以期找到具有良好疫苗靶点属性的蛋白以及编码该蛋白的特定基因（Rezaei et al.，2019；Unni et al.，2019）。综上所述，基因组信息的应用将在生物战剂疫苗研发方面持续发挥重要作用。

13.3.2 了解生物战剂病原体的毒力和耐药机制

要想研发出拮抗或阻断某种病原体的新化学实体，必须深入了解该病原体的毒力和耐药机制。借助 DNA 阵列和蛋白组学技术，我们有能力获取生物战剂的几乎全部基因组信息和亚群信息，以上信息将有助于我们详细了解这些病原体的毒力和耐药机制。Baba 团队（2002）曾通过克隆和测序技术揭示了金黄色葡萄球菌菌株的潜在毒力。

13.3.3 生物战剂的环境监测

鉴于生物战剂的潜在威胁巨大，用于检测生物战剂的高灵敏度及高准确度的环境探测器对人类社会的重要性不言而喻。然而，迄今为止我们并没有可用的实时环境监测装置，其中最难以解决的技术问题就是如何将生物战剂与其他普遍存在的环境污染物区分开，而这一难题恰恰可能通过基因组信息解决。随着后续研究的深入开展，我们期待未来能制造出这样的探测装置。

13.3.4 潜在生物战剂的鉴定和表征

为了最大限度地控制损伤，我们必须在生物战剂袭击发生后的第一时间进行确认，并迅速识别该生物战剂类型，这就要求我们拥有一套快速、高效的单一检测反应体系，而建立该检测体系的第一步就是从重点人群、动植物病原体的提取物中收集所有基因组编码序列。由此可见，基因组信息的应用将在生物战剂的识别和表征中发挥重要作用。

13.3.5 针对生物战剂的新化学实体设计与开发

借助现代先进的测序技术可以识别出新的靶点，以这些靶点为指向，我们可以研发出新化学实体，以针对性地拮抗或破坏生物战剂。

13.3.6 对传染病过程的理解

借助DNA阵列和蛋白组学的方法，我们可以对人类细胞和微生物细胞感染后的信号分子级联反应进行系统分析，这有助于生物战剂的检测以及为新型疫苗或新化学实体的研发提供理论基础。接下来，我们将重点研发一种先进的通用诊断系统，该系统旨在对传统或新型生物战剂的潜在接触群体产生的特异性宿主反应进行快速识别，从而提高疾病感染诊断效率。该诊断系统的成功研发将促进生物防御技术前进一大步。

13.4 结论

生物战剂的基因组信息有助于检测生物威胁，特别是全新的、前所未知的威胁，凭借基因组信息我们得以不断改进诊断、治疗和预防措施，提高防治水平。但值得警惕的是，这些信息若被别有用心之人所掌握，可能被用于病原体的恶意设计和改造，甚至创造出自然界中从未出现过的组合病原体，产生想象不到的后果。笔者团队及该领域学者出于人类和平的愿景，一直希望相关的科学技术手段不要被滥用。

参考文献

Ainscough, M., 2004. Next Generation Bio-weapons: Genetic Engineering and BW. The Gathering Biological Warfare Storm, 255.

Anantpadma, M., Vrati, S., 2011. siRNA-mediated suppression of *Japanese encephalitis* virus replication in cultured cells and mice. J. Antimicrob. Chemother. 67 (2), 444–451.

Andkvist, M., Michel, L.O., Hough, L.P., Morales, V.M., Bagdasarian, M., Koomey, M., DiRita, V.J., Bagdasarian, M., 1997. General secretion pathway (eps) genes required for toxin secretion and outer membrane biogenesis in *Vibrio cholerae*. J. Bacteriol. 179, 6994–7003.

Azam, S., et al., 2016. Genetic characterization and comparative genome analysis of *Brucella melitensis* isolates from India. Int. J. Genomics. 13 pages. 3034756.

Baba, T., Takeuchi, F., Kuroda, M., Yuzawa, H., Aoki, K.I., Oguchi, A., Nagai, Y., Iwama, N., Asano, K., Naimi, T., Kuroda, H., 2002. Genome and virulence determinants of high virulence community-acquired MRSA. Lancet 359 (9320), 1819–1827.

Bourgogne, A., Drysdale, M., Hilsenbeck, S.G., Peterson, S.N., Koehler, T.M., 2003. Global effects of virulence gene regulators in a *Bacillus anthracis* strain with both virulence plas-

mids. Infect. Immun. 71, 2736–2743.
Brown, D.W., Dyer, R.B., McCormick, S.P., Kendra, D.F., Plattner, R.D., 2004. Functional demarcation of the Fusarium core trichothecene gene cluster. Fungal Genet. Biol. 41, 454–462.
Brüggemann, H., et al., 2003. The genome sequence of *Clostridium tetani*, the causative agent of tetanus disease. Proc. Natl. Acad. Sci. U. S. A. 100 (3), 1316–1321.
Cao, X., et al., 2017. Whole-genome sequences of *Brucella melitensis* strain QY1, isolated from sheep in Gansu, China. Genome Announc. 5 (35), 17 pages. e00896.
Cardoza, R., Malmierca, M., Hermosa, M., Alexander, N., McCormick, S., Proctor, R., Tijerino, A., Rumbero, A., Monte, E., Gutiérrez, S., 2011. Identification of loci and functional characterization of trichothecene biosynthetic genes in the filamentous fungus Trichoderma. Appl. Environ. Microbiol. 2011, 4867–4877.
Chun, J.H., et al., 2012. Complete genome sequence of *Bacillus anthracis* H9401, an isolate from a Korean patient with anthrax. J. Bacteriol. 194 (15), 4116–4117.
Delvecchio, V.G., Kapatral, V., et al., 2002. The genome sequence of the facultative intracellular pathogen *Brucella melitensis*. Proc. Natl. Acad. Sci. U. S. A. 99 (1), 443–448.
DiCarlo, A., et al., 2007. Nucleocapsid formation and RNA synthesis of Marburg virus is dependent on two coiled coil motifs in the nucleoprotein. Virol. J. 20074, 105.
Fraser, C.M., Dando, M.R., 2001. Genomics and future biological weapons: the need for preventive action by the biomedical community. Nat. Genet. 29 (3), 253.
Fraser, C.M., et al., 1997. Genomic sequence of a Lyme disease spirochaete, *Borrelia burgdorferi*. Nature 390, 580–586.
Georgi, E., et al., 2017. Whole genome sequencing of *Brucella melitensis* isolated from 57 patients in Germany reveals high diversity in strains from Middle East. PLoS One. https://doi.org/10.1371/journal.pone.0175425.
Goel, A.K., 2015. Anthrax: a disease of biowarfare and public health importance. World J. Clin. Cases 3 (1), 20–33.
Hacker, J., Kaper, J.B., 2000. Pathogenicity islands and the evolution of microbes. Annu. Rev. Microbiol. 54, 641–679.
Hall, R.M., Brookes, D.E., Stokes, H.W., 1991. Site-specific insertion of genes into integrons: role of the 59-base element and determination of the recombination cross-over point. Mol. Microbiol. 5, 1941–1959.
Halling, S.M., Peterson-Burch, B.D., Bricker, B.J., Zuerner, R.L., Qing, Z., Li, L.L., Kapur, V., Alt, D.P., Olsen, S.C., 2005. Completion of the genome sequence of *Brucella abortus* and comparison to the highly similar genomes of *Brucella melitensis* and *Brucella suis*. J. Bacteriol. 187 (8), 2715–2726.
Heidelberg, J.F., 2000. DNA sequence of both chromosomes of the cholera pathogen *Vibrio cholera*. Nature 406, 477–483.
Kiley, M.P., Bowen, E.T., Eddy, G.A., Isaäcson, M., Johnson, K.M., McCormick, J.B., Murphy, F.A., Pattyn, S.R., Peters, D., Prozesky, O.W., et al., 1982. Filoviridae: a taxonomic home for Marburg and Ebola viruses? Intervirology 18 (1–2), 24–32.
Kumar, A., 2016. Ebola virus altered innate and adaptive immune response signalling pathways: implications for novel therapeutic approaches. Infect. Disord. Drug Targets 16 (2), 79–94.
Lee, J.E., et al., 2008. Structure of the Ebola virus glycoprotein bound to a human survivor antibody. Nature 454 (7201), 177–182.
Li, Y., Counor, D., Lu, P., Duong, V., Yu, Y., Deubel, V., 2012. Protective immunity to *Japanese encephalitis* virus associated with anti-xlink antibodies in a mouse model. Virol. J. 9, 135.
Liang, X., et al., 2017. The pag gene of pXO1 is involved in capsule biosynthesis of *Bacillus anthracis* Pasteur II strain. Front. Cell. Infect. Microbiol. https://doi.org/10.3389/fcimb.2017.00203.
Lindenbach, B.D., Rice, C.M., 2003. Molecular biology of flaviviruses. Adv. Virus Res. 59, 23–61.
Lindenbach, B.D., Thiel, H.J., Rice, C.M., 2007. Flaviviridae: the viruses and their replication. In: Knipe, D.M., Howley, P.M. (Eds.), Fields Virology. 5th ed. Lippincott-Raven Publishers, Philidelphia, pp. 1101–1152.

Proctor, R.H., McCormick, S.P., Kim, H.S., Cardoza, R.E., Stanley, A.M., Lindo, L., Kelly, A., Brown, D.W., Lee, T., Vaughan, M.M., 2018. Evolution of structural diversity of trichothecenes, a family of toxins produced by plant pathogenic and entomopathogenic fungi. PLoS Pathog. 14 (4), e1006946.

Rajashekara, G., Covert, J., Petersen, E., Eskra, L., Splitter, G., 2008. Genomic island 2 of *Brucella melitensis* is a major virulence determinant: functional analyses of genomic islands. J. Bacteriol. 190, 6243–6252.

Rao, S.B., Gupta, V.K., et al., 2014. Draft genome sequence of the field isolate *Brucella melitensis* strain Bm IND1 from India. Genome Announc. 2 (3), 14 pages. e00497.

Rep, M., Kistler, H.C., 2010. The genomic organization of plant pathogenicity in *Fusarium* species. Curr. Opin. Plant Biol. 13, 420–426.

Rezaei, M., Rabbani-khorasgani, M., Zarkesh-Esfahani, S.H., Emamzadeh, R., Abtahi, H., 2019. Prediction of the Omp16 epitopes for the development of an epitope-based vaccine against brucellosis. Infect. Disord. Drug Targets 19 (1), 36–45.

Roby, J.E., et al., 2015. Post-translational regulation and modifications of flavivirus structural proteins. J. Gen. Virol. 96, 1551–1569.

Rowe-Magnus, D.A., Guerout, A.M., Mazel, D., 1999. Super-integrons. Res. Microbiol. 150, 641–651.

Saxena, S.K., Tiwari, S., Saxena, R., Mathur, A., Nair, M.P.N., 2011. *Japanese Encephalitis*: an emerging and spreading arbovirosis. In: Ruzek, D. (Ed.), Flavivirus Encephalitis. InTech, Croatia (European Union), pp. 295–316. ISBN: 979-953-307-775-7.

Schuster, S.C., 2007. Next-generation sequencing transforms today's biology. Nat. Methods 5 (1), 16.

Singh Jadav, S., Kumar, A., Jawed Ahsan, M., Jayaprakash, V., 2015. Ebola virus: current and future perspectives. Infect. Disord. Drug Targets 15 (1), 20–31.

Smithson, C., et al., 2017. Re-assembly and analysis of an ancient variola virus genome. Viruses 9 (9), 253.

Solomon, T., 2003. Recent advances in *Japanese encephalitis*. J. Neurovirol. 9 (2), 274–283.

Szinicz, L., 2005. History of chemical and biological warfare agents. Toxicology 214 (3), 167–181.

Trucksis, M., Michalski, J., Deng, Y.K., Kaper, J.B., 1998. The *Vibrio cholerae* genome contains two unique circular chromosomes. Proc. Natl. Acad. Sci. U. S. A. 95, 14464–14469.

Turnbull, P.C.B., 1999. Definitive identification of *Bacillus anthracis*—a review. J. Appl. Microbiol. (2)237–240.

Unni, P.A., Ali, A.M.T., Rout, M., Thabitha, A., Vino, S., Lulu, S.S., 2019. Designing of an epitope-based peptide vaccine against walking pneumonia: an immunoinformatics approach. Mol. Biol. Rep. 46 (1), 511–527.

Vashist, S., Bhullar, D., Vrati, S., 2011. La protein can simultaneously bind to both 30- and 50-noncoding regions of *Japanese encephalitis* virus genome. DNA Cell Biol. 30 (6), 339–346.

Villafana, R.T., et al., 2019. Selection of *Fusarium Trichothecene* toxin genes for molecular detection depends on TRI gene cluster organization and gene function. Toxins (Basel) 11 (1), 36.

Volchkov, V.E., et al., 1998. Processing of the Ebola virus glycoprotein by the proprotein convertase furin. Proc. Natl. Acad. Sci. U. S. A. 95 (10), 5762–5767.

Wang, F., Hu, S., Gao, Y., Qiao, Z., Liu, W., Bu, Z., 2011. Complete genome sequences of *Brucella melitensis* strains M28 and M5-90, with different virulence backgrounds. J. Bacteriol. 193 (11), 2904–2905.

Yamaichi, Y., Iida, T., Park, K.S., Yamamoto, K., Honda, T., 1999. Physical and genetic map of the genome of *Vibrio* parahaemolyticus: presence of two chromosomes in Vibrio species. Mol. Microbiol. 31, 1513–1521.

Yang, Y., Ye, J., Yang, X., Jiang, R., Chen, H., Cao, S., 2011. *Japanese encephalitis* virus infection induces changes of mRNA profile of mouse spleen and brain. Virol. J. 8, 80.

Zhang, T., Wu, Z., Du, J., Hu, Y., Liu, L., Yang, F., Jin, Q., 2012. Anti *Japaneseenceph litis* viral effects of kaempferol and daidzin and their RNA-binding characteristics. PLoS One 7 (1), e30259.

延伸阅读

Biedenkopf, N., et al., 2016. RNA binding of Ebola virus VP30 is essential for activating viral transcription. J. Virol. 90 (16), 7481–7496.

Couesnon, A., et al., 2006. Expression of botulinum neurotoxins A and E, and associated non-toxin genes, during the transition phase and stability at high temperature: analysis by quantitative reverse transcription-PCR. Microbiology 152, 759–770.

Lobigs, M., 1993. Flavivirus premembrane protein cleavage and spike heterodimer secretion require the function of the viral proteinase NS3. Proc. Natl. Acad. Sci. U. S. A. 90, 6218–6222.

第14章
保护民众免遭生物恐怖影响的规划

V. Nagaraaja[1]

林艳丽　崔雨萌　王友亮　译

14.1 概述

反生物恐怖的计划往常只针对战场上的士兵，但现在这一概念正在改变，反生物恐怖不仅仅包括保护士兵免受毒素和微生物造成的伤害，也包括保护平民免遭生物恐怖的伤害。虽然保护平民会增加经济投入，但这将成为强制性的。对付生物恐怖包含多方面。敌人在战场上实施生物恐怖时，同时会攻击平民以分散国家的注意力，导致发生金融危机，进而影响和摧毁国防系统。因此，必须关注针对平民的生物恐怖。

恐怖分子很容易获得实施生物威胁的仪器，因此，实验室应在监控的基础上，配备先进的探测系统进行早期检测，确定污染区、危险区，并确定其是自然形成还是人为造成的现象。必须牢记，除了农村、主要城市也很容易被生物恐怖分子渗透。必须有充足的法医技术人员不断鉴定新出现的生物制剂及其来源。同时，在不造成环境变化的情况下，不断监测、去污、净化。反生物恐怖的法医人员应与公共卫生部门、执法部门、地区行政部门等合作，在州和地区官员的配合下，将全国疫苗库和储备库的应用范围辐射到所有城市。这一点现在并未落实（JCVI，未注明年份）。

14.2 提高警惕性

尽管已经有了生物警戒系统，但以下内容仍需强制补充到警戒系统中：

[1] VN Neurocare Center，Madurai，India.

① 在流行病暴发前检测和控制生物气溶胶。这是对流行病暴发的主动防御，而不是被动管理和应对。因此，这一强制性制度具有非常重要的意义。

② 第三代自动侦测系统。该系统是一个在数小时（4～6h）内检测生物攻击发生率的自动响应系统（NIH，未注明年份）。其控制系统可以在感染病毒的早期阶段将其扑灭。

③ 增强一线人员的科学识别能力。需要采取多种策略，尤其是持续监测，以探测可疑粉末，包括化妆品粉末中的危险因素，这些粉末可能会受到炭疽杆菌等危险生物制剂的污染，很容易与普通粉末形成凝胶。一线人员必须在商业系统中对此类粉末进行持续随机取样。这种防控措施会让生物恐怖分子及相关人员产生恐惧，并且当他们试图混合生物有害粉末时，会被迅速发现（Buller，2003）。

④ 增化一线人员的反生物恐怖装备。美国政府已经将一种新型的 Tyvex 装置商业化，能为一线救援人员和患者提供严密的化学和生物污染物防护。自给式呼吸器（SCBA）可以大范围地检测生物恐怖雾化剂。

14.3 对“生物防护”系统的需求

针对生物威胁储备疫苗、医疗物资，加速研究医学应对措施的计划称为生物盾计划（Kelle，2007）。该计划切实可行，储备了充足的疫苗，能在全国范围内应对生物恐怖袭击。应强制执行国家连锁药店制度，以确保疫苗的供应，并鼓励私营企业参与应对生物威胁对策的执行与落实。应该通过各国国防和卫生部门保证充足的财政拨款和预算使其合法化。布局“合成生物学”等新的生物健康技术以检测各种新型生物战剂（Kahn，2015；Anon，未注明年份；Basulto，2015；Wagner et al.，2001）。

14.4 生物恐怖的未来危险

生物恐怖的未来危险来自诸如使疫苗无效的非法研究，包括：

① 增强病毒耐药性的研究；

② 生物威胁机器人的开发；

③ 增强病原体毒力、使非病原体具有毒性的研究；

④ 增强病原体传播能力；

⑤ 改变病原体的宿主范围；

⑥ 使生物恐怖剂逃避诊断和检测的研究；

⑦ 生物制剂或生物毒素武器化。

合成生物学涉及或影响生物安全，应重点关注 DNA 合成的用途以及实验室产生的致命病毒（如西班牙流感病毒、脊髓灰质炎病毒）的遗传物质（Anon，未注明年份-b；Pellerin，2011；Chen et al.，2010）。

14.5 CRISPR/Cas 系统的使用

CRISPR 技术是最近出现的一种用于基因编辑和开发人工新染色体的先进技术。CRISPR 技术提升了编辑基因的速度，从数年缩短到数周。这项技术也引起了许多伦理问题（Heitz，2013；Locker，2013；Cohen，2014）。CRISPR 技术已被用于治疗和鉴定罕见病和遗传病的染色体畸变，造福人类。如果被非法研究，开发具有高致命性的未知生物、毒素，有可能造成无法控制的生物威胁。为了防止此类技术被滥用、危害人类，非常有必要将这项技术法治化。

14.6 生物监测的存在

生物监测是近年来发展起来的一门实时检测疾病暴发的学科，它可以检测自然和人为的流行病，尤其是生物威胁。实时暴发疾病监测系统（RODS）从许多源数据中提取和收集数据，并利用这些数据尽早进行潜在的生物恐怖事件的信号检测。除了 RODS，其他的还包括：

① 含活神经细胞的微型电子芯片，用于预警、监测多种细菌毒素。

② 涂有发光分子偶联抗体的光纤管，用于鉴别特定病原体，如炭疽杆菌、肉毒杆菌。

③ 紫外雪崩光电二极管，为检测空气中炭疽和其他有毒污染提供了帮助（Tavernise，2014）。

14.7 新型疫苗的研制

现在多个研究中心开发出针对生物恐怖剂的疫苗，有的研究中心正在突变蓖麻毒素的 A 链 DNA，去除抑制蛋白质合成和引起血管渗漏的位点。已经构建了三种重组形式的蓖麻毒素 A 链，在小鼠实验中发现其作为疫苗是有效的，临床试验仍在进行中。蓖麻毒素是危险性高、成本低的生物恐怖武器，在世界多个地区发现了蓖麻毒素的存储。

14.8 潜在威胁

潜在的威胁包括：

① 细菌。核链突变炭疽杆菌的新变种、鼠疫菌、布鲁氏菌、志贺氏菌、耐β-内酰胺酶葡萄球菌等。

② 病毒。天花病毒、埃博拉病毒、马尔堡病毒、登革热病毒、H_1N_1 病毒等。

③ 毒素。肉毒杆菌 A～G、葡萄球菌肠毒素、蓖麻毒素、海洋神经毒素、产气荚膜梭菌毒素、真菌毒素等。

14.9 挑战

未来的挑战将是如何确定发病机理、研制合适的动物实验模型、发现标志物、评估药物疗效，控制疾病传播。

14.10 技术发展

技术发展需要：

① 新型病原体的鉴定；

② 基因探针（聚合酶链式反应）；

③ 选定基因序列的扩增；

④ 病原体鉴定试剂的开发。

14.11 疫苗生产改进

为进行疫苗生产改进，以下是必要的研究内容：

① 候选疫苗检测方法的开发；

② 确定疗效标志物；

③ 利用动物模型进行气溶胶研究；

④ 细胞培养衍生疫苗 FY94；

⑤ 委内瑞拉马脑炎病毒疫苗（V3526）和 FY00，通过全长感染性 cDNA 克隆的定点突变获得的 VEE 减毒活疫苗。

14.12 生物防御机制与学说

生物防御机制和学说包括以下内容：

① 对公众和国防人员进行教育和培训，了解正在进行的非法研究和生物威胁新概念。

② 需建立包含组织机构的情报部门，以防止生物战最初对战争人员的攻击，并采取适当的应急治疗措施以防止生物战导致的死亡，迫切需要紧急侦测生物战剂的对抗机制。情报部门需要对生物威胁进行评估，确定应采取的措施，后续任务就是对抗改良型的生物战。

③ 智能医疗包括研制解毒疫苗，建立针对现代生物威胁的新诊断策略以及建立一个满足现代战争中生物威胁防御需求的高效、优良的诊疗系统。

参考文献

Anon, n.d.-a. CRISPR, the Disruptor. Nature News & Comment (Retrieved 24.01.2016).

Anon, n.d.-b. Avalanche Photodiodes Target Bioterrorism Agents Newswise (Retrieved 25.06.2008).

Basulto, D., 2015. Everything you need to know about why CRISPR is such a hot technology. The Washington Post. ISSN: 0190-8286 (Retrieved 24.01.2014).

Buller, M., 2003. The potential use of genetic engineering to enhance orthopox viruses as bioweapons. In: Presentation at the International Conference 'Smallpox Biosecurity. Preventing the Unthinkable' (21–22 October 2003), Geneva, Switzerland).

Chen, H., Zeng, D., Pan, Y., 2010. Infectious Disease Informatics: Syndromic Surveillance for Public Health and Bio-Defense. (XXII, 209p. 68 illus., Hardcover).

Cohen, B., 2014. Kadlec says biological attack is uncertain, imminent reality. Bio Prep. Watch. (Retrieved 17.02.2014).

Heitz, D., 2013. Deadly bioterror threats: 6 real risks. Fox News. (Retrieved 17.02.2014).

JCVI, n.d. Research/Projects/Synthetic Genomics | Options for Governance/Overview. www.jcvi.org. (Retrieved 24.01.2016).

Kahn, J., 2015. The Crispr Quandary. The New York Times. ISSN: 0362-4331 (Retrieved 24.01.2016).

Kelle, A., 2007. Synthetic Biology & Biosecurity Awareness in Europe. (Bradford Science and Technology Report No. 9).

Locker, R., 2013. Pentagoseeking vaccine for bioterror disease threat. USA Today. (Retrieved 17.02.2014).

NIH, n.d. Office of Biotechnology Activities | Office of Science Policy (PDF). osp.od.nih.gov. (Retrieved 24.01.2016).

Pellerin, C., 2011. Global Nature of Terrorism Drives Biosurveillance. American Forces Press Service.

Tavernise, S., 2014. U.S. backs new global initiative against infectious diseases. New York Times. (Retrieved 17.02.2014).

Wagner, M.M., Aryel, R., et al., 2001. Availability and Comparative Value of Data Elements Required for an Effective Bioterrorism Detection System (PDF). Real-time Outbreak and Disease Surveillance Laboratory. (Retrieved 22.05.2009).

延伸阅读

Bell, L., 2013. Bioterrorism: a dirty little threat with huge potential consequences. Forbes (Retrieved 17.02.2014).

Tumpej, T.M., et al., 2005. Characterization of the reconstructed 1918 Spanish Influenza Pandemic Virus. Science 310 (5745), 77–80.